输水隧洞断层带高承压水处理措施研究

Research on Treatments of High Confined Water in the Tunnel Fault Zone

刘汉东　路新景　著

科 学 出 版 社

北 京

内 容 简 介

本书以科研课题“小浪底北岸灌区总干渠11号隧洞施工F29断层高承压水处理方案研究”为依托，采用现场钻探、地下水动态监测、野外试验和三维数值分析等方法，在已有地质资料和设计方案的基础上，对输水隧洞断层带在工程施工中出现的高承压水问题进行系统分析和深入研究。进行水文地质调绘、地下水动态监测、压水试验等工作，进一步探明研究区水文地质条件，采用同位素试验分析地下水与地表水的水力联系。依据揭露的研究区工程地质与水文地质条件，建立三维地质模型和计算模型，采用三维数值模拟方法研究多种工况条件下隧洞开挖过程中的涌水量，并进行涌水量预测。对隧洞断层带高位承压水施工处理方案进行优化设计研究，提出施工处理优化方案，缩短施工工期，减少工程直接投资。本研究成果对隧洞工程建设具有重要的指导作用。

本书可作为高等院校地质工程、水利工程等专业的研究生学习资料，也可供隧洞工程建设中勘察、设计、施工等技术人员参考。

图书在版编目(CIP)数据

输水隧洞断层带高承压水处理措施研究/刘汉东，路新景著. —北京：科学出版社，2016.7

ISBN 978-7-03-049417-7

Ⅰ.①输… Ⅱ.①刘… ②路… Ⅲ.①过水隧洞－断裂带－承压水－研究 Ⅳ.①TV672

中国版本图书馆CIP数据核字(2016)第165948号

责任编辑：张颖兵　杨光华/责任校对：肖　婷

责任印制：彭　超/封面设计：苏　波

科学出版社 出版

北京东黄城根北街16号

邮政编码：100717

http://www.sciencep.com

武汉中远印务有限公司印刷

科学出版社发行　各地新华书店经销

*

开本：787×1092　1/16

2016年7月第　一　版　印张：12 1/4

2016年7月第一次印刷　字数：320 000

定价：128.00元

(如有印装质量问题，我社负责调换)

序

深埋长大隧洞施工中经常发生突水突泥重大地质灾害。我国已经建成了一批长度超过 10 km 的水工隧洞，在水工隧洞施工过程中，常遇沿线地质条件复杂、高外水压力、突泥、涌沙及突水等工程地质问题，极大地增加了施工难度。特别是当隧洞处于地下水类型复杂、水头高、地下水活动强烈地段时，经常发生隧洞突水突泥地质灾害，如不能及时采取有效处理措施，突水突泥带来的技术问题往往会成为制约整个工程工期和投资的关键性因素。据不完全统计，全国已建成的 5 000 座铁路隧道中，80％以上的隧道在施工过程中遭遇过涌水灾害，至今仍有 30％的隧道工程处于地下水涌水的威胁中。在煤矿巷道中，突水事故也频繁发生，全国已经发生各类矿井突水事故 3 000 次以上。在突水涌水事故发生时，往往给隧道施工人员与设备造成重大伤害，因此，突水突泥事故备受人们关注。

隧洞在开挖过程中，破坏了含水层原有的结构，同时使得地下水动力条件发生改变。隧洞突水多发生在渗透能力强、含水丰富及岩体破碎的地层中，尤其是断层发育的地区，对地下水渗流通道的连通性和规模皆有较大的影响。隧洞施工突水会降低围岩稳定性，给施工带来很多不良影响，甚至造成不可挽回的重大灾难事故。此外，为了解决突水突泥灾害问题，采用过量排放隧洞涌水，常给隧洞经过地区带来生态环境和水污染问题。

隧洞突水突泥严重危及隧洞施工的安全，影响隧洞施工的进度，而且如果隧洞施工措施不当，常常会使隧洞建成后运营环境恶劣，地表环境恶化，给人们的生产和生活造成重大的损失，具体表现在：

（1）高承压水隧洞开挖过程中，涌水事故特别是突发性涌水事故时常发生。在大瑶山铁路隧道施工中，对于竖井的选位，主要考虑了井身最短和及时到达断层，以争取缩短工期等因素，却忽略了槽谷地区岩溶现象及岩溶水与断层沟通的破坏性，造成淹井事故。后经开挖迂回平行导洞，排水清淤，才解决这一难题，但因此而造成工程停工达一年之久。

（2）引起岩溶地面塌陷和地面沉降。岩溶地面塌陷是隧洞涌水突出的地质环境效应，它往往具有突发性、发展迅速、波及范围广、危害性大等特点。由于京广线大瑶山隧道突水，在地表出现了很多塌落洞和陷坑，致使农田受损，居民的生活和生产水源遭到严重破坏，而且地面降雨通过这些塌落洞和陷坑大量灌入隧道，引起隧洞内突泥突沙，严重地威胁着行车安全。

（3）造成地下水枯竭和水质污染。隧洞开挖将不可避免地揭露充水围岩，疏排地下水。随着地下水不断地涌入隧洞，地下水的储存量势必大量消耗，使降落漏斗不断扩展，引起地下水渗流和补排关系的明显变化，导致地表井泉干涸，河溪断流，直接影响工农业生产及人民的生活。在交通、水利等隧洞工程的建设中，隧洞突水非常容易导致工程附近地下水资源的污染与破坏，而且一旦破坏，将很难治理。因此，在工程规划和施工中应对地下水环境影响问题引起高度关注。

该书以黄河小浪底水利枢纽工程北岸灌区 11 号隧洞 F29 断层高承压水成功处理项目为工程背景，系统地介绍该项成果的研究方法、途径和取得的主要成果，其中有些内容具有重要创新性，可供其他类似工程建设以及科研、教学参考。

我相信该书的出版对隧洞工程建设尤其是解决高承压水突水突泥问题具有重要的指导作用。

中国工程院院士

张金才

2016 年 3 月 9 日

前　言

近年来水利水电、煤炭、交通工程施工建设中，深埋长隧洞的数量和规模不断增加。在隧洞开挖过程中，当隧洞处于地下水类型复杂、水头高、地下水活动强烈地段时，经常发生隧洞突水突泥地质灾害。隧洞突水突泥发生在岩体渗透能力强、含水丰富及破碎的地层中，尤其是岩溶、断层发育的地区，对地下水渗流通道的连通性和规模皆有较大的影响。隧洞施工涌突水不仅降低围岩稳定性，而且给施工带来很多不良影响；不仅造成设备和仪器损失、增加工程投资、工期延误，而且有时导致人员伤亡，酿成不可挽回的重大灾难事故。施工过程中，为了解决地下水突水突泥灾害问题，经常采用过量排放隧洞涌水，带来地表生态环境恶化和水污染问题。

本书结合“小浪底北岸灌区总干渠 11 号隧洞施工 F29 断层高承压水处理方案研究”科研课题，采用现场钻探、地下水动态监测、野外试验和三维数值分析等方法，在已有地质资料和设计方案的基础上，对输水隧洞断层带在工程施工中出现的高承压水问题进行了系统分析和深入研究，优化了原施工设计方案。缩短工期 3 个月，节省工程投资 2200 万元，具有显著的经济效益与社会效益。

全书共分 7 章。

第 1 章为绪论。简单介绍本研究的背景和意义、研究的主要内容与取得的主要成果等。

第 2 章为隧洞涌水量预测方法及突水防治。综合分析隧洞突水地质灾害，隧洞涌水量预测方法，探讨隧洞底板承压水上断层突水机理、隧洞突水超前地质预报的方法、隧洞涌突水处理技术和裂隙岩体注浆理论研究等。

第 3 章为小浪底北岸灌区一期工程概况。介绍工程概况和前期勘察工作及工作量。

第 4 章为总干渠 11 号隧洞工程地质。介绍研究区的地形地貌、地层岩性及地质条件、区域地质构造与地震、水文地质条件和岩土体物理力学性质。

第 5 章为现场勘探与试验。在前期勘察工作的基础上，补充勘察布置了 3 个垂直钻孔、1 个倾斜钻孔和 5 条物探测线，进一步揭露 F29 断层空间展布、地层岩性及其地下水特征；进一步确定 11 号隧洞区域内 F29 断层的要素，断层带宽度 1.6～15 m；激发极化法测试结果表明，F29 断层破碎带富水性强，富水带宽度约 60 m。采用工程区水文地质调查、综合应用^{2}H，^{18}O，^{3}H 等同位素和水文地球化学方法，系统研究区内不同水源的同位素水文地球化学特征，探明 F29 断层水的补给来源。进行裂隙岩体室内三轴渗透试验，分析比较了裂隙岩体在自然状态下和高围压下的渗透系数。

第 6 章为 11 号隧洞 F29 断层带涌突水预测。采用经验公式法、地下水动力学理论公式法、氚同位素法和三维数值分析，根据 F29 断层高承压水的水文地质条件，预测突涌水量，正常涌水量 7.01 $m^3/(d \cdot m)$，最大涌水量 262.87 $m^3/(d \cdot m)$。

第 7 章为 F29 断层高承压水处理方案。通过补充地质勘察、综合地球物理勘探、同位素试验、地下水位动态监测、裂隙岩体渗透试验等方法，提出注浆范围控制在桩号 14＋730～14＋910，长度 180 m，二次衬砌厚度可由原设计方案的 700 mm 改为 500 mm，注浆材料可由原设计方案的化学注浆改为水泥注浆。论证了 4 种注浆止水施工方案，提出隧洞超前注浆支护方案作为施工方案，并且与 F29 断层高承压水施工处理原方案注浆范围、施工工期和工程投资进行比较。

感谢中国工程院顾金才院士为本书作序，并且在研究工作中多次给予指导。

华北水利水电大学刘海宁博士、李志萍教授等参与了三维数值计算工作，长安大学马致远教授和河海大学董海洲博士进行了同位素试验，王忠福博士、王四巍博士等进行了裂隙岩体渗透试验研究工作，朱华、李信、姚亮和穆航等研究生参与了水文地质调查、地下水长期观测等工作，在此一并致谢。

本书可供高等院校地质工程、水利工程等专业的研究生及隧洞工程建设中勘察、设计、施工等技术人员参考。

书中可能存在很多疏漏之处，恳请赐教指正。

作　者

2016 年 3 月于郑州

目　　录

第1章 绪 论

小浪底北岸灌区总干渠11号隧洞F29断层带，地质勘察表明存在高位承压水、裂隙发育、多层含水层等复杂水文地质问题。在总干渠11号隧洞14+690～15+060段（钻孔编号XZS5-6-1与钻孔XZS5-6-4之间）可能存在严重突水突泥地质灾害，影响施工安全、居民饮用水和生态环境。根据设计单位的原施工设计方案，采用隧洞内分段注浆处理措施，将延长施工工期6个月、增加工程投资4 332.97万元。同时从目前的施工方法和施工程序考虑，由于涌水排泄大量地下水，还可能造成地下水位下降等工程问题。

为了更好地解决小浪底北岸灌区总干渠11号隧洞F29断层在工程施工过程中可能出现的突水突泥地质灾害问题，采用数值分析与工程类比相结合的方法，在已有地质资料和设计方案的基础上进行资料分析，进行工程地质勘察、地球物理勘探、水文地质调绘、地下水动态监测、压水试验等工作；采用同位素试验对地下水与地表水的水力联系进行分析研究，采用三维数值模拟法预测多种工况条件下隧洞开挖过程的涌水量，采用数值模拟法进行处理方案的优化设计，提出了小浪底北岸灌区总干渠11号隧洞F29断层高位承压水的施工处理方案。通过对11号隧洞F29断层在工程施工中可能出现的涌水问题进行系统深入的研究，达到了降低工程风险、缩短工期、节约投资和保护环境的目的。

（1）研究了国内外长隧洞施工涌突水处理技术及其成功经验，总结了隧道施工中地质灾害的超前地质预报技术与地下涌水处理技术的基本理论。进行了工程地质类比，

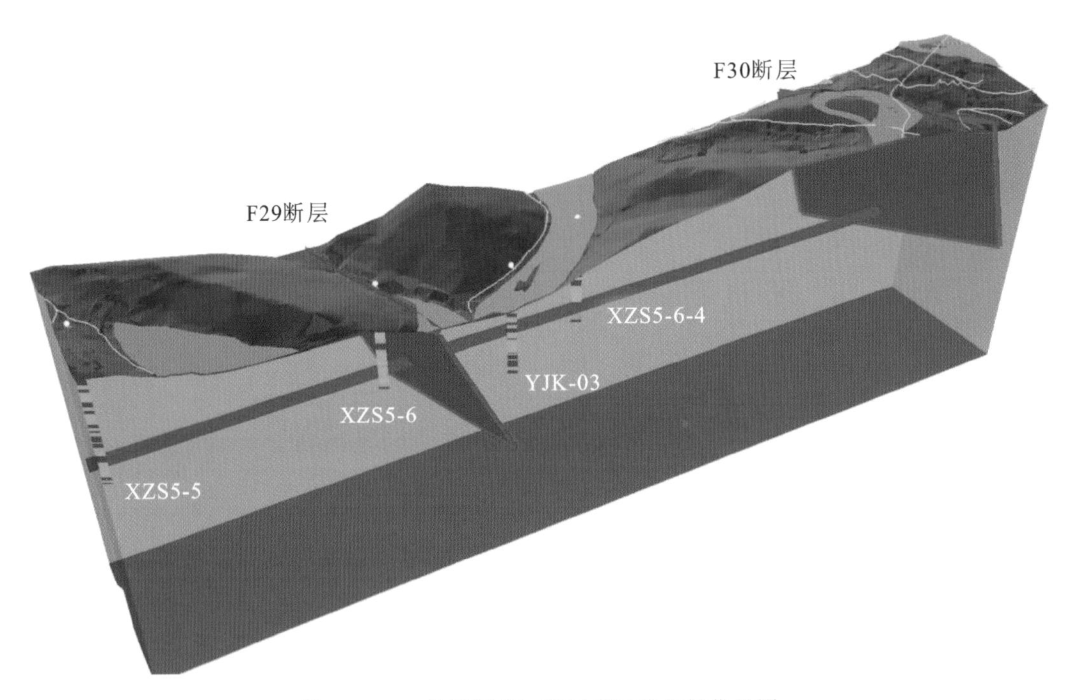

图 1.1　11 号隧洞 F29 断层带三维空间位置图

分析了国内外有关隧洞工程施工突水突泥工程案例，预测了 11 号隧洞 F29 断层带突泥的可能性。

(2) 通过现场勘查，对已有资料分析，布置了 3 个 140 m 深度的垂直钻孔和 1 个倾斜 22°、深度 120 m 的斜孔，进一步揭露了 F29 断层产状和影响带宽度、地层岩性和地下水特征。钻孔超声成像 506 m，斜钻孔钻探采用 SM 胶进行岩芯取样。布置了 5 条高密度电法和电磁法勘探线，物探线路总长 1 800 m。进一步准确定位了 F29 断层的分布高程、位置，破碎带和影响带的宽度。

(3) 调查了工程区的工程地质和水文地质条件，进行了地表水体专门水文地质测绘和钻孔、机井、泉等地下水动态监测。其中水文地质调查 14.7 km^2，钻孔压注水试验 316 段和室内渗流试验 16 组，研究了 F29 断层及其影响带岩体的渗透性。综合应用 ^2H，^{18}O 和 ^3H 等同位素和水文地球化学方法，同位素测试项目 137 组，水化学测试项目 148 组，系统研究了区内各类水体的同位素水文地球化学特征，深入研究了 F29 断层及研究区域地下水与地表水的水力联系。

(4) 在综合分析涌水影响因素的基础上，采用经验公式、地下水动力学理论公式和氚同位素法，根据 11 号隧洞 F29 断层高承压水的水文地质条件，建立了合理的涌水预测模型，对隧洞涌水量进行准确预测。

(5) 采用目前通用的三维地下水流 MODFLOW 和 FLAC3D 等模拟评价专业软件，在地质概化模型的基础上，建立了三维隧洞涌水数值计算模型，对隧洞涌水进行数值计算和分析，并将模拟数据与理论及经验公式得到的涌水预测模型预测结果进行对比分析，从而使得三维预测模型的预测结果最大限度地接近实测结果，即预测模型能够较为准确地预测出隧洞涌水结果，为工程施工方案和涌水治理措施提供了可靠的研究基础。

(6) 根据引水隧洞的涌突水特征，提出了“先探后掘、以堵为主、堵排结合、平行施工”的处理原则，在F29断层高位承压水段进行了止水施工设计研究。防止隧洞涌突水地质灾害，加固洞室围岩，保护水环境和生态环境，利于当地居民的生活和生产。

(7) 研究了4种典型注浆止水施工方案。根据研究成果和研究区工程施工实际情况，提出了隧洞超前注浆F29高承压水处理方案。注浆范围在桩号14＋730～14＋910，长度180 m，注浆材料由原施工设计的化学注浆改为普通水泥注浆，衬砌厚度可由原设计方案的700 mm改为500 mm。与原施工设计方案比较，由原方案注浆处理范围长370 m，优化为注浆范围长180 m。可缩短工期3个月，节省工程静态投资约2 200万元。

第 2 章 隧洞涌水量预测方法及突水防治

2.1 隧洞突水地质灾害

随着隧洞长度的增加、埋深加大，深埋特长隧洞施工遭遇突水突泥已成为一种十分普遍和复杂的水文地质灾害。隧洞在开挖过程中，破坏了含水层原有的结构，同时使得地下水动力条件发生转变。隧洞涌突水多发生在渗透能力强、含水量丰富及岩体破碎的地层中，尤其是褶皱或断层发育的地区，对地下水渗流通道的连通性和规模皆有较大的影响。隧洞施工涌突水不仅降低围岩稳定性，而且给施工带来很多不良影响，特别是在有大量高压涌突水的情况下，不但会造成设备和仪器损失、投资增加、工期延误，甚至导致人员伤亡，酿成不可挽回的重大灾难事故。此外，为了解决地下水突水突泥灾害问题，采用过量排放隧洞涌水，常给隧洞经过地段带来生态环境和水污染问题。

甘肃引大入秦工程、贵州天生桥水电站、四川太平驿水电站、云南昆明跨流域调水等大型水利工程建设中，已经建成了一批长度超过 10 km 的长大隧洞。在长水工隧洞施工过程中，常遇沿线地质条件复杂、高外水压力、突泥、涌沙及突涌水等工程地质问题，极大地增加了施工难度。特别是当隧洞处于地下水类型复杂、水头高、地下水活动强烈地段时，经常发生隧洞突水突泥地质灾害，如不能及时采取有效处理措施，突水突泥带来的技术问题往往会成为制约整个工程工期和投资的关键性因素。

我国已建的5 500座铁路隧道中，80%以上的隧道在施工过程中遭遇过涌水灾害，至今仍有30%的隧道工程处于地下水的威胁中。铁路隧道涌水一直以来都是隧道建设中备受关注的问题之一。隧道涌突水的直接危害表现为对施工隧道、导坑、洞内施工机具设备的淹没，冲毁洞内施工机具、设备、设施、材料，对施工人员生命造成直接威胁，严重者甚至冲毁洞口外工程、堆放材料及临时设施。间接危害是造成隧道上方地表水源的流失乃至枯竭和地面塌陷。据中国30余座岩溶长隧道的统计，约40%发生过1×10^4 m^3/d以上的大型涌突水，其中约30%发生过5.0×10^4 m^3/d以上的重大型涌突水，约20%发生过10.0×10^4 m^3/d以上的特大型涌突水。例如，渝广高速公路华蓥山隧道、渝怀铁路武隆隧道、襄渝铁路大巴山隧道、中梁山隧道、渝怀铁路圆梁山隧道等均曾发生过特大涌水事故，并对施工造成了极大影响。

我国在煤矿开采中，矿井突水突泥事故的发生非常频繁。据不完全统计，目前已经发生的各类矿井突水事故在3 000次以上，其中由奥陶系灰岩含水层所导致的底板突水事故占30%左右，往往具有突水水量大、危害严重的特点，常导致全矿井被淹。断裂构造是导致煤矿突水的主要因素，据统计，80%的突水事故与断层有关。焦作矿区是全国著名的大水矿区之一，到目前为止，历史上曾发生过上千次突水，其中3 000 m^3/h以上的突水15次，6 000 m^3/h以上的突水7次，最大一次突水量为19 200 m^3/h。发生突水淹井事故17次，淹采区14次，经济损失惨重。2008年10月29日19时，济源市克井镇马庄煤矿发生了突水事故，死亡21人。造成事故发生的直接原因是：突水点西部以上存有大量的老采空区，老采空区内存有大量的承压水，突水点到老采空区的防隔水煤柱宽度不够，在承压水长期高压和渗透的情况下，防隔水煤柱被突然冲垮，老采空区内的水瞬间溃出。2013年12月22日11时，巩义市河南大峪沟煤业集团煤矿东翼采煤队井下发生突水事故，16人被困，7人死亡。

隧洞涌突水是隧洞施工和运营过程中常见的地质灾害。隧洞的涌突水严重危及隧洞施工的安全，影响隧洞施工的进度，而且如果隧洞施工措施不当，常会使隧洞建成后运营环境恶劣，地表环境恶化，给人们的生产和生活造成重大的损失，具体表现在以下几方面。

(1)高压富水隧洞开挖过程中，涌水事故特别是突发性涌水事故时常发生，并伴随涌泥、涌沙，从而淹没坑道，冲毁机具，造成施工被迫中断，甚至造成重大人员伤亡事故。在大瑶山铁路隧道施工中，对于竖井的选位，主要考虑了井身最短和及时到达断层，以争取缩短工期等因素，却忽略了槽谷地区岩溶现象及岩溶水与断层沟通的破坏性。当竖井掘进到334 m时，出现了大量涌水，最大涌水量达到 4 000 m^3/d，水中含沙量高达 20%，致使水下六台高扬程水泵因叶轮淤堵磨损而全部失效，造成淹井事故。后经开挖迂回平行导洞，排水清淤，才解决这一难题，但因此而造成工程停工达一年之久。

(2) 引起岩溶地面塌陷和地面沉降。岩溶地面塌陷是隧道涌突水突出的地质环境效应，它往往具有突发性、发展迅速、波及范围广、危害性大等特点。据统计资料表明，铁路系统曾有 52 处地面发生过岩溶塌陷，其中与隧道涌水有关的 14 处，占 27%。京广线大瑶山隧道因涌突水，在地表出现了 200 多个塌洞和陷坑，致使农田受损，居民的生活和生产水源遭到严重破坏，而且由于地面降水通过这些塌洞大量灌入隧道，引起隧道内突泥突沙，严重地威胁着行车安全。

(3) 造成水资源减少和枯竭。隧道开挖，将不可避免地揭露充水围岩，疏排地下水。随着地下水不断地涌入隧道，地下水的储存量势必大量消耗，使降落漏斗不断扩展，袭夺其影响范围内的补给增量，引起地下水渗流和补排关系的明显变化，导致地表井泉干涸，河溪断流，直接影响当地工农业生产及人民的生活。隧道突水，尤其是岩溶和断裂带的突水，因其量大、影响范围极广。

(4)导致水质污染。隧道涌水造成的水质污染主要有两种方式：一是隧道大量涌水，疏干了充水围岩，加速了水交替的速度，利于氧化作用充分进行，从而促使地下水中某些金属元素(Fe，Cu，Pb，Zn 等)含量增加或 pH 发生显著变化；二是将受其他水体补给时被污染的或在隧道施工环境中被污染的地下水不经处理就直接排入周围环境，引起地表水和地下水二次污染。第一种方式除造成水环境的污染外，还由于围岩中硫化物等的强烈氧化，形成酸性水，使地下水具有较强的腐蚀性，从而腐蚀和毁坏隧道的二次衬砌结构和其他施工设备，危害作业人员的健康。这在隧道通过金属硫化物和煤系地层时尤其多见。例如，兰新线乌鞘岭隧道一段通过煤系地层，地层中的金属硫化物氧化并水解最终生成游离 H_2SO_4，致使隧道边墙和拱顶部位受强烈腐蚀而呈疏松多孔状结构，局部甚至鼓起剥落，最大腐蚀厚度达 300 mm。在建于上述地层的隧道中，还可发现，在涌水初期地下水并不具腐蚀性，但到涌水后期就出现了具腐蚀性的地下水，且有逐渐加重的趋势，其原因在于，持续的大量涌水，造成含水围岩疏干，形成巨厚包气带，促进了氧化作用的进行，从而加速了酸性水的产生。由于地表水直接进入地下水循环系统，因此在交通、水利等工程的建设中，隧洞涌突水非常容易导致工程附近地下水资源的污染与破坏，而且一旦破坏，将很难治理。因此，在工程规划和施工中应对影响环境的问题引起高度关注。

国内外隧洞施工涌突水及其处理工程典型实例列于表 2.1。

表 2.1　国内外隧洞施工涌突水及其处理工程典型实例

国别	隧洞名称	隧洞性质	施工年份	隧洞长度/m	断面积/m^2	最大埋深/m	地质条件	工作面最大涌水量/(m^3/h)	总涌水量/(m^3/h)	灾害及主要处理措施
中国	锦屏二级	水工	1997	16 600	121	1 715	大理岩、砂岩	17 784（喷距大于40 m）		超前钻探，排水减压，帷幕注浆
中国	天生桥	水工	1989	9 555	110	760	灰岩、白云岩、泥页岩、砂岩	648		超前钻探，水泵接力排水
中国	滇池引水	水工	2011	36 040	25	220	白云岩、F11 断层	300（突泥 8 000 m^3）	13 000	改线，超前钻探，排水减压，帷幕注浆
中国	小浪底北岸灌区	水工	2013	6 862	15.75	153	砂岩、泥岩、煤层	21（喷距 1.5 m）	35	排水减压
美国	特科洛特	水工	1950	10 300	5	500	砂岩、粉砂岩	16.9（2.6 MPa）	208.8	导坑排水，水泥注浆
意大利	阿贝特	水工	1978	6 300	9.6	1 200	灰岩、白云岩、高承压水	7.2（1.5 MPa）	288	超前钻孔，水泥注浆
奥地利	赫尔高	水工	1981	21 000	30	246	砂岩、灰岩、页岩	612	1 080	超前钻孔，开挖排水沟，注浆止水
黎巴嫩	阿瓦里	水工	1957	17 000	15.2	360	含水砂岩	252	2 160	改线，预注浆止水
中国	京广线大瑶山	铁路	1980	14 295	118	910	砂岩、板岩、页岩、F9 断层	117	167	超前钻探，声波探测，预注浆
中国	渝怀线圆梁山	铁路	2002	11 068	99	800	灰岩、白云岩、泥岩	716（突泥 4 200 m^3）	200 000	停工 1 年，直接损失 600 万元。超前钻探，平导排水，超前预注浆

续表

国别	隧洞名称	隧洞性质	施工年代	隧洞长度/m	断面积/m^2	最大埋深/m	地质条件	工作面最大涌水量/(m^3/h)	总涌水量/(m^3/h)	灾害及主要处理措施
中国	宜万线野三关	铁路	2007	13 833	68	689	灰岩、页岩、F18断层	835(突泥53 500 m^3)	150 000	52人被困，死亡10人，停工1年。超前钻探，地质预报，帷幕注浆
中国	龙厦线象山	铁路	2009	15 917	72	830	灰岩	7 300		隧洞淹没8.5 km，地表沉陷，搬迁600余人。排水，地表深孔注浆
中国	贵广线三都	铁路	2011	14 665	102	670	灰岩、白云岩、泥岩	87.5(0.5 MPa)	2 449	停工数月，TSP超前预报，注浆回填
日本	清函	铁路	1971	53 850	105	240	玄武岩、安山岩	511.2		超前钻孔，超前导坑，化学注浆
日本	六甲	铁路	1967	16 250	85	300	花岗岩	24.1	108	导坑排水，钻孔排水，高压注浆
苏联	北穆	铁路	1979	15 300			花岗岩		2 484	超前导坑，断层带采用盾构开挖
瑞士	圣哥达	公路	1969	16 322	84	1 000	花岗岩、片麻岩	2 880		平导排水

2.2　隧洞涌水量预测方法

隧洞涌水对隧洞施工及其安全运营产生不利影响，隧洞涌水预测方法一直是学者们关注和研究的重要课题之一。国内外学者通过对隧洞涌水的长期研究，已经取得了一些成果，并总结和提出了多种隧洞涌水量预测的解析公式或经验方法，主要分为定性和定量两种研究方法。黄涛(1999)总结并提出了裂隙岩体隧道涌水量预测及渗流计算方法，基于系统理论研究及工程实践的分析应用，在裂隙围岩介质渗透性能等效处理的基础上，提出了渗流与应力耦合环境下裂隙围岩隧道涌水量预测计算的确定性数学模型方法(包括理论解析法、经验解析法和水文地质数值模拟法)，并用隧道工程实例进行计算验证。王建秀等(2004)结合工程实例分别采用正演和反演方法计算了隧道涌水量，提出在施工前的初步设计阶段应采用正演的方法预测涌水量，而在隧道施工后的动态设计阶段，则应根据监测反馈数据，采用反演的方法分析和预测隧道的涌水量及其变化趋势，修正预设计方案。姬永红和项彦勇(2005)研究了隧道涌水量的预测方法及工程应用，对隧道涌水问题的分析，采用经验法和有限单元法对某拟建隧道工程方案涌水预测计算的对比分析。田海涛等(2007)总结了利用地下水动力学和模糊数学预测隧道涌水量的方法，并提出运用模糊贴近度预测隧道涌水量的理论。由于受非确定因素的影响，仅采取一种方法很难准确预测涌水量的大小，如果采用两种或两种以上方法相互验证，预测结果可能更加准确。王媛等(2009)基于三维各向异性的岩体介质渗透张量空间随机场，利用局部平均法对随机场进行离散，推导出了三维非稳定渗流场随机有限元列式，得到非稳定渗流的随机渗流场，推导出渗流场中流量的均值和方差的计算公式，并编制了相应的程序。

隧洞涌水的预测在可行性研究阶段以定性研究为主，通过对隧洞含水围岩中地下水的分布和赋存规律的研究，分析开挖对场区工程地质及水文地质条件的影响。采用多种手段，如物探、水文地质测绘、钻探、水化学分析及同位素分析等，可确定地下水富集区域、裂隙密集带、断裂构造带等可能的地下水通道，然后利用均衡法估算隧洞的涌水量。隧洞涌水的定量评价和计算，随着施工要求和技术水平的提高，以定性分析研究为主逐渐转向隧洞涌水定量预测为主。涌水量预测计算方法主要分为经验方法、理论计算方法和数值模拟方法。

隧洞涌突水灾害多发生于各类断层破碎带及可溶岩与非可溶岩交界地段。涌水量计算的准确性取决于对隧洞的富水性和充水条件的正确分析、参数的选取及计算方法的合理选择。

1956 年，R. W. Sallman 开始将数值分析法应用于地下水计算，但是，其发展受制于其所需的大量运算。1960年，W. C. Walton首次将电子计算机引入水文地质数值模拟，使得数值法能够更加方便和快捷的应用，从而促进了数值法在解决地下水问题方面的应用和发展。利用数值模型，对地下水流和溶质运移问题进行模拟的方法，以其有效性、灵活性和相对廉价性，逐渐成为地下水研究领域的一种不可或缺的重要方法，并受到越来越多的重视和广泛应用。

地下水数值模拟方法主要有有限分析法（FAM）、有限单元法（FEM）、有限差分法（FDM）和边界元法（BEM）等。在地下水数值模拟中，目前应用较普遍的是有限差分法和有限元法。

有限差分法是把连续的定解区域，用有限个离散点构成的网格来代替，这些离散点称作网格的节点；把连续定解区域上的连续变量的函数，用在网格上定义的离散变量函数来近似；把原方程和定解条件中的微商，用差商来近似，积分用求和来近似，于是，原微分方程和定解条件就近似地代之以代数方程组，即有限差分方程组。解此方程组，就可以得到原问题在离散点上的近似解。然后，再利用插值方法，便可以从离散解得到定解问题在整个区域上的近似解。

有限差分法随着计算机技术的快速发展开始广泛地应用于大规模实际地下水流的计算。有限差分法原理简单，容易理解，有系统和成熟的计算方法和程序，但是，基本上是从单元或节点水均衡方程推导出来的，在边界处理方法上有待进一步发展。

MODFLOW是由美国地质勘探局（USGS）于20世纪80年代开发出来的一套专门用于孔隙介质中三维有限差分地下水流数值模拟的软件。自从它问世以来，MODFLOW已经在全世界范围内，在科研、生产、环境保护、水资源利用等许多行业和部门得到了广泛的应用，成为最为普及的地下水运动数值模拟的计算软件。Visual Modflow是由加拿大Waterloo水文地质公司在MODFLOW软件的基础上应用现代可视化技术开发研制的，并于1994年8月首次在国际上公开发行。它是目前国际上一致认可的三维地下水流和溶质运移模型评价的标准，为可视化专业软件系统。采用MODFLOW软件对隧道涌水量进行分析研究，首先建立工程区三维水文地质模型，计算出该模型在稳定流条件下的地下水等水位线，然后模拟瞬变流条件下隧洞在施工期间的涌水量。王博等通过MODFLOW本身的wall阻隔边界，来模拟分析断层带的地下水渗流场。断层对地下水的影响取决于多种因素：地下水流向、断层的走向和断层的倾向的关系等。沈媛媛等对地下水数值模拟中的人为边界的处理方法进行了研究，并作出了实例分析。王玮提出运用数字化地形图提取法、人工查点法、半自动查点法等，获取数字高程模型（DEM），并提出了通过DEM模型来计算节点地面标高的方法。夏强等针对锦屏二级水电站隧洞利用MODFLOW建立了5种工况下的三维稳定流模型，结合工程区水文地质情况，以及辅洞贯通后反映的涌水特征，重点刻画对涌水起重要作用的导水裂隙带。并利用DRAIN模块处理隧洞，反映隧洞围岩综合因素对涌水量的影响，通过UCODE软件反演校正MODFLOW模型参数，再代回模型进行计算，得到了与观测涌水量一致的结果。

FLAC3D(fast lagrangian analysis of continue 3D)，即连续介质快速拉格朗日分析，它是一种基于拉格朗日差分法的一种显示有限差分计算程序，是由美国Itasca公司开发的商业软件。利用FLAC模拟渗流场进行涌水量计算，首先确定分析目标，建立模型的网格，计算每节点的初始渗透系数、孔隙度、渗流方程的边界条件，计算每节点的随机渗透参数；经过n时步(由运行时间长短确定)后，求得某一时步的单元流体变量，以及经累加得到当前时步的单元流体变量；然后再求得节点流体变量，循环上述过程，使流体平衡；最终得到裂隙岩体流量的变化过程及结果。多次重复上述过程，求得多个涌水量。刘文剑(2008)基于渗流场损伤场耦合理论，采用FLAC3D对雪峰山隧洞的涌水量进行了预测研究。

目前隧道涌水量预测中存在的主要问题。隧道涌水量的预测计算方法很多，在涌水量预测方面，大多采用解析法计算，在实际工程中往往出现较大的误差，而数值模拟方法，就本身精度、处理复杂结构的精细程度而言，足以满足目前工程计算的精度要求，但也存在一定的误差。涌水量预测产生误差的主要原因在于：①地质条件的复杂性和随机性，由于地下水水流模型包含着许多随机因素，并受到这些随机因素的制约和影响，从而具有一定程度的误差，甚至误差达到20%以上；②轻视具体地质条件研究，过多依赖于数学模型和计算机技术，主要表现在：一是预测涌水量方法比较粗糙，由于对地质原型进行了很大程度上的简化，不能代表真实的围岩渗流情况；二是视围岩裂隙介质为近刚性体，不符合实际情况；③渗透参数的确定难度较大，如裂隙样本法测得的渗透系数，虽然简单、实用，但由于野外地质体中裂隙结构面的几何参数很难或者根本无法精确测量，近似的测量必然带来相对粗糙的结果，而通过压水或抽水试验的方法，成果虽较为直观、可信，但实际试验耗资大，大量获取为一般工程难以承受，只能在大型、典型地段做部分实验；④渗透系数和应力的关系，不同学者得出结论的表达方式有所不同，基本规律是裂隙的渗透系数随法向应力的增加而降低。但是这些成果距离完全解决岩体节理系统及渗透性的纵向演化问题还有差距。

隧道涌水量的预测计算是水文地质学科中的一个重要的理论问题，同时也是隧道防排水设计和施工中一个亟待解决的实际问题，迄今为止尚无成熟的理论和公认的准确计算方法。其主要原因是隧道涌水的复杂性和多变性以及人们对现场水文工程地质条件的认识不完善。要解决这个问题，一方面，应强调通过各种先进的勘察手段，尽可能多地获取涌水系统的重要信息；另一方面，应提倡用新的观念和新的理论来完善与充实。

2.3 底板承压水上断层突水机理

煤矿中75%的突水事故与断裂构造带有关，工作面80%的突水事故与断层有关。针对断层这一主要突水条件，我国学者开展了大量的研究工作。钱鸣高等(1996)基于关键层理论对断层突水机理做出了解释。缪协兴等(2007)在此基础上提出了渗流关键层说，发展了关键层理论。谢和平等(2008)采用分形理论对断层产状及粗糙表面的分形进行了统计。宋振骐等(2013)基于提出的实用矿山压力控制理论，研究了断层突水机理及其预测控制方法。唐春安等(2009)采用数值方法再现了含隐伏小断层底板在采动应力扰动和高承压水共同作用下采动裂隙形成、小断层活化、扩张、突水通道最终贯通形成的全过程。李青锋(2009)基于隔水关键层原理建立了含隔水断层的隔水关键层活化力学模型，提出了在矿压和水压共同作用下的断层采动活化突水条件及其突水机理。许延春和陈新明(2013)通过现场注水试验分析了巷道底臌量和底板物性变化规律，发现了深部巷道底臌突水的突变性规律。

潘锐等(2013)研究了断层倾角、开挖推进距断层距离等因素对底板承压水上断层突水的影响。取工作面推进70 m、距断层 $s=80$ m和工作面推进100 m、距断层 $s=50$ m时，观察断层面上的剪应力随断层不同倾角分布的情况，如图2.1～图2.3所示。

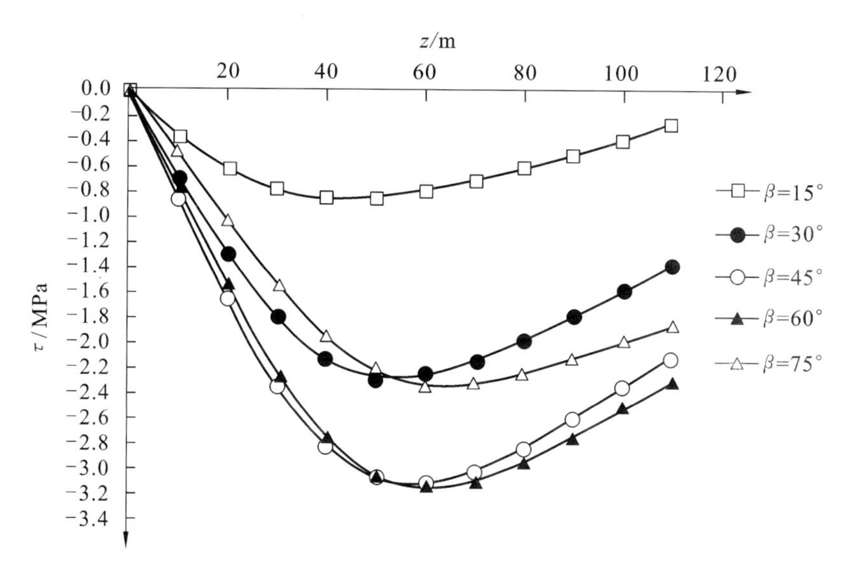

图2.1 不同断层倾角时断层面上剪应力分布
(据潘锐等,2013)

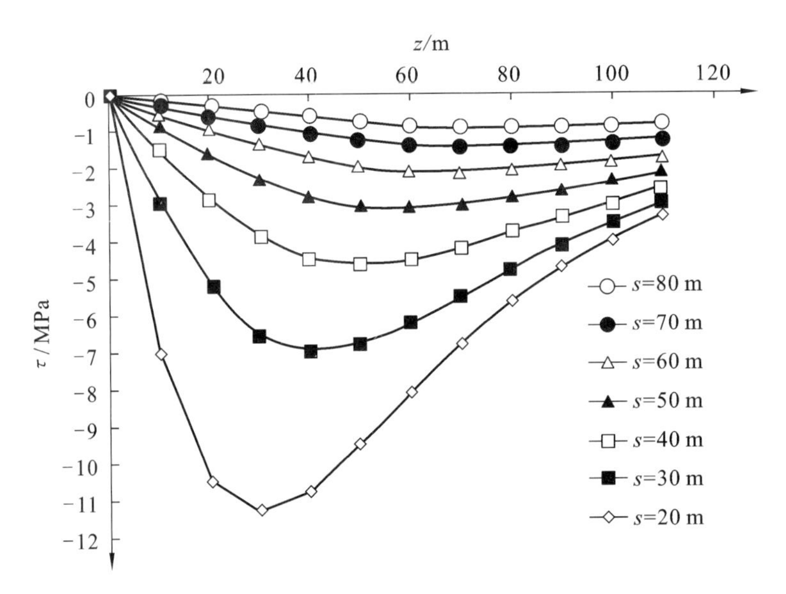

图 2.2　不同推进距离时断层面上剪应力分布

（据潘锐等，2013）

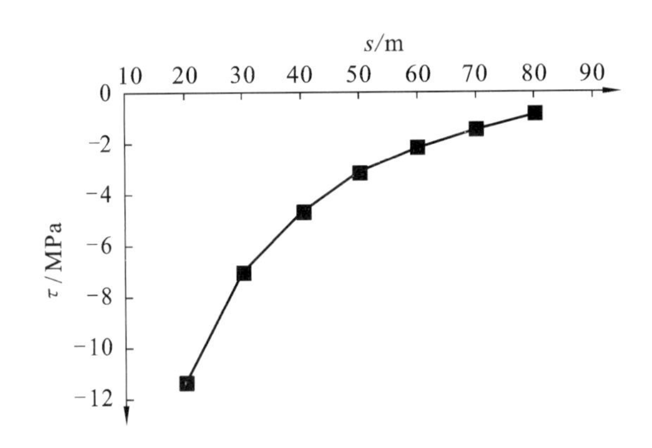

图 2.3　工作面距断层不同距离时断层面上剪应力峰值分布

（据潘锐等，2013）

断层面上的剪应力在 $0\leqslant z\leqslant 50$ m 范围内变化较快，说明采动对断层浅部的影响较大，断层深部的活动较为平稳。同时也可以看出，断层面上的剪应力峰值在 $\beta\leqslant 60°$时，随着倾角增大而增大的，在 $\beta> 60°$ 时，随着倾角增大而减小。随着工作面向断层推进，断层面上的剪应力变化越来越剧烈，剪应力峰值也逐渐向浅部转移。从工作面距断层 50 m 处开始，断层面上的剪应力峰值增幅较大。

李连崇等（2009）讨论了断层的发育程度和承压水水压对断层底板突水

的滞后时间。断层尺寸较大且发育高度较高的断层对隔水岩层的损伤演化模式、承压水的导升影响较大。承压水水压的大小也直接影响突水发生的滞后时间，随着承压水水压力的增大，断层顶部破坏带高度相应增大，并加快了隔水底板中断层破坏带与采动破坏带的贯通速度。

2.4　隧洞突水超前地质预报方法

超前地质预报是通过不同的方法和技术手段，查明施工掌子面前方主要不良地质条件的性质、类型、位置和规模；确定施工掌子面前方遇到的各种不良地质条件而发生涌水突泥、围岩强烈变形、塌方和岩爆等施工地质灾害的可能性。超前地质预报是不良地质洞段施工的一项重要工序，特别是对隧洞可能涌突水点多，施工风险较大时，更应坚持以预报为主。根据预报成果确定施工方案，防患于未然。综合超前地质预报主要包括：隧洞所在地区工程地质分析与不良地质宏观预报，长期、中期和短期超前预报，超前钻探和施工地质灾害临近警报等预报方法和技术手段。

工程地质分析与不良地质宏观预报。主要是依据地质资料，对重点区段进行深入的地面地质调查，通过区域不良地质分析，宏观预报洞体施工可能遇到的不良地质类型、规模、大约位置和方向，宏观预报发生施工地质灾害的类型和发生的可能性。对于 11 号隧洞来说，最重要的是地质分析，掌握地下水的来源、赋存条件及运动规律，明确地下水与地表水的关系及地下水对周围环境的影响。

长期超前地质预报。国内外大多采用 TSP(隧道地震波勘探)等仪器探测手段，预测开挖掌子面前 300 m 范围的地质状况，并提出预测分析报告。

中期超前地质预报。主要采用超前钻孔探水与红外线探测仪两种方法。在临近裂隙、管道或断层带前 30 m 左右，采用地质钻机或液压钻孔台车，在工作面上超前钻 3～5 个探水孔，孔深 30～40 m，探测地下水情况，同时采用红外线探测仪进行验证。

短期超前地质预报。主要根据开挖出露的围岩状况，结合物探和超前探孔资料，由地质专业人员对开挖面前方短距离范围内的高压水、突涌水、岩溶、断层破碎带存在的位置、走向、规模提出报告。

炮眼水喷射距法。根据开挖工作面上的超前炮眼钻孔或探水孔的涌水量，预测前方几米至几十米的涌突水情况。利用爆破后的出水量和爆破前炮眼水喷距的一定比例关系，用喷距的大小来预测开挖后的涌水量(图 2.4)。

图 2.4 中，y 是指炮眼距底板的高度，s 是指涌水喷射的距离。

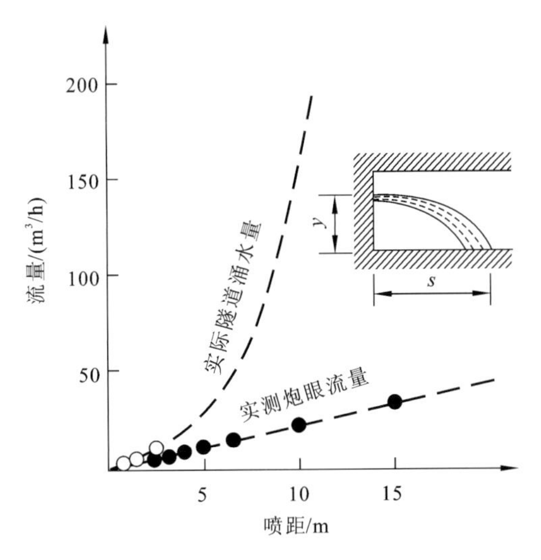

图 2.4　炮眼喷距与炮眼出水量和涌水量关系曲线

2.5　隧洞涌突水防治技术

隧洞涌突水是制约深埋特长隧道(洞)施工的主要地质灾害之一,隧洞涌突水防治处理技术是隧洞建设发展中需要研究解决的重要课题。国内外深埋长隧洞的建设,开创了在各种复杂地质条件下施工的工程先例,总结了丰富的成功经验。

目前在国内外隧洞施工中,涌突水防治处理的方法大体上分为两大类,即排除涌水的方法(排水法)和阻止涌水的方法(止水法)。涌水处理的方法详细划分一般有以下几种,如图 2.5 所示。

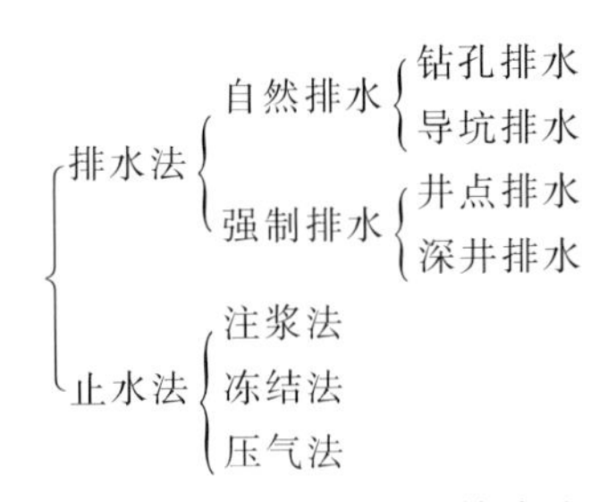

图 2.5　隧洞突水处理技术方法

实际上,排水和止水常是不能截然分开的,经常相互配合使用。在选择上述方法时,首先要进行详细的涌水调查,掌握地下水的动态和水量的大小及动向。同时考虑围岩条件、涌水量、埋深、周边环境条件等综合因素决定。

排水法的目的是降低地下水位及工作面的涌水压力,使岩土层脱水压实，改善岩体结构。排水法是国内外隧洞施工中最普遍使用的方法，其主要优点是费用低、工期短。一般施工中的排水方法有利用重力自然排出的导坑排水、钻孔排水及利用井点的强制排水方法。

在隧洞施工中，当难以用上述排水法施工时，或采用排水法效果不理想时，一般采用止水法。止水主要有注浆法、冻结法及压气法三种。

冻结法适用于各种复杂的含水地层。但它需要庞大的制冷设备与管理系统，投资昂贵，施工期较长，混凝土衬砌需在低温下作业。故一般只有当遇到特别不良地层时，才考虑采用这种方法。

压气法多用在软弱层，常与盾构法一起使用。由于人员在气压下作业受0.3 MPa气压的限制，故它只能用在水压不大于0.3 MPa的场合，而且一次作业时间也有限制。

注浆法是目前国内外隧洞工程中最常用的一种止水方法。它可通过浆液使原来松散软弱结构的围岩得到胶结硬化，变得相对密实；使节理裂隙、空洞封闭，截断围岩渗水通路。达到封堵裂隙、隔离水源、堵塞水点、减少涌水量、改善施工条件，同时也起到强化地层的作用。注浆止水法特别适用于水下隧洞、高水压地区及含水的断层破碎带。使用注浆法，由于其效果难以事先直接判断，故必须预先在现场做灌浆试验，以便确定合适的材料和施工方法，做到既经济又合理。

2.6 裂隙岩体注浆理论与技术

注浆是利用液压、气压或其他方法，通过注浆钻孔或置入其中的注浆管将具有胶凝能力的浆液注入岩层裂隙、空隙与空洞中，将裂隙岩体胶结成一个整体，形成一个结构新、强度大、防水抗渗性能强和化学稳定性良好的"结石体"，以达到改善岩层性能为目的的一种施工方法。

注浆技术已有近200年的发展史，其发展分为四个阶段：原始黏土浆液注浆阶段（1802～1857年）；初级水泥浆液注浆阶段（1858～1919年）；中级化学浆液注浆阶段（1920～1969年）；现代注浆阶段（1969年至今）。

我国注浆技术的研究和应用起步较晚，20世纪50年代初才开始起步，但发展较快。经过60多年的努力，我国在注浆技术方面已取得较大的进展，特别是在注浆设计、注浆施工以及注浆材料的研制等方面均达到世界先进水平。

注浆技术在国内以水工部门应用得较早。三峡岩基专题研究组等单位从1959年起就先后制定了一系列试验规程和注浆施工规范，如《三峡岩基灌浆试验技术规程》(1959)、《水工建筑物基础帷幕丙凝化学灌浆施工技术规范》(1982)、《环氧树脂化学灌浆施工技术规范》(1982)等，为我国注浆技术的标准化打下了良好的基础。

2.6.1　注浆浆液研究及存在问题

目前注浆浆液的品种繁多，种类各异，其中主要有两大类：粒状材料浆液和化学材料浆液(图 2.6)。粒状材料浆液中主要有水泥浆、黏土浆、水泥黏土浆等。化学材料浆液中主要包括水玻璃类、聚氨酯类、丙烯酰胺类、木质素类、脲醛树脂类、环氧树脂类、铬木素类等。以及由水泥和化学浆液所复合的水泥-化学浆液。

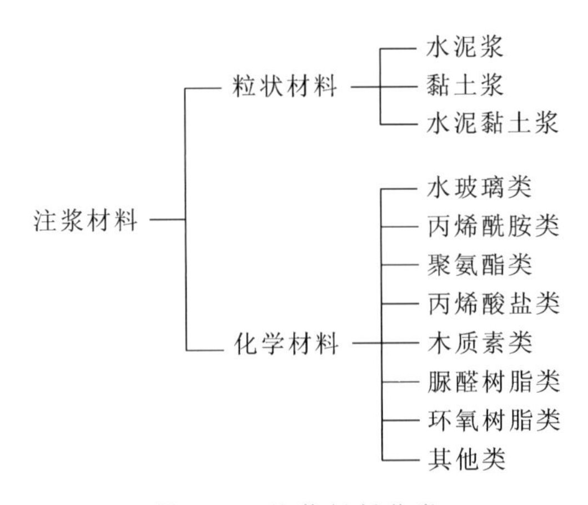

图 2.6　注浆材料分类

注浆材料在很大程度上直接影响堵水防渗和固结的效果，并关系到注浆工艺、工期及工程费用。

水泥浆材具有结石体强度高、耐久性好、材料来源丰富、浆液配制方便、操作简单、成本较低等优点，所以在各类工程中得以广泛应用。至今仍是应用最广泛的主要注浆材料。

化学浆材可注性好，浆液黏度低，凝胶可控、抗渗性及耐久性能好，能注入细微裂隙中，但是一般的化学浆液都具有毒性并价格昂贵，且结石体强度比水泥浆液的结石体强度低等缺点，因此，化学浆液的应用范围受到限制。一般只有在固体颗粒材料浆液不能达到压浆处理要求时，如岩层裂隙细微、压不进去或涌水大、流速大时，才考虑采用化学浆液。

注浆所用材料还应根据地层条件选择：①断层破碎带和砂卵石地层，当裂隙宽度(或粒径)大于 1 mm 或渗透系数 $K \geqslant 5 \times 10^{-2}$ cm/s 时，加固或堵水压浆宜优先选用料源广、价格便宜的单液水泥浆和水泥-水玻璃浆；②断层泥带，当裂隙宽度(或粒径)小于 1 mm 或渗透系数 $K = 1 \times 10^{-3}$ cm/s $\sim 5 \times 10^{-2}$ cm/s 时，加固压浆宜优先选用水玻璃类；③对于细小裂隙岩层，断层泥段堵水压浆宜选用渗透性好，低毒、遇水膨胀的化学浆液，如聚氨酯类。

2.6.2　注浆参数选取

1. 浆液扩散半径

浆液扩散半径(浆液的有效范围)与岩石裂隙大小、浆液黏度、凝固时间、注浆速度和压力、压注量等因素有关。在孔隙性岩层中比较规则、均匀,在裂隙性岩层则是不规则的。在其有效扩散范围内,浆液充塞、水化后的固体能有效地封堵涌水。浆液的扩散半径随岩层渗透系数、压浆压力、压入时间的增加而增大,随浆液浓度和黏度的增加而减少。施工中对压浆压力、浆液浓度、压入量等参数可以人为控制与调整。对控制扩散范围可以起到一定作用。

试验研究表明,当水灰比不大于 1∶1时,水泥浆液属于宾厄姆流体,利用宾厄姆流体浆液极限扩散距离计算浆液扩散半径:

$$R \leqslant \frac{p_s d_e}{4\tau_s} + r_0 \tag{2.1}$$

式中:R——浆液有效扩散半径,m;

p_s——注浆压力,MPa;

d_e——平均裂隙宽度,m;

τ_s——宾厄姆流体浆液剪切强度,MPa;

r_0——注浆孔半径,m。

2. 注浆压力

注浆压力主要用来克服浆液本身的黏聚力和克服浆液沿管道、钻孔和裂隙面的流动阻力。一般来说压力越大,浆液渗透距离越远。因此很多学者建议压力高些,且有以下作用:①使岩缝扩张,使得灌浆材料能进入细小岩缝并扩散到较远距离,从经济角度讲,高压可使浆液渗透更远,这样可以节省灌浆孔的数目;②高压有助于浆液排水固结,使得结石密实;③通过高压的劈裂灌浆,可改善软岩的可灌性,促进浆液的渗透;④对于充填裂隙,灌浆压力的逐渐加大有助于压密裂隙中的充填材料,降低渗透性,提高岩体整体强度。但是,若压力过高,会使裂缝扩大,浆液流失过远以及工作面冒浆,使岩体产生塑性变形,导致岩体不必要的破坏。

最佳注浆压力国内外至今没有一个统一的认识。美国学者认为注浆压力应该与上覆岩层厚度相关,且认为上覆岩层每厚 1 m 就要增加 0.025 MPa 的压力,相当于上覆岩层的质量。欧洲专家则认为上覆岩层每厚 1 m 可增加 0.1 MPa 的压力,注浆压力是上覆岩层自重的 4 倍。Grundy(1975)认为注浆压力可采用灌浆面上覆岩层质量的两倍。俄罗斯规范中冲积注浆压力通常至少等于灌浆孔底部以上岩层的质量，对于块状岩石和更黏稠的浆液通常采用更高压力。我国确定设计灌浆压应力，多采用基岩表层段允许注浆压应力与基岩灌浆深度每加深 1 m 增加 0.1 MPa 之和。

在小浪底水利枢纽工程中，通过试验确定出远离大断层的深埋砂岩与粉砂岩互层岩体的最大灌浆压力为 0.7 MPa，风化卸荷带的砂岩与粉砂岩互层岩体的最大灌浆压力超过 0.3 MPa，远离大断层的深埋硅质砂岩的最大灌浆压力超过 4 MPa。

《水工建筑物水泥灌浆施工技术规范》(SL62-2014)规定：灌浆压力宜通过灌浆试验确定，也可通过公式计算或根据经验先行拟定，而后在灌浆施工过程中调整确定。

水下注浆施工，注浆压力的选择应同时考虑三方面的因素，其一应考虑受注介质的地质和水文地质条件(如受注层埋藏深度、地下水量与水压、受注岩层的物理力学性质、裂隙情况等)；其二应考虑浆液性质、注浆方式、注浆时间、要求的浆液扩散半径和结石体强度等；其三应考虑支护层的强度和止浆垫(岩帽)的强度等。注浆最大压力通常根据现场试验确定。考虑含水层的地下水水压 p_w时，一般采用注浆压力为：$p_s=(0.4\sim2.0)p_w$。

3. 浆液浓度和注入量

岩体裂隙越大，用浆也越浓。在每段每次压浆时应先稀后浓，同一分段多次压浆时，则先浓后稀。浆液浓度的选择根据岩层的吸水率 q 来确定，吸水率越大，岩层透水能力越强，则浆液宜浓。

一般水泥浆液起始浓度很少采用较稀比级，特别在初期压浆阶段，因稀浆结石率低，并增大扩散半径，延长压浆时间。常用的水泥浆液浓度为 1.5∶1～0.5∶1。采用浓浆、高压力，堵水效果好，并能缩短压浆时间。

《水工建筑物水泥灌浆施工技术规范》(SL62-2014)规定：灌浆浆液的浓度应由稀到浓，逐级变换。帷幕灌浆浆液水灰比可采用 5∶1，3∶1，2∶1，1∶1，0.8∶1，0.6∶1，0.5∶1七个比级。开灌水灰比可采用 5∶1。灌注时由稀至浓逐级变换。

为获得良好的堵水效果，必须注入足够的浆液，确保一定的有效扩散范围。但浆液注入量过大，扩散范围太远，就浪费浆液材料。

浆液压入量 Q 可根据扩散半径及岩层裂隙率进行粗略估算，作为施工设计参考：

$$Q=\lambda\frac{\pi R^2 L\eta\beta}{m} \tag{2.2}$$

式中：λ——损失系数，考虑工程管理、注浆技术、地质条件等因素造成的浆液损失，一般取 1.2～1.5；

R——浆液扩散半径，m；

L——压浆段长度，m；

η——岩层裂隙率，一般取 1%～5%；

β——浆液在裂隙内的有效充填系数，0.3～0.9，视岩层性质而定；

m——结石率，与浆液性质、水泥浆的水灰比等有关，由稀浆液到稠密浆液，取值在 0.56～0.99 变化。

若 $\lambda=1.3$，$R=2.0$ m，$L=20$ m，$\eta=0.05$，$\beta=0.9$，$m=0.85$，则 $Q=17.29$ m^3。

国内外研究了压水试验吕荣值与灌浆量之间的关系，结果发现把吕荣值和单位灌浆量的信息绘在一个双对数坐标图上时，这些点相对集中于上下两条线的范围内，这说明岩性大致相似的地层中吕荣值和灌浆量存在某种联系（图 2.7）。

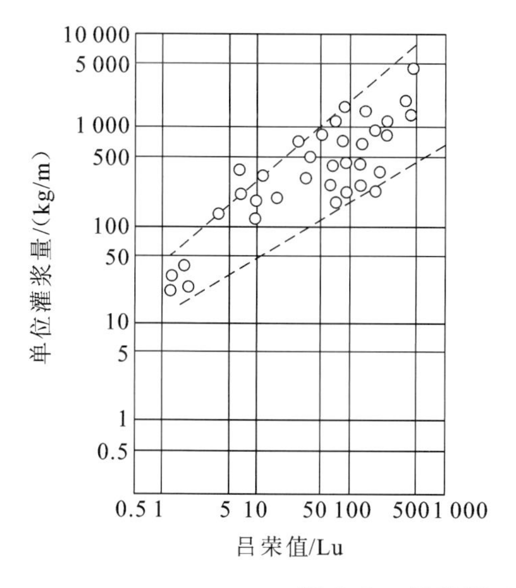

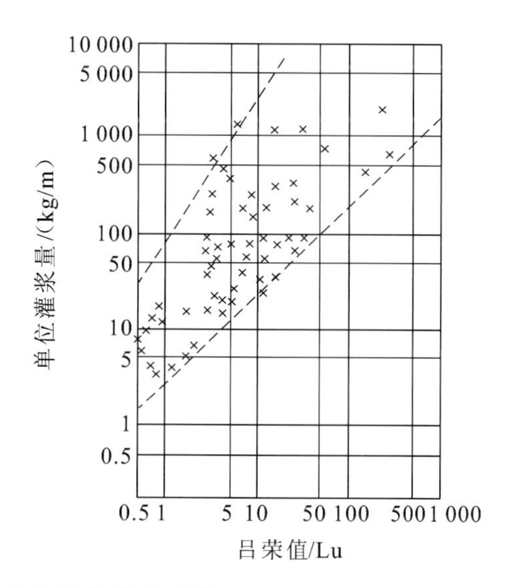

图 2.7　吕荣值(Lu)与单位灌浆量关系图

4. 注浆材料及配比

根据隧洞地下水的赋存情况的不同，采用不同的灌浆堵水固结材料，可以采用单液浆或双液浆等。

单液水泥浆浆液以水泥为主，添加适量速凝剂，用水调剂而成。其特点为凝结时间可根据需要调节（从几分钟到几小时，表 2.2），浆液结石率高，可达 100%，抗压强度可达 5～10 MPa，抗渗性好，后期强度不易下降；工艺设备简单，操作方便；浆液无毒性，对地下水和环境无污染；原料丰富，价格相对较便宜。缺点是凝胶时间较长，难以注入 0.2 mm 以下的裂隙。根据灌浆需要，可在水泥浆液中加入掺合料和外加剂。

表 2.2　水泥浆液凝胶时间

水灰比	水泥速凝剂参量/%							备　注
	0	2	2.1	2.3	2.5	2.7	3	
1.2∶1	2 h	49 min	31 min	19 min	11 min	9 min	4 min 30 s	试验条件： 气温 23 ℃ 水温 20 ℃
1∶1	1 h 50 min	42 min	25 min	15 min	7 min	4 min	3 min 40 s	
0.8∶1	1 h 28 min	38 min	15 min	4 min	3 min 51 s			

双浆液多以水泥浆液和水玻璃为主。化学浆液一般价格较高，根据工程需要确定。

5. 注浆方式与顺序

采用分段前进式和全孔一次压入式两种灌浆方式。当钻孔过程中未遇泥夹层或涌水，就一钻到底，采用全孔一次压入式灌浆；当钻孔中遇到泥夹层或涌水，就立即停钻，采用灌一段钻一段的分段前进式灌浆，直到终孔。

灌浆应按分序加密的原则进行。由三排孔组成的帷幕，应先灌注下游排孔，再灌注上游排孔，后灌注中间排孔，每排孔可分为二序。由两排孔组成的帷幕应先灌注下游排，后灌注上游排，每排可分为二序或三序。单排孔帷幕应分为三序灌浆。注浆顺序一般采用先灌外层，后灌内层，同层钻孔自下而上隔孔施灌。

6. 注浆结束标准和注浆效果检验

《水工建筑物水泥灌浆施工技术规范》(SL62-2014)规定：采用自上而下分段灌浆法时，在规定的压力下，当注入率不大于 0.4 L/min 时，继续灌注 60 min；或不大于 1 L/min 时，继续灌注 90 min，灌浆可以结束。采用自下而上分段灌浆法时，继续灌注的时间可相应地减少为 30 min 和 60 min，灌浆可以结束。

灌浆工程的质量应以检查孔压水试验成果为主，结合对施工记录、施工成果资料和检验测试资料的分析，进行综合评定。断层、岩体破碎、裂隙发育、强岩溶等地质条件复杂的部位应布置检查孔。灌浆检查孔的数量可为灌浆孔总数的 10%左右。

2.6.3　裂隙岩体注浆理论

由于地质条件复杂和施工检测困难以及试验方法的局限等因素的影响，

注浆理论的研究水平不能满足注浆技术的要求。目前，注浆工程中常用的注浆浆液主要为黏土类浆材、水泥类浆材和化学类浆材。按照浆液的流动特性，可以把浆液分为牛顿流体和非牛顿流体，但是现有的注浆理论大多是以牛顿体和宾厄姆体为研究对象。提出了渗透注浆理论、压密注浆理论、劈裂注浆理论和振动注浆理论等。

裂隙岩体注浆理论的发展与注浆技术、注浆设备和注浆材料的快速发展相比相对缓慢。裂隙岩体注浆理论可以归纳为多孔介质注浆理论、连续介质注浆理论、裂隙介质注浆理论、孔隙和裂隙双重介质理论等。

多孔介质注浆理论认为岩体是一种多孔结构，孔隙是浆液渗入岩体的通道，根据其孔隙分布情况，又可分为各向同性多孔介质和各向异性多孔介质。

连续介质注浆理论认为岩体虽受裂隙分割，但通过等效原理处理后，岩体空间内每一点上岩石和裂隙都保持连续。因此，在岩体内每一点上都同时存在岩石介质和裂隙介质，浆液通过这些孔隙在岩体内流动。通过等效原理把裂隙中的浆液流动等效平均到整个岩体中，然后运用连续介质理论进行分析。

裂隙介质注浆理论认为岩体是受裂隙分割的不连续体，浆液在岩体内通过裂隙网络流动。由于天然岩体内裂隙分布复杂，目前裂隙介质注浆理论多限于研究浆液在光滑的单一裂隙内的流动规律。不少学者假定浆液为牛顿体，得到了浆液在裂隙中的渗透规律。刘嘉材(1980)推导了浆液沿裂隙面径向流动的扩散方程。Hassler 等(1992)对裂隙岩体注浆进行了数值模拟研究，假设裂隙为光滑等宽，浆液为牛顿体。杨米加等(2001a,2001b)建立了宾厄姆体浆液的裂隙岩体灌浆渗透线网络模型。

孔隙和裂隙双重介质理论认为岩体由孔隙性差而透水性强的裂隙系统和孔隙性好而透水性弱的岩块系统组成，浆液在该种介质中流动时，既可在裂隙中流动，又可在孔隙中流动，并在两者之间发生强烈的质量交换。

大量研究成果均假定裂隙光滑，裂隙宽度一定，且不随注浆压力改变；浆液在裂隙内的流动为层流。对于裂隙粗糙度的影响、天然裂隙的开度取值和浆液在裂隙内为紊流运动时的浆液渗透公式还有待进一步研究。

裂隙岩体的可灌性为在一定压力作用下，浆液渗透到被灌介质内的能力，以及浆液在被灌介质内的渗透能力。影响可灌性因素的主要有三种：浆液性质(主要由浆液颗粒粗细、黏度以及浆液流变性等决定)、灌浆工艺(主要包括灌浆压力、灌浆方法和灌浆设备等)及被灌介质地质条件(岩体灌浆中主要指岩体内的裂隙分布特征，以及裂隙宽度、倾角、粗糙性和连通性等)。

研究表明水泥浆液不能渗透到宽度0.16 mm以下的岩体裂隙，除非采用劈裂灌浆。马国彦和林秀山(2001)认为透水率小于5 Lu的岩体是不透水的，不具有可灌性；透水率大于20 Lu的岩体具有可灌性；透水率为5～20 Lu的岩体，不能确定灌浆效果。孙钊（2004）总结了国内外工程实践表明裂隙岩体透水率在 3 Lu 或 5 Lu 以上的，采用高标号普硅水泥浆液是可灌的；透水率小于 1 Lu 的，普硅水泥很难灌入；透水率为 1～3 Lu 的，则要看裂隙宽度如何。

总之，注浆理论研究水平还不能满足注浆实践的要求，迫切需要提出一些较为完善的注浆理论应用于工程实践，从而推动注浆技术的更快发展，在以下几方面应加强研究：①完善岩体结构理论；②开展浆液的非牛顿流体特性研究；③加强注浆新工艺和新方法的研究，进一步完善注浆效果的检测手段；④加强对注浆加固体强度理论的研究；⑤加强计算机控制技术在注浆工程中的应用研究。

第 3 章　小浪底北岸灌区一期工程概况

3.1　工程概况

小浪底北岸灌区位于河南省济源市黄河北岸，灌区输水工程涉及济源市和焦作市的沁阳市、孟州市、温县。灌区南靠黄河、北临沁河，是山前倾斜丘陵区向黄河沁河冲积平原的过渡区，包括17个乡镇、12个办事处、472个行政村，总人口123.15万人，规划总控制面积847.5 km^2，灌溉面积74.6万亩（1亩＝666.7 m^2）。

小浪底北岸灌区一期工程共分为总干渠、一干渠和压力管道三部分，一期工程主要是由小浪底水库向济源市供水。

小浪底北岸灌区一期工程以小浪底北岸进口为0＋000起始桩号，灌溉塔与其后至桩号0＋865.71灌溉洞工程已随小浪底水库主体工程完工，一期工程随灌溉洞的末端桩号0＋865.71开始。共分总干渠、一干渠和输水线路三段工程。总干渠全长17 917.11 m。总干渠段内共设12段隧洞、6段流槽、17段暗渠、15座建筑物。一干渠全长3 056.57 m，设2条隧洞、7段暗渠、1段流槽、2段明渠，设建筑物4座；输水管线全长3 691 m，设1座进水闸、1座倒虹、各类阀井18座。核定概算总投资49 435万元。

总干渠从桩号0＋865.71～18＋782.82，绕过西沟水库、小浪底水库建管处，然后大致沿东北方向，依次经满泉沟、吴家岭、杨楼岭、碾盘凹、牛王庙、枣园河、碱水泉、石门凹、卫佛安、张庄、余庄到聂庄东北一干渠分水口。由隧洞、暗渠、明渠、渡槽、倒虹等组成，全长 17 917.11 m，设计流量 30 m^3/s。渠段内共设 12 段隧洞总长 15 138.07 m，6 段流槽总长 399.47 m，17 段暗渠总长 1 054.57 m，13 座建筑物。其中，5 座渡槽、2 座倒虹吸、2 座过水涵洞、1 座控制闸、大沟河分水闸 1 座、总干渠枢纽闸（节制闸 1 座、一干进水闸 1 座）。从西沟控制闸末端（桩号 1＋056.00）处设计水位 222.17 m，至一干渠进水闸（桩号 18＋782.82）处设计水位 202.58 m，设计水头差 19.59 m。

一干渠全长 3.056 km，设计流量 6.37 m^3/s，一干渠起始于上泽峪村南（总干渠桩号 18＋870.44，一干渠 0＋000），渠线走向自南向北，穿济邵高速至泽南村东北角转向西北至南沟村南，渠线止于下南姚水库南端右岸，全长 3.056 km，由暗渠长 1.2 km、明渠长 755 m、2 座隧洞长 815 m 和 2 座倒虹、1 座桥梁组成。

输水管线布置根据地形、地质、施工条件、运行管理、城市规划等方面综合考虑。管线穿越 531 铁路后，沿铁路北侧西行，后沿商山大道西侧向北至黄河大道，穿曲阳路顺其西侧向北，过虎岭河后在枣林村东入曲阳水库，压力管道全长 3 691 m，线路基本上是沿现有公路布置，有利于工程施工及运行管理维护。

根据标段划分原则，结合工程自身的特点，建筑安装工程（包括水保、环保）分为 6 个标段。

总干渠施工一标段：桩号（总干渠 0＋865.71～总干渠 4＋082.50），全长 3 216.79 m。

总干渠施工二标段：桩号（总干渠 4＋082.50～总干渠 9＋300.49），包括 5#隧洞的（2 031/2＝1 015.5 m）、9#隧洞的（2 208.98/2＝1 104.49 m）等工程的建设，全长 5 217.99 m。

总干渠施工三标段：桩号（总干渠 9＋300.49～总干渠 13＋000.00），包括 9#隧洞的（2 208.98/2＝1 104.49 m）、11#隧洞（进口至 13＋000）等工程的建设，全长 3 699.51 m。

总干渠施工四标段：桩号 13＋000.00～16＋200.00，包括 11#隧洞（含两条施工支洞）等工程的建设，全长 3 200 m。

总干渠施工五标段：桩号 16＋200.00～18＋782.82，包括 11#隧洞（16＋200至出口）、12#隧洞、流槽等工程的建设，全长 2 582.82 m。

一干渠施工标段：包括隧洞、暗渠、倒虹、流槽及压力管道。

总干渠 11 号隧洞长 6 862 m，桩号 11＋163.55～18＋0235.55，位于小炼钢厂～沟西庄。11 号隧洞洞线上有 F29 断层，原地质报告对 F29 断裂带提出承压水最大水位高程为 330～331 m，高出洞底约 126 m，2010 年 11 月测得钻孔出水量约 120 L/min。预测隧洞洞室最大涌水量为 0.41 m^3/s。预测 F29 断层带宽 5～20 m，承压水影响范围 370 m（桩号 14＋690～15＋060），该段是控制 11 号隧洞施工工期的关键段。

工程区内铁路有焦柳铁路、侯月铁路，公路纵横交错，南北向主要有济洛高速、二广高速、G207 国道及省道洛常公路(沁阳常平至洛阳)等。东西向主要公路有长济高速、省道 S309(孟州至新乡)、S306(焦作至济源克井)、S308(济源至新乡)、获轵公路(获嘉至济源轵城)、S312(温县至济源邵原)、常付公路(沁阳常平至孟州)等,沿干渠一般有道路通行,交通较为便利(图 3.1)。

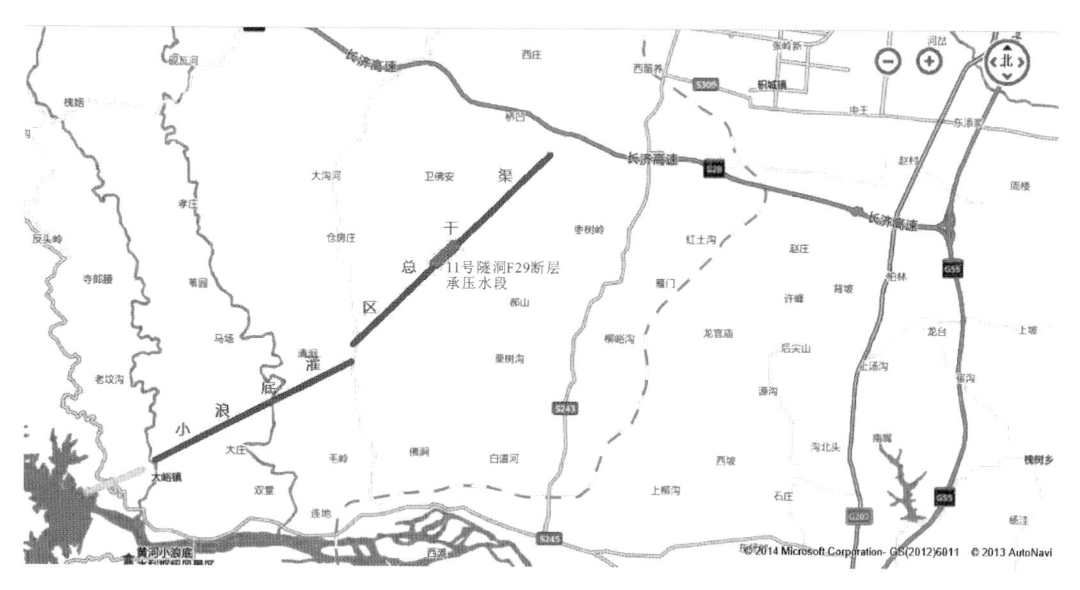

图 3.1　小浪底北岸灌区一期工程交通位置图

河南省发展和改革委员会以豫发改农经[2010]1821 号文批复了《小浪底北岸灌区一期工程可行性研究报告》,工程建设规模和主要建设内容为:"一期工程平均引黄量为 1.45 亿 m^3,由总干渠和一干渠两条渠道组成,总干渠设计引水流量为 30 m^3/s,一干渠设计流量为 6.37 m^3/s,主要建设内容为:新建渠首闸前段线路 1.807 km,总干渠线路长 16.389 km,一干渠线路长 2.849 km,压力管道长 3.472 km,各类建筑物 39 座。"

设计单位根据已批复的规模和建设内容,通过搜集资料,广泛征求各有关方面的意见,对小浪底北岸灌区一期工程进行规划布置,从技术、经济、环境和水土保持等方面进行全面分析论证,编制了《小浪底北岸灌区一期工程初步设计报告》。并于 2011 年 5 月 3 日经过河南省发展和改革委员会、水利厅联合组织的评审会,8 月 2 日参加了复审,河南省水利厅以豫水计[2011]93 号下发《关于转报小浪底北岸灌区一期工程初步设计专家审查意见的函》。2011 年 8 月初步设计完成同时完成招标设计。

2013 年 11～12 月,课题组进行了地质钻探(包括直孔与斜孔相结合)、地球物理勘探、水文地质调绘、水样选取、地下水动态监测、压水实验等工作;采用同位素实验对断层水与地表水的水力联系进行了分析研究;采用三维数值模拟法进行了多种工况条件下隧洞开挖过程的涌水量研究和涌水突水水量预测；采用数值模拟法进行了处理方案的对比研究。

主要研究工作包括：①采用垂直钻孔和斜钻孔钻探、高密度电法和电磁法等物探方法准确定位断层分布，破碎带和影响带的宽度；②通过钻孔压水试验和室内实验等方法确定断层带的渗透性能；③通过工程区域的工程地质调查、地下水动态监测、水文地质调查以及同位素实验，查明断层水和地表水的水力联系；④采用三维数值模拟法研究多种工况条件下隧洞开挖过程的涌水量，并进行涌水量和突水突泥可能性的预测；⑤查阅对比前期的勘探资料，分析与预测洞室突水突泥的可能性；⑥采用数值模拟法进行处理方案对比研究，提出合理的F29断层高承压水处理方案建议。

3.2　前期勘察工作概况

小浪底北岸灌区一期工程的前期勘察工作主要成果资料有：①河南省地质局1965年提交的《1∶20万区域地质调查报告》(洛阳幅)，概括了工作区区域地层及水文地质条件，可作为本次工作的基础资料；②河南省地质局1985年提交的《河南省区域地质志》(1∶50万)；③河南省地质环境监测总站2007年提交的《河南省济源市地质灾害调查与区划报告》，对济源市和工程区的各类地质灾害做了全面调查；④小浪底水利枢纽工程勘察、施工中所做的大量地质工作资料。

勘察单位于2010年3～6月进行了小浪底北岸灌区项目建议书和可行性研究阶段的外业勘察工作，并提交了《小浪底北岸灌区一期工程可行性研究阶段工程地质勘察报告》。

2010年10月～2011年6月，根据设计单位下达的《小浪底北岸灌区一期工程初步设计阶段工程勘测任务书》和编制的《小浪底北岸灌区一期工程初步设计阶段工程地质勘察大纲》《小浪底北岸灌区一期工程初步设计阶段工程地质补充勘察大纲》，初步设计阶段在充分分析利用前期勘察成果资料的基础上，结合工程布置特点，通过外业地质测绘与调查、勘探、物探以及室内岩石及土工试验工作，进一步查明地质构造、地层分布情况，查明渠线沿线的工程地质和水文地质条件，特别是傍山渠道、过沟浅埋洞段、隧洞进出口段等特殊地质段对渠道工程的影响问题，使勘察成果满足初步设计阶段设计要求，为小浪底北岸灌区一期工程设计方案提供了所需的地质资料。

其主要勘察任务是：①查明沿线地貌特征、地层岩性，地质构造与物理地质现象；②查明与隧洞关系密切的断层对隧洞稳定性的影响，破碎带和节理密集带的位置、性状及其组合关系；③查明沿线地下水位、含水层及隔水层埋藏与分布特征，尤其是涌水量丰富的含水层、强透水带、破碎带、节理裂隙密集带、汇水构造等，估算最大涌水量，提出外水压力折减系数；④查明工程部位相关的岩土体的稳定性，特别是松散、软弱岩、膨胀岩（土）、湿陷性土及软弱层的分布、工程地质特性及主要工程地质问题；⑤查明沿线地层的产状、风化深度、节理裂隙发育情况、岩性组合特征情况（各类岩组地层的分布、厚度、力学强度及岩层所占比例）、岩体的基本质量等级；⑥综合工程地质条件进行详细工程地质分段，按围岩强度、完整程度、结构面状态与产状、地下水活动状态的综合评分进行详细工程地质分类；⑦查明各建筑物工程地质条件及存在的工程地质问题，合理确定相关岩土体的物理力学参数，分析评价渠线工程及建筑物地基、坡体或围岩稳定、变形、承载能力等方面的影响，提出适宜的工程处理意见；⑧查明 F29 断裂性质及其延伸方向上含水层及隔水层埋藏与分布特征，尤其是涌水量丰富的含水层、强透水带、破碎带、节理裂隙密集带、汇水构造等，研究论证避开强透水断层的可能性，为线路优化比选提供地质依据；⑨进行天然建筑材料的详查。

3.3　勘察工作依据

勘测工作执行的主要技术标准有

(1)《水利水电工程地质勘察规范》(GB 50487)。
(2)《岩土工程勘察规范》(GB 50021)。
(3)《建筑抗震设计规范》(GB 50011)。
(4)《湿陷性黄土地区建筑规范》(GB 50025)。
(5)《建筑地基基础设计规范》(GB 50007)。
(6)《中小型水利水电工程地质勘察规范》(SL55)。
(7)《土工试验规程》(SL237)。
(8)《水利水电工程岩石试验规程》(SL264)。
(9)《水利水电工程地质测绘规程》(SL299)。
(10)《水利水电钻孔压水试验规程》(SL31)。
(11)《水利水电工程物探规程》(SL326)。
(12)《水利水电工程钻探规程》(SL291)。
(13)《水利水电工程制图标准》(SL73)。
(14)《工程建设标准强制性条文》(水利工程部分)。

3.4　前期勘察工作量

初步设计阶段的勘察工作从 2010 年 10 月下旬开始，至 2011 年 6 月初结束，工作内容包括钻探、地质测绘及调查、井探、物探、室内土工和岩石试验工作等，完成主要勘察工作量见表 3.1。

表 3.1　原勘察完成主要工作量表

类别	工作项目		单位	可研	初设	备注
工程地质测绘	1∶10 000		km^2	30	5	
	1∶1 000		km^2		5	
物探测井			m/孔		1 380/38	地震、声波、电阻率测井
钻探	钻探进尺		m/孔	149/8	4 590.4/109	
	土层		m		654.6	
	砂层		m		38.7	
	碎石、卵石		m		6	
	基岩		m		3 800.1	
竖井			m/个		78/14	黄土状土湿陷试验
原位测试	标贯试验		次	13	136	
	重探试验		m		1	
试样采取	原状土样		筒	38	135	
	方块样		块		105	
	散状样		袋		10	
	岩样		块	21	802	
	水样		组		6	
水文地质试验	压水试验		段	14	316	
	水位观测		次	8	143	
水质分析	简分析		组		6	地下水及地表水
土工试验	常规试验		组		230	
	颗粒分析		组		160	
	渗透		组		102	
	湿陷		组		28	
	击实		组		5	
岩石试验	抗压强度	$R_{干}$	组		85	
		$R_{湿}$	组		141	
		$R_{饱和}$	组		120	
	块体密度		组		55	
	剪切		组		108	饱和、天然
	弹性模量		组		157	饱和、天然
	岩块波速		组		225	
	泊松比		组		246	干、饱和、天然
	膨胀试验		组		5	
测量	纵横断面		km	17.5	26	
	勘探点位		个	8	97	

第4章　总干渠11号隧洞工程地质

4.1　地形地貌

小浪底北岸灌区总干渠11号隧洞线路场区一般为单斜构造区，属王屋山余脉。地貌单元为基岩丘陵，地面高程一般250～420 m，相对高差一般为50～100 m，山体以基岩为主，出露岩体破碎。山顶、山坡及山谷分布有较多的黄土，黄土分布呈片状或条带状，分布不均，覆盖厚度几米到几十米不等，植被一般发育到充分发育。场区内河流、沟谷较发育，河流多呈西北至东南流向，河谷大部分地段呈“V”字形，两岸较陡，沟底多为坡积物覆盖，常有泉水出露。

4.2　地层岩性及地质条件

隧洞沿线主要属华北地层区的太行山山系王屋山余脉区，次为豫西济源盆地地区。工程区自中元古代中期进入地台演化阶段，二叠纪以后进入后地台阶段山间盆地或断坳盆地演化阶段。场区出露地层其间有三个重要的构造界面：三叠系与侏罗系呈平行不整合面；侏罗系与古近系呈角度不整合面；上覆第四系地层与下伏基岩地层呈角度不整合面。

桩号11＋163.5～13＋5 231段位于小炼钢厂～高谷堆西北，洞室围岩主要为三叠系二马营上段（T_2er^2）、油房庄组下段(T_2y^1)和上段(T_2y^2)砂岩和泥岩。该段硬岩与软岩互层，岩体较完整，围岩多为 III 类，局部较破碎，围岩为 IV 类，11+163.5～11+225.0 段围岩类别为 V 类。岩体一般具弱～中等透水性。

桩号 13+532.1～16+803.5 段位于高谷堆西北～下山神庙西北、轴线承留镇与轵城镇分界以西，洞室围岩地层为三叠系椿树腰组(T_3c)和三叠系谭庄组上段(T_3t^2)地层、下段(T_3t^1)砂岩、泥岩和页岩，局部见有煤层，特别是三叠系谭庄组上段(T_3t^2)所含煤层最厚可达 0.5 m。围岩为 III 类，岩性以软岩类的泥岩和页岩为主，局部较破碎，岩体相对完整，山间多出泉水，岩层中地下水较丰富，断层 F29 是富水性构造。局部地段存在承压水，承压水最大水头高程为 330 m，高出洞底约 126 m。岩体具弱～中等透水性。

桩号 16+803.5～17+527.5 段位于下山神庙西北、轴线承留镇与轵城镇分界以东～张庄，洞室围岩为侏罗系下统(J_1)地层，岩性为黄绿色或黄褐色薄层～巨厚层状细粒钙质长石石英砂岩夹薄层状页岩，围岩为软～中硬岩，大部为软岩类，围岩体为 IV 类。岩体具中等透水性。

桩号 17+527.5～18+025.6 段位于张庄～沟西庄，洞室围岩为侏罗系下统(J_2)及古近系(E_2L^1)地层，侏罗系下统(J_2)岩性为灰白色或浅紫红色巨层状粗粒(局部含砾)泥钙质长石石英砂岩及灰白色厚层状铝土质页岩；古近系卢氏组第一段(E_2L^1)地层岩性为砖红色细粗粒泥钙质胶结长石石英砂岩与砖红色厚层状～巨厚层状泥质细砂岩(夹透镜体状砾岩)互层、砖红色巨厚层状长石石英砂岩夹透镜体状岩或紫红色巨厚层状砾岩夹砂岩、砖红色巨厚层状砂质巨砾岩。围岩为软～中软岩，大部为软岩类，围岩体为 IV 类。钻孔中水位较高，岩体具弱～中等透水性。

4.3 区域地质构造与地震

4.3.1 区域地质构造

区内大地构造单元按槽台说属中朝准地台，二级构造单元属华北凹陷，三级构造单元属太行拱断束、济源～开封凹陷；按断块构造观点属华北断块南缘的二级构造豫皖断块西北部，区域构造稳定性主要受汾渭断陷带以及太行山山前断裂带控制。勘测区位于太行拱断束西南部，如图 4.1 所示。新构造分区位于华北准地台(I)山西台背斜的南部，豫皖隆起-凹陷区(III)西北角与华北断陷-隆起区(II)的太行山隆起分区西南角(II_3)交接部位，如图 4.2 所示。

工程区内区域构造线走向变化较大，济源～开封凹陷内的隐伏断裂构造线走向近东西，其位于灌区北部边缘；封口山～五指山断裂走向近东南，其位于灌区西南部；温县黄河断裂近北东向，其位于灌区东南侧，与三干渠近垂直

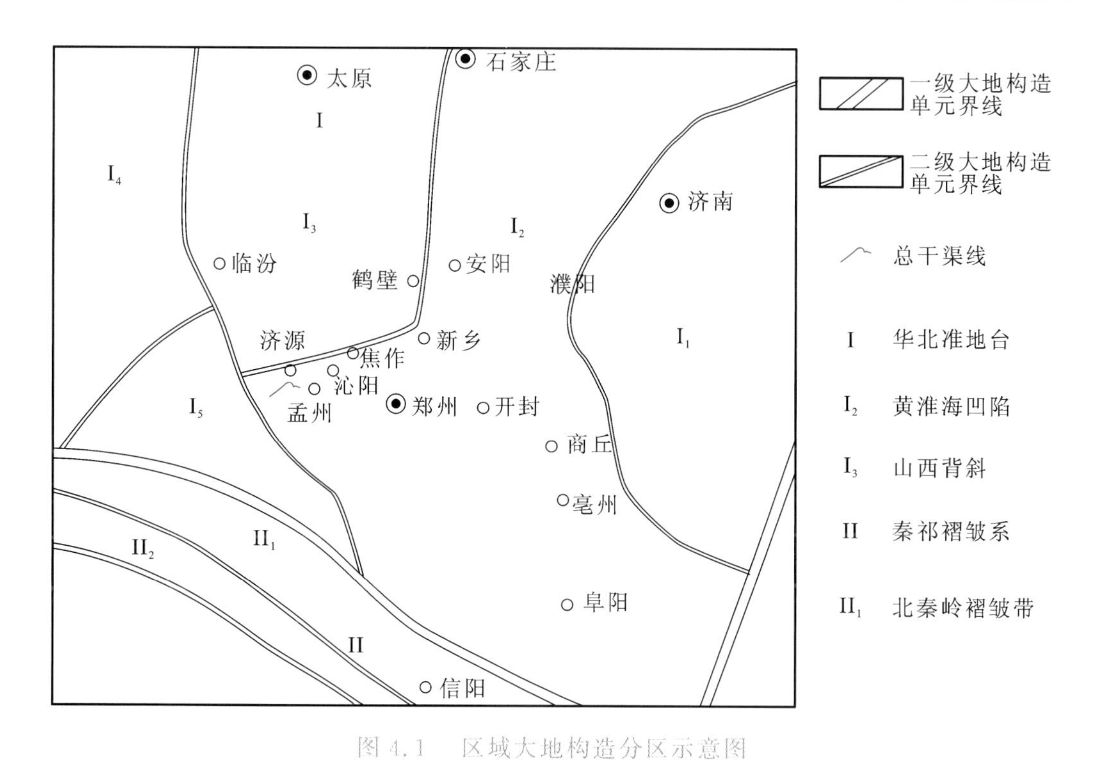

图 4.1　区域大地构造分区示意图

关系；武陟断裂呈东南向，其位于灌区东部边缘。这四条断裂是济源盆地形成的主要地质构造前提。

工程区属华北断陷-隆起区的太行山隆起和豫皖隆起-凹陷区的济源盆地结合部位。新构造运动主要表现为大面积间歇性和差异性升降运动及断裂的继承性活动，还具有明显的水平运动分量。工程区未发现晚更新世以来活断层分布。

4.3.2　场区内主要断层特征

受区域性断裂影响，场区内分布有次级的断裂及裂隙发育。对隧洞影响规模较大的断层有 9 条，现分述如下。

F2 断裂：位于枣园河东南进洞口附近，走向约 79°，为正断层，断层面倾向北西，与设计隧洞线大体呈平行。地质测绘表明，断层带较发育，多有方解石脉充填，局部方解石脉宽达 0.5～0.6 m。

F54 断裂（小竹园断裂）：呈北东及北北东向延伸，断裂全长 8 km，场区内该断裂经碱水泉东南、高谷堆南、卧河、煤窑沟及原坟凹，沿老和尚沟东侧至柏树岭。断层面倾向北西，倾角 70°，断层使侏罗系地层与古近系地层接触，属平推正断层，水平断距约 1 km。该断裂受 F52 断裂影响，在卧河北错动至

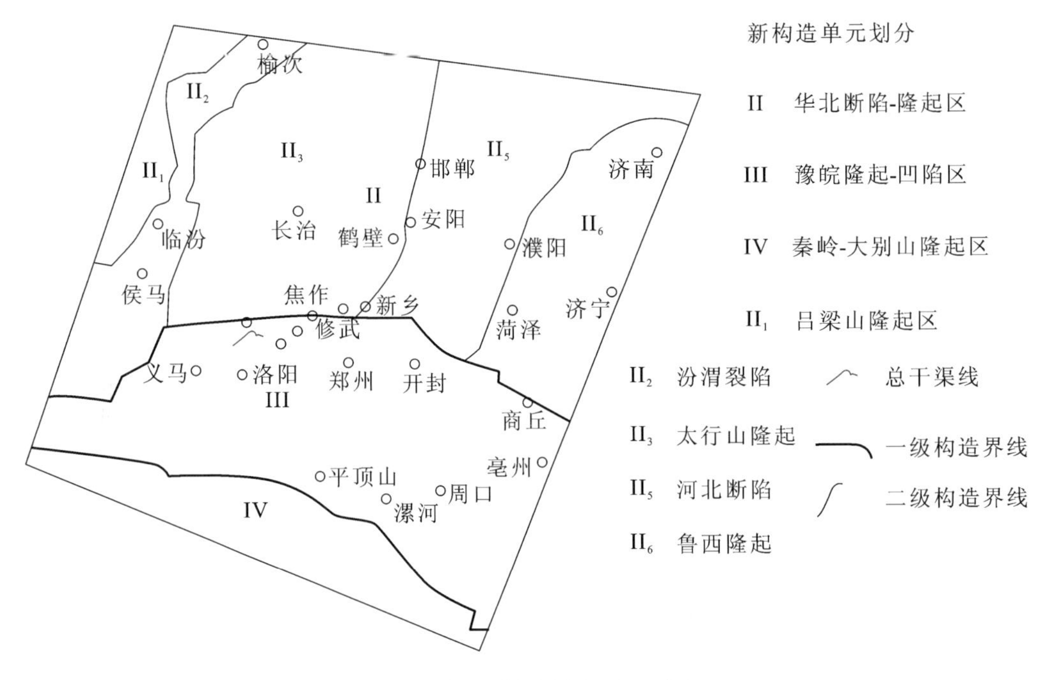

图 4.2　区域新构造分区示意图

张山东，错动距离 740 m 左右。断裂与设计隧洞线不相交，但同计划调整隧线相交 2 次。地质测绘表明，该断裂在煤窑沟、原坟凹及老和尚沟形成大规模冲沟，在卧河西、张山东断层带宽度 3～5 m，同时形成大规模塌滑体。

F59 断裂（卫佛庙断裂）：呈北东向，全长 8.5 km，场区内该断裂经背影山南、老瓦坡西、卫福安西至上桑榆河；在下吴大沟～吴南沟也有分布。断层面倾向东南，倾角 75°，断层使侏罗系地层与古近系地层接触，属平推正断层，水平断距约 1 km。断裂位于场区内西侧，与设计隧洞线大致平行。

F52 断裂（连地-张庄断裂）：呈北东 35°方向延伸，场区内该断裂经攒树岭、卧河、张山村东，沿贾沟西侧至张庄东。断层面倾向 125°，倾角 60° ～70°，断层使三叠系与古近系岩层接触，属平推正断层，推测断距大于 500 m。该断裂位于设计洞线东侧 1.0～1.5 km，同计划调整隧线夹角 10°～15°，相交2 次，局部段重合。地质测绘表明，该断裂在攒树岭西南、贾沟形成大规模冲沟，主断层带宽度 3～5 m，在张山村东、贾沟村南局部断层角砾岩呈泥土状；在小岭河村附近形成大规模塌滑体。

F29 断裂：呈北西 325°向延伸，场区内该断裂经大洼东、小岭河、卧河，沿卫福安至卧河冲沟西侧至卫福安西北，同 F59 断裂相连。断层面倾向东北，为正断层，倾角 76°，原钻探结果表明，该断裂断层带宽 5～20 m，与设计隧洞线基本呈垂直相交。该断裂受 F52 断裂影响，在卧河北错动至小岭河东，错动距离 800 m 左右。地质测绘表明，沿断层上盘，发育有大量塌滑体。

F30断裂：呈北西280°向延伸，长1.4 km，位于山神庙南，同设计隧洞线55°相交。断层面倾向北东，倾角79°，为正断层。钻探结果表明，断层带宽1～2 m。

F58断裂(东寺河断裂)：呈北东向延伸，长5.0 km，场区内沿东寺沟西侧，经老许医至枣树岭。断层面倾向北西，倾角70°，属平推正断层，推测水平断距1.0 km。该断裂位于计划调整线路东侧，相互平行，相距约1.9 km。地质测绘表明，该断裂在东寺沟、枣树岭处形成冲沟。

F55断裂(南翟庄断裂)：呈北东50°方向延伸，西段近东西向，全长约10 km，场区附近呈北东向。断层面倾向南东，倾角70°，使三叠系、侏罗系与古近系张庄组、泽峪组呈断层接触，两盘岩层走向垂直。沿断层走向有许多羽毛状小断层与之相较，部分地方构成断层阶梯，断距大于1 000 m。

4.3.3　节　　理

工程区内出露岩层节理较发育，节理裂隙主要为走向节理和倾向节理，以张节理为主，其次为剪节理。其中，中三叠统油房庄组下段(T_2y^1)统计了5处，下三叠统和尚沟组上段(T_1h^2)统计了3处，中三叠统二马营组下段(T_2er^1)、上三叠统谭庄组下段(T_3t^1)、侏罗系下统义马组(J_1)及古近系上始新统卢氏组第二段(E_2L^2)各1处。各处节理裂隙特征列入表4.1，与研究区直接相关的谭庄组节理裂隙统计图如图4.3所示。从图表中可知，总体上，硬岩具有节理裂隙，节理裂隙将硬岩切割成块状。节理裂隙组数较少，以一组共轭为主，走向主要为北西向和北东向。裂隙面以方解石充填为主，说明这类砂岩以钙质胶结为主。各个统计点节理裂隙呈较发育～发育；主要为一对共轭剪节理，在平面上常组成规则的斜方格网络，节理面多为陡倾角的，均为平直光滑状态；延伸长度一般为中等～好；张开度以微张～张开为主，部分闭合。

表4.1　主要节理裂隙特征表

统计点编号	地层时代	岩性	张开度	延伸长度	发育程度	节理面粗糙状态	充填程度
m103	和尚沟组上段	砂岩	大都微张，少量闭合	中等	较发育	平直光滑	局部充填
m110	和尚沟组上段	砂岩	大都张开，少量闭合	好	较发育～发育	平直光滑	方解石充填
m111	和尚沟组上段	砂岩	微张	中等	较发育～发育	平直光滑	方解石充填
m180	油房庄组下段	砂岩	大都闭合，少量微张	中等	较发育～发育	平直光滑	方解石充填
m215	油房庄组下段	砂岩	大都微张，少量闭合	中等	较发育	平直光滑	方解石充填
m220	油房庄组下段	砂岩	微张～张开	好	较发育～发育	平直光滑	无充填
m316	油房庄组下段	砂岩	闭合～微张	中等～好	较发育～发育	平直光滑	方解石充填
m415	谭庄组下段	砂岩	微张	好	较发育	平直光滑	方解石充填

续表

统计点编号	地层时代	岩性	张开度	延伸长度	发育程度	节理面粗糙状态	充填程度
m522	卢氏组第二段	泥质砂岩	微张～张开	中等	较发育	平直光滑	无
z18	二马营组下段	砂岩	微张～张开	差～中等	发育	平直光滑	泥砂质充填
z152	油房庄组下段	砂岩	微张～张开	好	发育	平直光滑	无～半充填
z246-1	侏罗系下统义马组	砂岩	微张～张开,少量闭合	好	较发育～发育	平直光滑	半充填

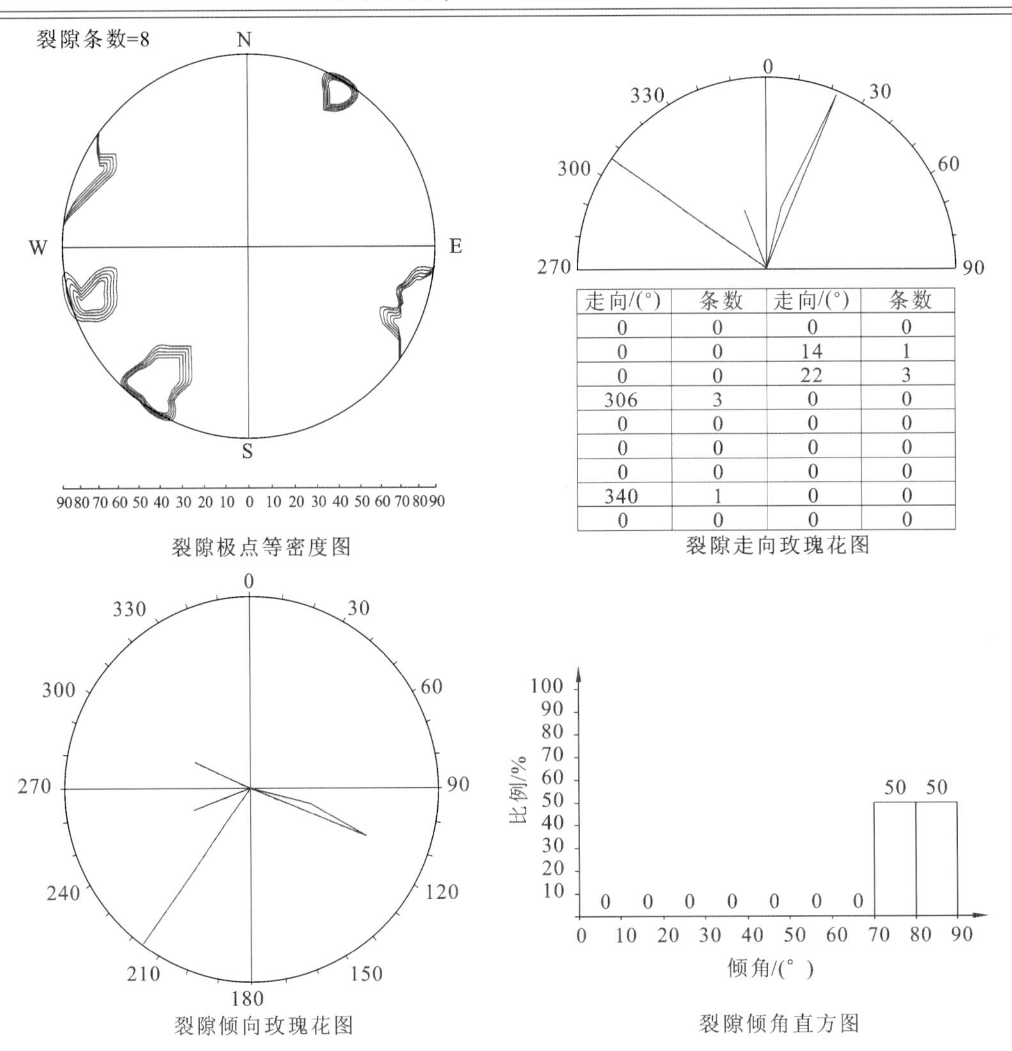

图 4.3　谭庄组下段(T_3t^1)节理裂隙统计图

4.3.4　地震及地震动参数

工程区位于华北平原地震带西南部与汾渭地震带东南部交汇处。根据中国地震动参数区划图(中国地震动峰值加速度区划图 1∶400 万)GB 18306—2001，工程区地震动峰值加速度为 0.10g，相应的地震基本烈度为 VII 度。

4.4　水文地质条件

4.4.1　气象、水文

本区属副热带季风气候区，大陆性季风显著，四季分明，冬季干燥寒冷，夏季潮湿，雨量集中。根据量站的统计资料，多年平均降水量 638.1 mm，年最大降水量 1 078.9 mm(1954 年)，年最小降水量 322.5 mm(1965 年)。降水量年内分配不均，汛期 6～9 月四个月约占全年降水量的 68.4%，多集中在夏、秋两季之间。多年平均蒸发量为 1 774.8 mm(20 cm 蒸发皿)，约为多年平均降水量的 2.8 倍，其中 1 月蒸发量最小，月平均为 86.7 mm，6 月蒸发量最大，月平均为 306.2 mm。多年平均无霜期 223 天，最长年份为 262 天，最短年份为 196 天，初霜期最早出现在 10 月 14 日，终霜期最晚出现在 4 月 9 日。多年平均风速为 2.1 m/s，最大风速 19.4 m/s，以西南风为主。

工程区内多年平均气温 14.3 ℃，极端最低气温 −18.6 ℃，极端最高气温 42.8 ℃，最大气温变差 61.4 ℃。多年平均无霜期 223 天，初霜期一般在 10 月 14 日前后，终霜期一般在 4 月 9 日前后。

小浪底北岸灌区一期工程区内的河流水系均属于黄河流域，主要由黄河支流的蟒河和直接流入黄河干流的小支流组成。

蟒河发源于山西省阳城县花园岭，自西北流向东南，流经济源市、沁阳市、孟州市、温县，于武陟县汇入黄河，全长 130 km，流域面积 1 328 km^2。在济源市赵礼庄附近，蟒河上游分为南、北两支，分别被称为南蟒河和北蟒河。北蟒河为蟒河主流，自济源市克井乡白涧村附近出山进入平原区，枯水季节，水流全部潜入地下，成为地下径流，在地下径流约 12.5 km 至石露头又潜出，济源市境内河道总长 55 km，流域面积 161 km^2，其中山区流域面积为 90.1 km^2，平原区流域面积为 70.9 km^2。工程区内蟒河主要支流为南河，流域面积 240 km^2，河道全长 35 km，汇流面积大，水量多，是蟒河洪水主要来源；曲阳水库位于该河上游，兴利库容 145 万 m^3，属小(1)型水库，经过 2 次治理改造和 1 次除险加固后，现已正常运行。下南姚水库位于商水河上游，流域面积 7.8 km^2，兴利库容 29 万 m^3，属小(2)型水库。曲阳水库和下南姚水库承担着小浪底北岸灌区一期工程引黄调蓄任务。

黄河干流的小支流主要有仙口河、砚瓦河、大沟河及支沟等天然河流，均属黄河流域一级支流，主要为季节性河流，枯水季节很少有水流，甚至停滞断流；其中砚瓦河流域面积 89.9 km²，省内河道长 21 km，流域形状为狭长形；大沟河流域面积 66 km²，省内河道长 15 km。这几处地表水体对总干渠明渠段施工、运营期影响较大；除雨雪期的地表径流外，主要是来源于地下水的排渗。沟谷中地表水主要为山间流出的泉水，泉水流量均较小，具有明显季节性。工程区为黄河水土保持治理区，各个河(沟)一般建有多级次水坝，主要用于拦截上游流失水土，坝上游多形成小型水库(坑塘)。

4.4.2　地下水赋存条件

地质构造、地层岩性、地形地貌、水文气象、人类活动等因素的综合作用构成本区地下水形成和分布的水文地质环境。构造、地貌和岩性是控制地下水赋存和分布的主要自然因素，由于含水层岩性和分布的不同，该段地下水的富集具有明显的差异。

根据地层分布状况和赋存地下水条件，可划分为基岩裂隙水和古近系半成岩的碎屑岩类孔隙裂隙水。按水力条件，三类水中均有承压水和潜水或上层滞水。

1. 基岩裂隙水

根据前期勘察成果，设计隧洞沿线地下水主要为基岩裂隙水。桩号 11+163.55～16+803.5 段岩性主要为三叠系紫红、红色、黄绿、黄色硅质、硅钙质、钙质、泥钙质等细粒、中粒砂岩、泥岩；桩号 16+803.5～17+527.5 段岩性为侏罗系黄绿色或黄褐色细粒钙质长石石英砂岩夹微薄～薄层状页岩、灰白色或浅紫红色粗粒(局部含砾)泥钙质长石石英砂岩；桩号 17+527.5～18+025.55段岩性为古近系粗粒泥钙质胶结长石石英砂岩、泥质粉砂岩、砾岩夹砂岩等。

岩石在各种地质营力作用下，形成断层和裂隙(风化裂隙和构造裂隙)。在地表水下渗过程中，形成脉状裂隙水和风化壳裂隙水。这些裂隙水在运动中遇相对隔水层或地形条件具备时即出露于地表，形成下降泉或少数上升泉。因地形切割，单斜地层结构特点，设计隧洞线沿线的地下水富水性与连通性较差，一般没有统一连续的地下水位。

基岩裂隙潜水水主要以泉(井)的形式表露出来，泉(井)主要分布在有居民区的沟谷里。场区内发现的泉(井)主要有：枣园河村东大沟河支沟拐棍沟泉水 1 处、下马池河村北 1 处、下山神庙村北北东向沟 1 处、小岭河村南沟

1处、煤窑沟北1处、李沟1处及攒树岭西沟1处。在这几处泉(井)均为下降泉,枯水期泉流量不超过10 L/min。通过地质测绘,发现大部分沟谷水流呈季节性,枯水期大呈干涸状,其中枣园河村东大沟河支沟(俗称拐棍沟,发源于石门凹村,泉水出露高程约340 m)和下山神庙村北北东向沟(泉水出露高程约280 m)常年有泉水流出地表,形成小溪流,枯水期泉流量为15～20 L/min。

2010年对该隧洞沿线进行了勘察,发现在桩号13＋523～16＋803段山间有泉水分布,岩层中地下水较丰富,F29断层带是富水性构造,存在承压水。在XZS5-6孔测得承压水最大水位高程为330 m,高出洞底约126 m。

2011年5月对11号洞线进行补充勘察时,在XZS5-6孔洞线方向下游布置钻孔XZS5-6-2,测得承压水位331 m,孔口最大涌水量35 L/min(高出地面1.5 m,如图4.4所示)。

图4.4　F29断裂XZS5-6-2孔涌水

钻探结果表明,在F29断层沿线钻孔XZS5-6-3,F29-1,F29-2,F29-3及F29-4均赋存承压水。本次勘察期间在钻孔XZS5-6-3水位326.30 m,高出地面1.3 m,涌水量约0.8 L/min;钻孔F29-1最高水位325.30 m,高出地面3.25～5.3 m,最大涌水量约8.6 L/min;钻孔F29-2水位329.55 m,高出地面4.55 m,最大涌水量约32.0 L/min(图4.5);F29-4孔水位306.7 m,高出地面4.2 m。

勘探发现断层地下水有连通现象,同时,由于出水点较多,造成压力释放,整体上水位低于330 m,流量减少。

图 4.5　F29 断裂 F29-2 孔涌水

该区所在瓦关庙村和卫福安村所处地形地貌地势相对较高(最高处约 420 m),四周均有深切沟谷(低于承压水位 330 m),地质测绘表明,谷底泉水多为下降泉,未发现上升泉出露,地表也无高于承压水位的地表水体分布;同时,承压水位远高于小浪底水库水位,从而可知,F29 断层内承压水不与地表水体相连通。从地质构造分析,工程区为单斜地层,该处岩层倾向和 F29 断层倾向均呈北东向,二者倾向近一致。结合钻孔 XZS5-6-3,F29-1,F29-2,F29-3 及 F29-4 岩芯情况,涌水点位置(承压水顶板)均有裂隙分布,同 F29 断裂连通而形成地下水富水带,推断该断层为蓄水构造。

2013 年 12 月,在 11 号隧洞与 F29 断层交汇处附近进行了现场补充勘探和水位动态监测。通过监测发现,钻孔 XZS5-6-2 和钻孔 F29-2 混合水位高程均有所下降,分别为 314.09 m 和 312.21 m,下降 17 m。且在 F29 断层周边补充布置了四个钻孔,YJK-01,YJK-02,YJK-03 和 YJK-04,其终孔水位高程分别为 314.52 m,312.96 m,318.64 m 和 321.71 m。比 2011 年勘探时的稳定水位降低约 17 m。分析其原因为 11 号隧洞开挖排水和居民开采用水大于该蓄水构造补水量。11 号隧洞开挖期间,根据施工排水记录,排水量平均可达 30 m^3/h。2012 年,村民在隧洞与 F29 断层上盘 XZS5-6-2 北 16 m 处挖掘一口 286 m 深水井,供卫佛安、瓦关庙村生活用水和农田灌溉。而该蓄水构造补给量变化不大,故 F29 断层附近承压水水位降低。

2. 古近系碎屑岩系孔隙、裂隙水

场区古近系碎屑岩系分布于桩号17+670.00～18+025.55段，厚度大，岩性变化不均。上部主要是灰白色、红色的半成岩的砂质黏土岩及含泥的砂岩、粉砂岩、砂砾岩。半成岩的红色黏土岩与半成岩的砂岩及砂砾岩层呈互层状多韵律结构，构成多层含水层，由于岩层倾向东北，倾角为26°～37°，含水层的顶板埋深由西南向东北逐渐加大，出露地表的半成岩砂岩是大气降水的天然通道，使得该区多层含水层在一定范围多具承压性。

3. 第四系松散岩类孔隙水

第四系地层广布于工程区内沟谷及山前坡洪、冲洪积倾斜平原区，由黏性土、砂土类及碎石、卵石混合土层组成。地下水属孔隙潜水型，部分地段微具承压性，主要分布在聂庄以东的山前黄土低丘区及倾斜平原区，局部地段由于相对隔水层的存在可形成上层滞水，其富水性受地形、地貌及含水层厚度和透水性控制。

钻孔揭示11号隧洞范围内地下水水位高程、岩层透水率和地下水类型情况见表4.2。

表4.2　11号隧洞线路钻孔揭示地下水情况一览表

钻孔编号	水位高程/m					岩层透水率/Lu	地下水类型
	2010.12	2011.3	2011.6	2013.12	2014.4		
XZS5-1	251.72	251.72				3.30～6.67	潜水
XZS5-2	279.00	279.00				4.95～18.88	潜水
XZS5-3	287.60	287.40	285.80			14.00～20.00	潜水
XZS5-4	314.55	313.90	313.00			5.42～12.54	潜水
XZS5-5	345.25	344.60	338.25			1.19～1.95	潜水
XZS5-6	330.00						承压水
XZS5-6-2			331.10	313.76	308.40	1.50～8.60	承压水
XZS5-6-3			326.30			2.60～7.90	承压水
XZS5-6-4			319.79			11.60～18.90	
XZS5-7	348.88	344.38	343.28			2.48～5.50	潜水
XZS5-8	322.99	324.19	320.39			4.30～6.00	潜水
XZS5-9	255.18	255.28	254.68			3.00～57.30	潜水
XZS5-10	234.10	233.80	234.00			8.00～45.20	潜水

续表

钻孔编号	水位高程/m					岩层透水率/Lu	地下水类型
	2010.12	2011.3	2011.6	2013.12	2014.4		
F29-1			330.30			2.20～5.00	
F29-2			329.55	312.21	308.32	2.35～3.30	承压水
F29-3			292.40			2.03～5.5	承压水
F29-4			305.00			4.2～6.5	承压水
F29-5						5.1～15.0	
YJK01				314.52		8.6～14.2	承压水
YJK02				312.96		12.6～16.2	承压水
YJK03				318.64		0.1～18.2	潜水
YJK04				321.68		8.1～19.4	潜水

2010 年 12 月，在下马池河村北钻孔 XZS5-6 发现 F29 断层，走向北西，钻孔中揭露有承压水，承压水头高程为 330 m，钻孔出水量约 120 L/min（图 4.6），认为补给源为西部山区。预测断层附近隧洞洞室最大涌水量 $Q=3.5\times10^4$ m^3/d，存在洞室涌突水问题。承压水影响预测范围沿 11 号隧洞轴线长度 370 m（桩号 14＋690～15＋060）。

图 4.6　钻孔 XZS5-6 揭露承压水

断层带、基岩破碎带是地下水和地表水沟通的良好通道，当补给量大于排泄时，成为富水构造，隧洞穿越断层带、基岩破碎带及其附近时存在隧洞突、涌水问题。隧洞突、涌水对工程施工及人员安全威胁大，处理难度大，是影响工程进度的重要不利因素之一。11号隧洞在桩号14+690～15+060段（富水断裂F29附近），工程地质与水文地质条件复杂。洞室涌水量大，易形成次生地质灾害，对工程施工造成影响，因此，提出隧洞施工过程中应加强对地下水活动的观测、加强地质预报，并做好保证安全施工的各种预案措施等工作。

4.4.3　地下水的补给、径流、排泄条件

补给：潜水的补给主要来源为大气降水，其次是低山丘陵区地下水侧向径流补给和灌溉水回渗补给。11号隧洞轴线附近，由于泉水出露一般高于地表水体，因此总体上是地下水补给地表水。

由于地层是单斜岩层，一般承压水和潜水水力联系密切，当深部可含水岩层补给大于排泄时则形成承压水。对于F29断裂附近承压水，大气降水和地下水侧向径流补给是承压水的主要补给来源。

径流：本区潜水流向一般是由山顶向沟谷或岗坡方向径流。地形起伏大，含水层岩性颗粒较粗，分布广泛，径流条件较好。承压水的流向与岩层和构造裂隙产状有关。承压水一般沿岩层倾向和构造裂隙通道流动。

排泄：排泄途径主要有人工开采、地下径流、泉水等。承压水主要以泉的形式排泄，研究区枯水期泉水水量小，甚至干涸，丰水期水量较大。随着工农业的发展和人们生活用水需要，人工开采为主要排泄方式。其次是侧向径流和大气蒸发。

图4.7为2013年12月现场水文地质调查地下水等水位线图。在卫佛安-瓦关庙一带、攒树岭一带有两个地下水位高值区。卫佛庵-瓦关庙一带地下水向北往吴西沟及向西部排泄，向南沿F29断层流入11号隧洞。卫佛安-瓦关庙一带及攒树岭一带地下水均向东部的下马池河、小岭河一带排泄。实际水文地质调查中发现下马池河-卧河-小岭河、张山-小岭河处，泉水出露较多，水流长年不断，是地下水的集中排泄区。

F29断裂是导水断层，该断裂富水性较好，为11号隧洞西部山区地下水的渗流通道。在钻孔F29-1附近、F29断层东南端（下马池河村）沟谷段岩层裂隙发育，有数处地表水体分布，且丰水期有泉水出露，溪水常流。

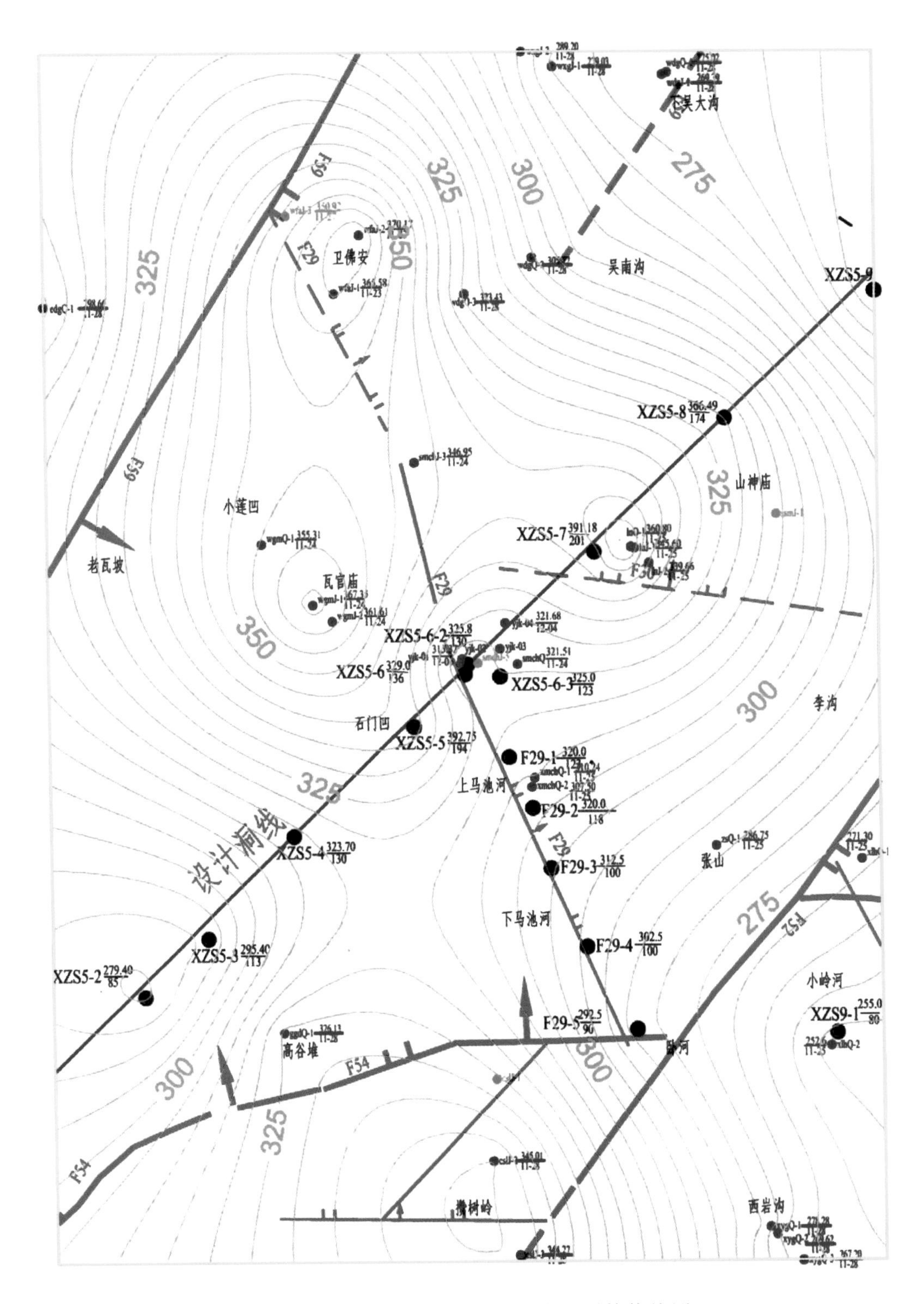

图 4.7　2013 年 12 月地下水水位监测等值线图

4.4.4 岩体的渗透性

为了查明各岩层的渗透性,对基岩进行了钻孔压水试验,并取岩样进行了室内渗透试验。

场区第四系松散沉积物呈条带状或块状不连续分布,地下水主要赋存于三叠系二马营组上段(T_2er^2)、油房组(T_2y)、椿树腰组(T_3c)、谭庄组(T_3t),侏罗系下统、中统及古近系卢氏组(E_1L^2)的砂岩地层中,且多与其上下的泥岩互层构成多层含水层结构。即使相距很近的钻孔,其垂向的分层也差别很大,因此很难对本区的岩层做水文地质意义上的含水层和相对隔水层的统一划分。考虑到这些岩层总体倾向北东,倾角多数小于30°,属缓倾岩层,2013年12月地下水位监测所获取的水位是地表以下岩层的混合水位。11号隧洞出露地层岩体节理、裂隙发育或较发育,微张和张开,属中等~弱透水。

11号隧洞岩体渗透试验成果统计表见表4.3。F29断层带岩体透水率一览表列于表4.4。

表4.3 11号隧洞岩体渗透试验成果统计表

地层时代及岩性	试验方法	统计组数	岩体透水率 q_u/Lu		透水性等级
			范围值	平均值	
T_2er^2,砂岩、泥岩	压水试验	10	2.88~23.60	7.09	弱透水
T_2y^1,砂岩、泥岩		13	3.30~18.88	6.33	弱~中等透水
T_2y^2,砂岩、泥岩		6	15.00~20.00	17.00	中等透水
T_3c,砂岩、泥岩		12	1.16~12.54	5.19	弱~中等透水
T_3t^1,砂岩、泥岩		6	2.48~5.46	3.40	弱透水
T_3t^2,砂岩、泥岩		3	4.30~6.00	4.93	弱透水
J_1,砂岩、泥岩		11	3.00~57.30	19.68	弱~中等透水
J_2,砂岩、泥岩		14	12.30~31.60	22.44	中等透水
E_2L^1,砂岩、泥岩		3	6.30~13.00	8.53	弱透水
E_2L^1,砂岩、泥岩		6	7.00~10.70	8.27	弱透水

表4.4 F29断层带岩体透水率一览表

钻孔编号	钻孔揭露埋深高程/m	透水率(钻孔压水试验最大值)/Lu
XZS5-6-2	205	4.8
XZS5-6-3	223	7.9
XZS5-6-4	203	18.9

续表

钻孔编号	钻孔揭露埋深高程/m	透水率(钻孔压水试验最大值)/Lu
F29-1	241	5.0
F29-2	238	3.3
F29-3	227	5.5
F29-4	249	6.5
F29-5	224	15.0(F54 断层)
YLK01	214	14.2
YLK02	233	16.2
YLK03	248	18.2
YLK04	221	19.4
平均值		11.2
渗透系数		1.48×10^{-4} cm/s,中等透水

4.4.5　水化学特征及腐蚀性评价

水质分析成果列于表 4.5,环境水腐蚀性评价列于表 4.6。

表 4.5　水质分析成果表

取样类别		地下水(承压水),钻孔 XZS5-6 水			地表水,大沟河水		
项目		mg/L	me/L	me/L %	mg/L	me/L	me/L %
阳离子	$K^{+}+Na^{+}$	82.23	3.289	37.7	39.65	1.586	24.2
	Ca^{2+}	62.52	3.120	35.8	43.35	2.163	33.0
	Mg^{2+}	28.05	2.309	26.5	34.12	2.808	42.8
	小计	172.80	8.718	100.0	117.12	6.557	100.0
阴离子	Cl^{-}	7.23	0.204	2.4	18.33	0.517	7.9
	SO_4^{2-}	36.98	0.770	8.8	72.91	1.518	23.2
	HCO_3^{-}	454.21	7.444	85.4	256.98	4.211	64.2
	CO_3^{2-}	9.01	0.300	3.4	9.32	0.311	4.7
	OH^{-}	0.00	0.000	0.0	0.00	0.000	0.0
	小计	507.43	8.718	100.0	357.54	6.557	100.0
总硬度/(mg/L)		15.22			13.94		

续表

取样类别	地下水(承压水),钻孔 XZS5-6 水	地表水,大沟河水
暂时硬度/(mg/L)	15.22	12.68
永久硬度/(mg/L)	0.00	1.26
负硬度/(mg/L)	6.49	0.00
总硬度/(mg/L)	21.71	13.94
矿化度/(mg/L)	453.12	346.17
游离 CO_2/(mg/L)	0	0
侵蚀性 CO_2/(mg/L)	0	0
pH	8.39	8.38
库尔洛夫式	$M0.453\dfrac{HCO_3 85.4}{(K+Na)37.7Ca35.8Mg26.5}$	$M0.346\dfrac{HCO_3 64.2SO_4 23.2}{Mg42.8Ca33.0(K+Na)24.2}$
水化学类型	HCO_3-K+Na-Ca-Mg	HCO_3-Mg-Ca

表 4.6　场区环境水对混凝土腐蚀性判定表

取样位置	溶出型	一般酸性型	碳酸型	硫酸镁型	硫酸盐型	判定结果
	HCO_3 /(mmol/L)	pH	侵蚀型 CO_2 /(mg/L)	Mg^{2+} /(mg/L)	SO_4^{2-} /(mg/L)	
	>1.07 无腐蚀	>6.5 无腐蚀	<15 无腐蚀 30～60 中等腐蚀	<1000 无腐蚀	<250 无腐蚀	
钻孔 XZS5-6	7.444	8.39	0	28.5	36.98	无腐蚀
大沟河	4.211	8.38	0	34.1	72.91	无腐蚀

水质分析成果表明:钻孔 XZS5-6 地下水水化学类型属 HCO_3-K+Na-Ca-Mg 型。矿化度 M=0.453 g/L,为淡水;总硬度 21.71 mg/L,为微硬水;pH8.39,呈弱碱性,侵蚀性 CO_2 含量为 0。

大沟河水化学类型属 HCO_3-Mg-Ca 型。矿化度 M=0.346 g/L,为淡水;总硬度 13.94 mg/L,为微硬水;pH8.38,呈弱碱性,侵蚀性 CO_2 含量为 0。

根据《水利水电工程地质勘察规范》(GB 50487—2008)附录 L 表 L.0.2 判定,所取地下水和地表水对混凝土均无腐蚀性,对混凝土中钢筋无腐蚀性,对钢结构具弱腐蚀性。

4.4.6 地下水动态特征

地下水动态变化与地下水的补给、径流和排泄有着密切关系，不同的含水层组和地下水类型，地下水动态变化存在一定的差异。本区潜水动态变化主要为入渗-径流、开采型。即通过大气降水和地表水渗入补给，主要通过地下径流和人工开采排泄，局部深切河(沟)谷地下水埋深小的地段存在少量蒸发排泄，场区内潜水流向与地质构造有关，一般是由西北、西南向东南、东北向河(沟)谷或岗坡方向径流，局部受地形影响流向有所变化。根据F29断裂承压水的补排条件，其动态变化主要为入渗-径流型。

4.4.7 桩号16+040～15+668隧洞施工涌水情况

11号隧洞四标段桩号16＋040～15＋600，2013年11月20日至今记录涌水量。全洞除掌子面附近1 m段以外，均喷射10 cm混凝土。主洞地面水深约20 cm。主洞中的水全部汇集在集水仓(桩号为16＋040)中，并用水泵抽出洞外，该泵接有一水表，抽水量基本一天一记录，图4.8为11号隧洞桩号16＋040～15＋600段2013年11月21日至2014年1月11日涌水量 Q-t 曲线，涌水量集中在25～35 m^3/h，且有下降趋势。

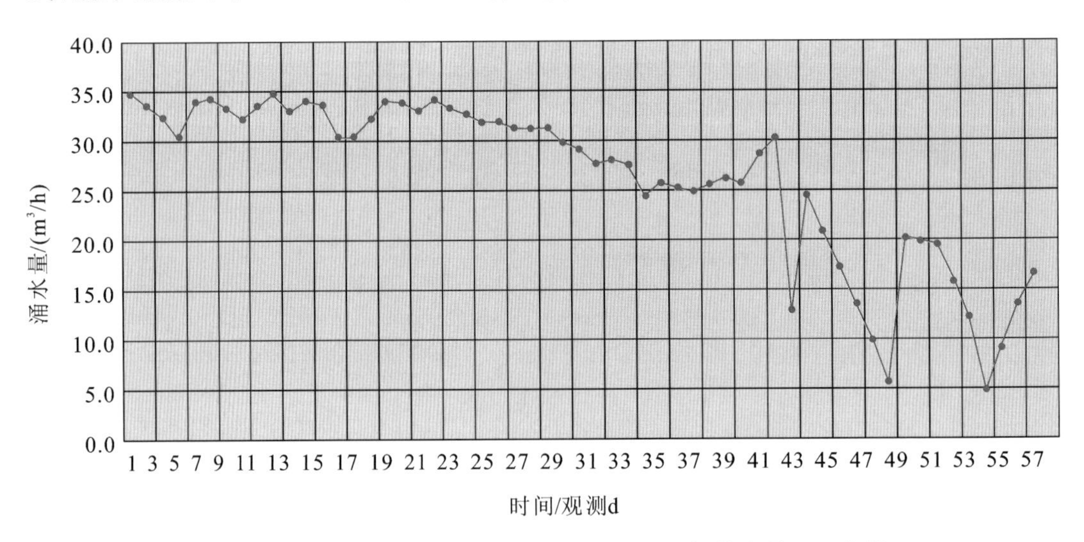

图4.8 11号隧洞桩号16＋040～15＋600段涌水量 Q-t 曲线

11号隧洞桩号16＋040～15＋600段渗水主要集中在从掌子面向下游方向90 m范围内，渗水部位多为侧墙、侧壁与洞底交汇处。据施工方介绍局部洞底也有涌水现象，但水量小，未见明显迹象。

施工方于2013年11月24日至12月25日停工1个月，至掌子面桩号15+668，但排水没有停止，是后期涌水量减少的主要原因。2014年1月11日，掌子面掘进至桩号15+600。

2013年9月2日，11号隧洞开挖至15+922处，在其右边直墙与底部交汇处有多处突水现象，其涌水量约21 m^3/h。突水持续5～6 h，初始喷距1.5 m，如图4.9所示，是施工以来最大的突水点。

图4.9　11号隧洞开挖至15+922处突水

4.4.8　桩号15+582～15+420隧洞施工涌水情况

2014年2月下旬至4月上旬，四标段施工穿过桩号15+582～15+420，即从隧洞下游穿越F30断层，图4.10为11号隧洞穿过F30断层平面地质图。从现场施工单位和监理公司整理的《四标段引水洞抽排水记录表》、《施工现场地下出水签证单》、《四标段1号支洞施工排水记录》可以看出(表4.7)：在15+520处，节理发育，裂隙密集带涌水，左侧直墙处与断面有多处地下水涌出，其涌水量37.8 m^3/h，大于一般洞段涌水情况；在15+420处，左侧直墙与掌子面、隧洞底板等部位有多处涌水，涌水量84.6 m^3/h，左侧直墙与掌子面涌水严重(图4.11)，涌水孔直径约150 mm，喷距2 m，炮眼4个孔均涌水。

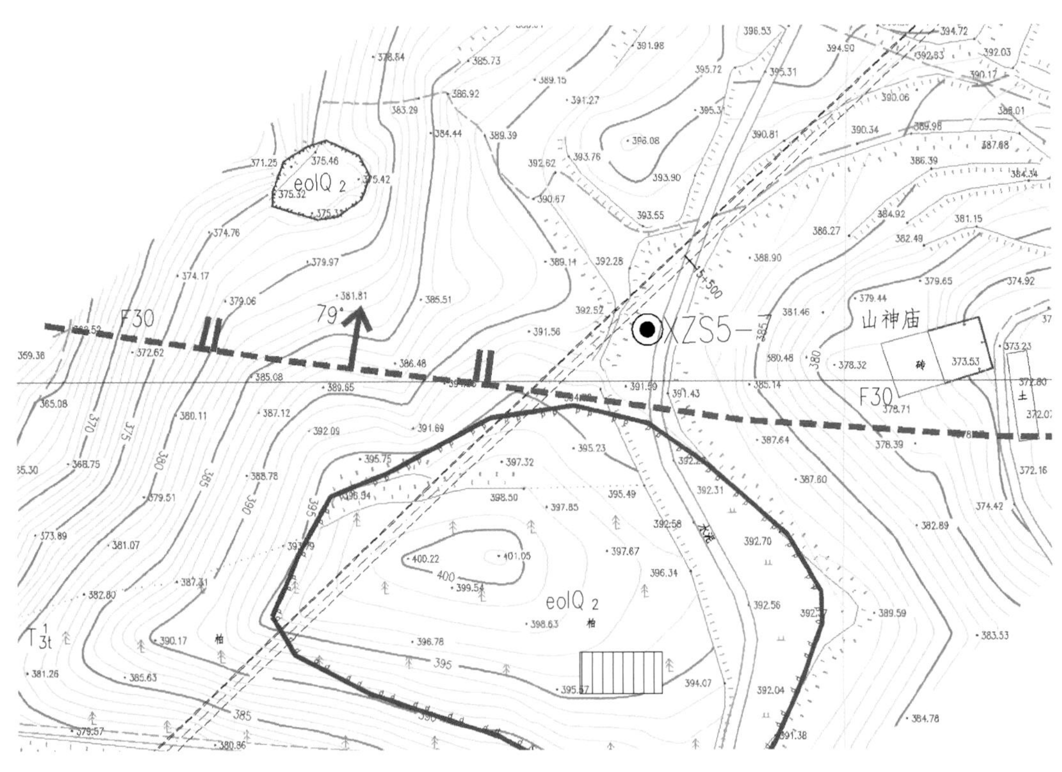

图 4.10　11 号隧洞穿过 F30 断层平面地质图

表 4.7　2014 年 11 号隧洞 15＋582～15＋420 涌水情况记录表

时　　间	掘进断面位置	涌水现象及涌水量	备　　注
2014.02.23	15＋582～15＋580	右侧拱顶与直墙底部有多处地下水涌出，其涌水量 16.8 m³/h	隧洞底板、裂隙涌水
2014.02.27	15＋570	右侧拱顶与直墙交汇处有多处地下水涌出，其喷涌水量 21 m³/h	炮眼、裂隙涌水
2014.03.07	15＋550～15＋545	右侧拱顶与直墙、掌子面处有多处地下水涌出，其涌水量 28.2 m³/h	15＋545 处 3 个炮眼喷水，喷距 1 m
2014.03.11	15＋520	左侧直墙处与断面有多处地下水涌出，其涌水量 37.8 m³/h	裂隙密集带涌水
2014.03.22	15＋485～15＋477.5	右侧拱顶与直墙处有多处地下水涌出，其涌水量 22.2 m³/h	炮眼、裂隙涌水。15＋477.5 右侧直墙喷水至左侧直墙
2014.03.25	15＋477.5～15＋470	右侧拱顶与断面、直墙处有多处地下水涌出，其涌水量 27 m³/h	15＋470 右侧直墙与断面处炮眼喷水喷距 2 m
2014.04.04	15＋425～15＋420	左侧直墙与断面处、底板有多处涌水，涌水量 84.6 m³/h	左侧直墙与断面处涌水孔直径约 150 mm，喷距 2 m，炮眼 4 个孔涌水

图4.11　11号隧洞开挖至15+420处涌水情况

F30断层距F29断层平面距离710 m。尽管F30断层已勘察探明不存在承压水，规模小于F29，但二者产状和埋深相当，在与11号隧洞交汇处均为谭庄组泥岩。F30断层涌水情况可视为F29断层的现场试验。

4.5　岩土体物理力学性质

勘察过程中进行了大量原位测试、水文地质试验、取样及室内岩土体物理力学试验等工作。原位测试主要为标准贯入试验和钻孔压水试验。

各工程地质段分层取岩土样1 667组，进行了常规试验、渗透、抗压强度、剪切强度、弹性模量、泊松比、膨胀试验等室内物理力学性试验，试验数据经统计分析，各工程地质段各类岩体物理力学性试验成果的物理力学指标较全面地反映了11号隧洞围岩的工程地质特征。

根据室内物理力学试验和岩体的岩性特征，并与其他同类岩性地层类比，11号隧洞主要岩体物理力学性参数建议值见表4.8，围岩工程地质分类见表4.9。

表 4.8 11 号隧洞主要岩体物理力学性参数建议值表

工程地质分段	岩性	密度 /(g/cm³)	岩体		岩体抗剪断强度		坚固系数 f_k	单位弹性抗力系数	岩体波速	完整系数
			变形模量 E_s /GPa	泊松比	内聚力 c' /MPa	摩擦系数 f'		K_0 /(MPa/cm)	V_P /(m/s)	K_V
第一段 (11+163.55～13+523.12)	钙质、钙泥质砂岩、泥岩	2.3～2.6	6	0.21	0.9	0.8	6	6～12	3 500～4 500	0.55～C.80
第二段 (13+523.12～16+803.50)	钙质砂岩、泥岩和页岩,局部夹有煤层	2.3～2.6	5～6	0.23	0.8	0.8	5	5～10	3 800～4 500	0.60～0.90
第三段 (16+803.50～17+527.50)	钙质砂岩夹微薄薄层状页岩	2.1～2.3	4	0.23	0.7	0.8	5	2～5	3 800～4 200	0.65～0.80

表 4.9 11号隧洞围岩工程地质分类表

工程地质分段	围岩岩性	岩石强度评分	岩体完整程度评分	结构面状态评分	地下水活动状态评分	主要结构面产状评分	围岩评分 T	围岩类别	备注
第一段（11+163.55～13+523.12）	钙质、钙泥质砂岩、泥岩	13～28（Rc=35～50 MPa）	23～38(砂岩一般较完整，K_V=0.58～0.85，泥岩一般较完整，K_V=0.62～0.98)	12（0.5 mm<W<5 mm，碎屑充填，平直光滑）	（渗水到滴水）−2～−4	（60°>β>30°，α>70°）−2	56～67	III	
第二段（13+523.12～16+803.50）	钙质砂岩、泥岩和页岩，局部夹有煤层	6～25（Rc=19～85 MPa）	20～35(砂岩一般较完整，K_V=0.63～1.0，泥岩一般较完整，K_V=0.68～1.0)	6～9（0.5 mm<W<5 mm，泥质或无充填，平直光滑）	（渗水到滴水，断层破碎带处为线状流水）−1～−7	（60°>β>30°，α>70°）−2	28～68	III	断层带附近围岩类别IV～V
第三段（16+803.50～17+527.50）	钙质砂岩夹页岩	11～19（Rc=32～59 MPa）	23～26(砂岩一般较完整，K_V=0.58，泥岩一般较完整，K_V=0.64～0.79)	9(0.5 mm<W<5 mm，泥质，平直光滑)	（渗水到滴水，穿张庄沟处线状流水）−5～6	（60°>β>30°，α>70°）−2	38～44	IV	

第 5 章　现场勘探与试验

5.1　钻孔勘探及斜井测量

5.1.1　补充钻孔位置及要求

为了进一步查明 F29 断层的位置、产状、宽度和影响带范围，根据合同要求，依据《水利水电工程钻探规程》(SL 291—2003)和《水利水电工程钻孔压水试验规程》(SL 31—2003)，2013 年 11 月补充布置了 4 个钻孔，具体位置和孔深见表 5.1，2014 年 1 月完成。

表 5.1　补充钻孔位置和孔深表

钻孔编号	部位	孔深/m	试验测试工作	备注
YJK01	F29 上盘	140	压水试验、物探(波速、光学、超声成像)	尽量与斜孔靠近。孔深 50 m 以下进行压水试验；30 m 以下进行物探
YJK02	F29 上盘	120	压水试验、物探(波速、光学、超声成像)、破碎带 SM 胶取样	斜孔，要求倾斜 26°，垂直于 F29 断层；孔深 40 m 以下进行压水试验和物探。地面物探后确定孔位

续表

钻孔编号	部位	孔深/m	试验测试工作	备注
YJK03	F29 上盘	140	压水试验、物探（波速、光学、超声成像）	研究 F29 断层影响带范围，地层稳定性，在高程 225 m 到孔底进行压水试验
YJK04	F29 上盘	140	压水试验、物探（波速、光学、超声成像）	研究 F29 断层影响带范围，地层稳定性，孔深 60 m 以下进行压水试验和物探
合计		540		

根据规程规范要求，钻探过程中应符合以下要求：

（1）钻孔孔径应满足取样、试验和物探要求，钻孔终孔孔径不小于 91 mm。

（2）为查明构造带分布情况，基岩钻孔要求采用双管单动清水钻进，遇构造破碎带时岩芯及时妥善保存。

（3）岩芯采取率微风化，新鲜基岩不低于 98%。

（4）班报记录齐全，岩芯摆放整齐，岩芯箱内要有固定隔板。

（5）各孔均需及时观测水位，可能时，在高程 260 m 以下均应进行分层水位观测。观测终孔地下水稳定水位。除斜孔外，其他各钻孔均作为长期观测孔。

（6）钻进过程中发现异常问题要及时通报现场地质技术员，特殊情况要停止施工，采取进一步的处理措施后方可继续施工。

（7）钻孔终孔孔深以现场地质值班员要求为准，直孔孔底结束高程控制在 193 m 附近。

（8）钻孔封孔，基岩采用水泥砂浆封孔，土层采用和原土层相同岩性的土分段捣实。

5.1.2　钻孔压水试验结果及剖面图

补充钻孔揭示了地下水水位高程、压水试验岩层透水率和地下水类型情况，列于表 5.2。补充钻孔平面位置图和剖面图如图 5.1 和图 5.2 所示。

表 5.2　补充钻孔揭示地下水情况一览表

钻孔编号	地下水位高程/m 2013.12～2014.1	岩层透水率/Lu	地下水类型
YJK01	314.52	8.6～14.2	承压水
YJK02	312.96	12.6～16.2	承压水
YJK03	318.64	0.1～18.2	潜水
YJK04	321.68	8.1～19.4	潜水

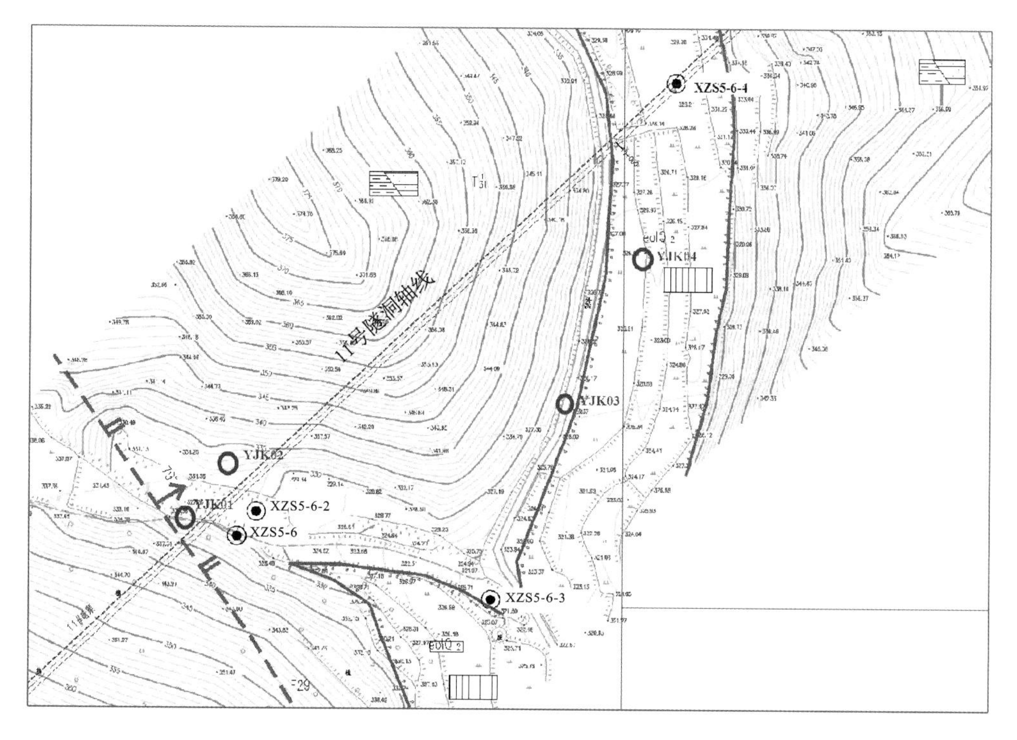

图 5.1　补充钻孔平面位置图

5.1.3　钻孔井斜测量

钻孔倾角测量采用二维高精度倾角传感器，其分辨精度可达 0.01°，方位角测量采用三维姿态传感器测量仪器倾斜方位。

在测量时，由孔底向上测量，以减小深度误差；探头上升速率不大于 0.2 m/s，以减小探头晃动造成的倾向、倾角误差。

从测斜成果看，YJK02 倾角范围：22.0°～24.57°，方位角范围：160.36°～164.86°（表 5.3）。

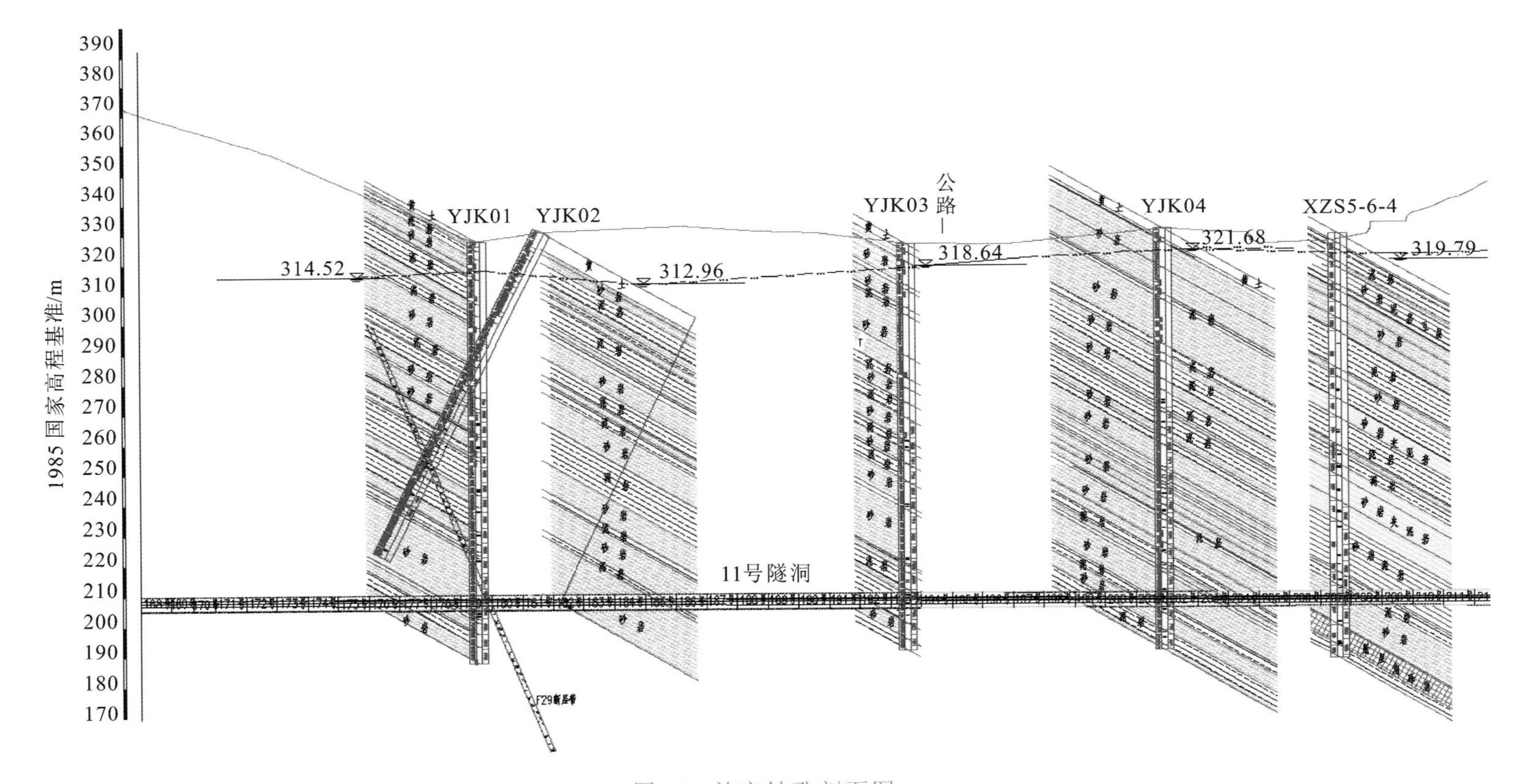
1985国家高程基准/m
390
380
370
360
350
340
330
320
310
300
290
280
270
260
250
240
230
220
210
200
190
180
170
YJK01
YJK02
314.52
312.96
YJK03
公路
318.64
YJK04
321.68
XZS5-6-4
319.79
11号隧洞
F29断层带

图5.2 补充钻孔剖面图

表5.3 钻孔YJK02井斜测量成果表

深度/m	方位角/(°)	倾角/(°)	S累计/m	E累计/m	累计垂直深度/m
12.5	163.94	22.00	4.50	1.30	−11.59
17.5	164.32	22.34	6.33	1.81	−16.21
22.5	163.55	23.78	8.26	2.38	−20.79
27.5	163.93	22.84	10.13	2.92	−25.40
32.5	161.35	23.60	12.02	3.56	−29.98
37.5	160.36	23.34	13.89	4.22	−34.57
42.5	160.97	22.79	15.72	4.85	−39.18
47.5	161.30	23.43	17.60	5.49	−43.77
52.5	163.20	24.33	19.58	6.09	−48.32
57.5	164.15	23.03	21.46	6.62	−52.93
62.5	164.86	24.57	23.47	7.16	−57.47
67.5	163.60	23.33	25.36	7.72	−62.06
72.5	164.19	23.33	27.27	8.26	−66.66
77.5	163.81	24.23	29.24	8.84	−71.21
82.5	164.20	23.60	31.17	9.38	−75.80
87.5	164.75	23.08	33.06	9.90	−80.40
92.5	162.86	23.25	34.94	10.48	−84.99
97.5	163.47	22.30	36.76	11.02	−89.62
120	164.45	23.21	45.31	13.39	−110.30

5.2 钻孔光学成像及波速测试

5.2.1 钻孔光学成像

HX-JD-02型智能钻孔全孔壁成像仪主要由控制系统、卷扬系统、数据采集处理系统组成。下井探头装配有成像设备和电子罗盘，摄像头通过360°广角镜头摄取孔壁四周图像，利用计算机控制图像采集和图像处理系统，同时控制电机提升、下放探头，自动采集图像，并进行展开、拼接处理，形成钻孔全孔壁柱状剖面连续图像实时显示，连续采集记录全孔壁图像。电子罗盘实时采集方位角，上传给计算机实时显示，孔壁图像从罗盘指示的正北方向展开，视频帧与帧之间无缝拼接，无百叶窗等现象。

为了避免井液的浮力和井壁的摩擦阻碍，导致电缆不能拉直所造成的测井深度的误差，提升电缆时录像；为防止探头抖动影响成像质量，探头上升速率小于0.1 m/s；每测试10 m进行一次深度校正。

钻孔光学成像成果见表 5.4～表 5.7，成果图如图 5.3～图 5.6 所示。

表 5.4　YJK01 钻孔光学成像成果表

测段/m	异常	倾向/(°)	倾角/(°)	宽度/mm
35.4～35.5	裂隙	70	70	10
46.7～47.4	裂隙	20	85	20
52.9～53.0	裂隙	0	75	20
50.0～50.4	掉块			
63.2～63.3	裂隙	20	70	10
63.8～63.9	裂隙	20	70	20
70.0～70.2	裂隙	30	70	30
70.4～70.5	裂隙夹泥		0	30
81.4～82.7	裂隙	10	80	20
75.5～77.0	断层迹象	10	80	1 500
89.0～90.6	断层迹象	10	80	1 600
98.0～98.3	裂隙	20	75	10
98.9～99.0	裂隙	10	60	20
98.5～98.8	裂隙	28	65	20
100.4～100.7	裂隙	3	60	30

表 5.5　YJK02 钻孔光学成像成果表

测段/m	异常	倾向/(°)	倾角/(°)	宽度/mm
39.2～39.3	裂隙	10	20	10
47.0～47.3	裂隙	280	80	10
55.0～55.8	裂隙	280	85	10
60.4～60.5	裂隙		0	30
66.1～66.2	裂隙	110	20	10
68.5～68.6	裂隙	200	20	20
73.3～73.4	裂隙		0	20
82.1～82.9	裂隙	0	80	10
84.8～85.5	裂隙	180	80	20
90.0～93.8	断层迹象			>38

表 5.6　YJK03 钻孔光学成像成果表

测段/m	异常	倾向/(°)	倾角/(°)	宽度/mm
39.2～39.3	裂隙	10	20	10
59.8～60.0	裂隙	270	60	10
53.7～54.0	裂隙	310	80	10

续表

测段/m	异常	倾向/(°)	倾角/(°)	宽度/mm
63.9～64.0	裂隙	260	70	20
70.5～70.7	裂隙	90	75	10
71.1～71.4	裂隙	220	50	20
74.8～75.0	裂隙	240	60	20
89.3～89.6	裂隙	210	60	10
86.7～88.0	裂隙	0	90	10
84.2～84.8	裂隙	90	85	10
82.2～82.7	裂隙	90	85	10
90.6～90.7	裂隙		0	20
99.6～100.3	裂隙	90	85	10
100.3～100.5	裂隙	80	40	10
101.7～102.1	裂隙	320	75	10
103.0～103.2	裂隙	270	50	20
104.6～105.1	裂隙	30	80	20
105.3～105.6	裂隙	130	75	10
106.2～106.3	裂隙	240	60	20
108.2～108.4	裂隙	240	60	10
111.9～112.0	裂隙	240	60	20
113.0～114.0	破碎			40
114.0～115.9	破碎			100
122.1～122.2	裂隙	260	50	10
124.6～125.2	裂隙	290	85	10
129.8～129.9	裂隙	220	45	20

表 5.7　YJK04 钻孔光学成像成果表

测段/m	异常	倾向/(°)	倾角/(°)	宽度/mm
48.7～49.0	裂隙	60	40	10
55.3～55.5	裂隙	60	40	10
62.4～62.5	裂隙	60	40	20
60.6～61.2	裂隙	200	85	10
70.2～70.3	裂隙	90	40	20
89.4～89.6	裂隙	110	30	20
82.3～82.6	裂隙	70	70	10
83.0～83.1	裂隙	135	30	30
97.4～97.6	裂隙	90	50	20

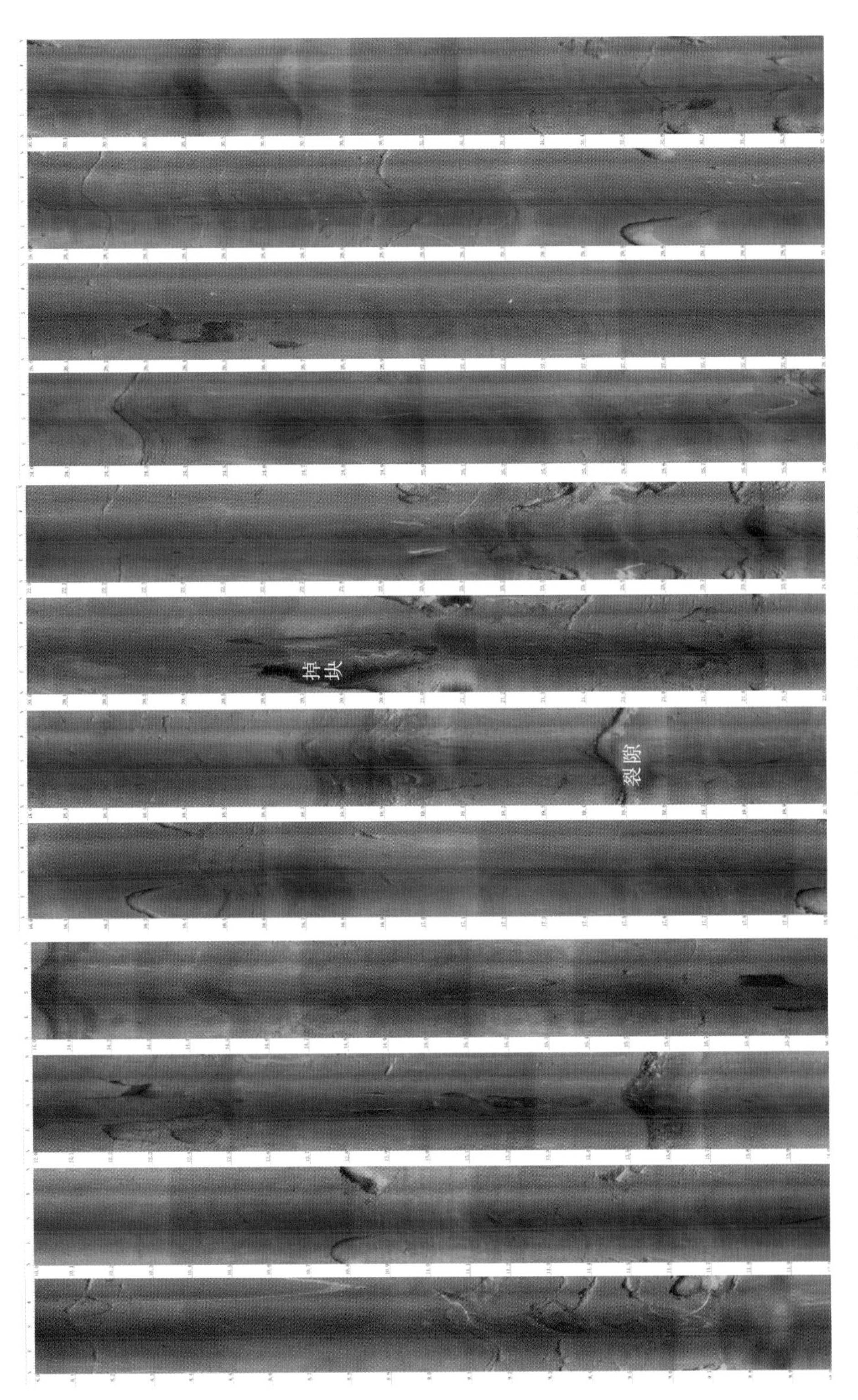

图5.3 YJK01全孔壁成像成果图(深度单位：m)

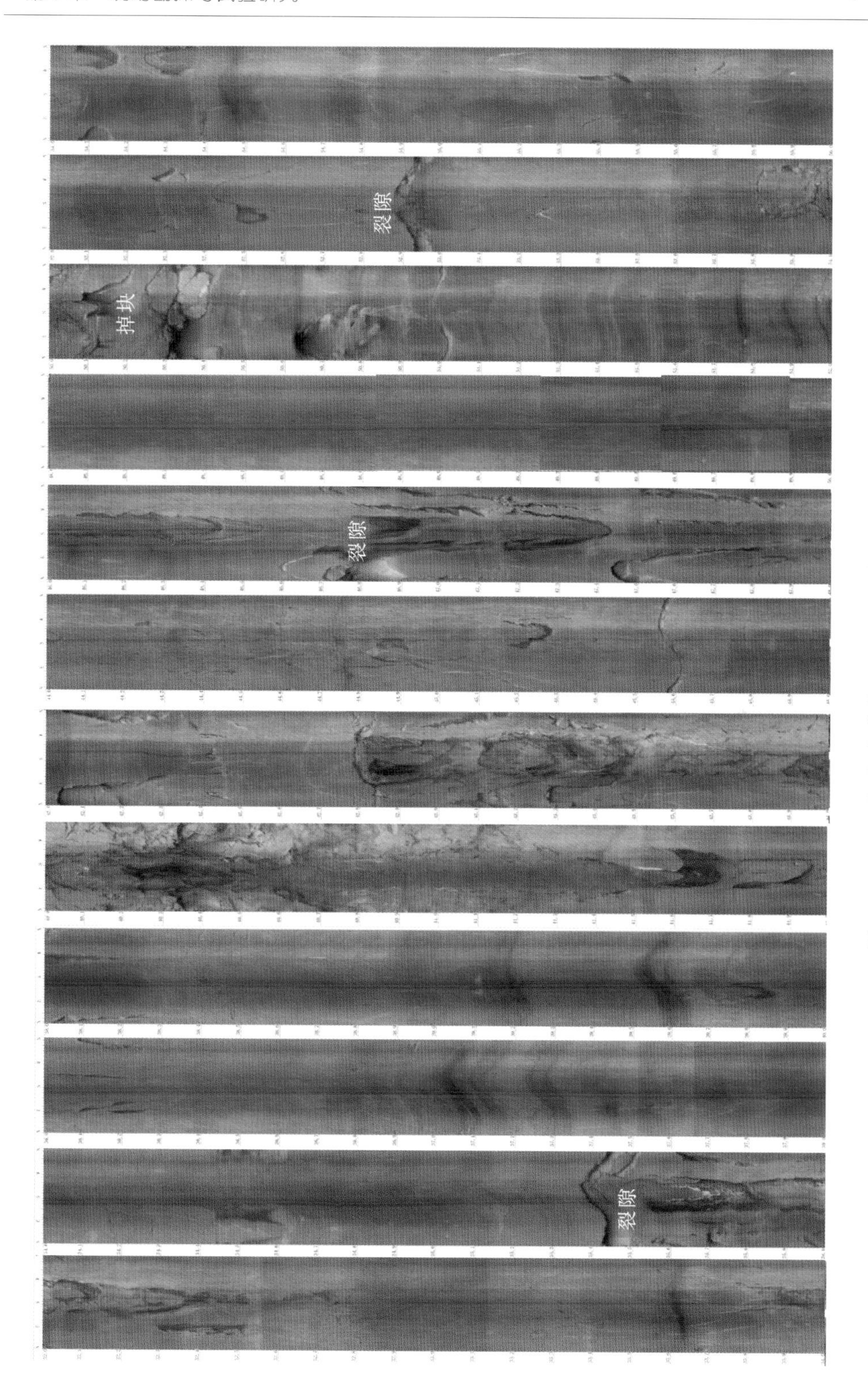

图5.4　YJK02全孔壁成像成果图(深度单位：m)

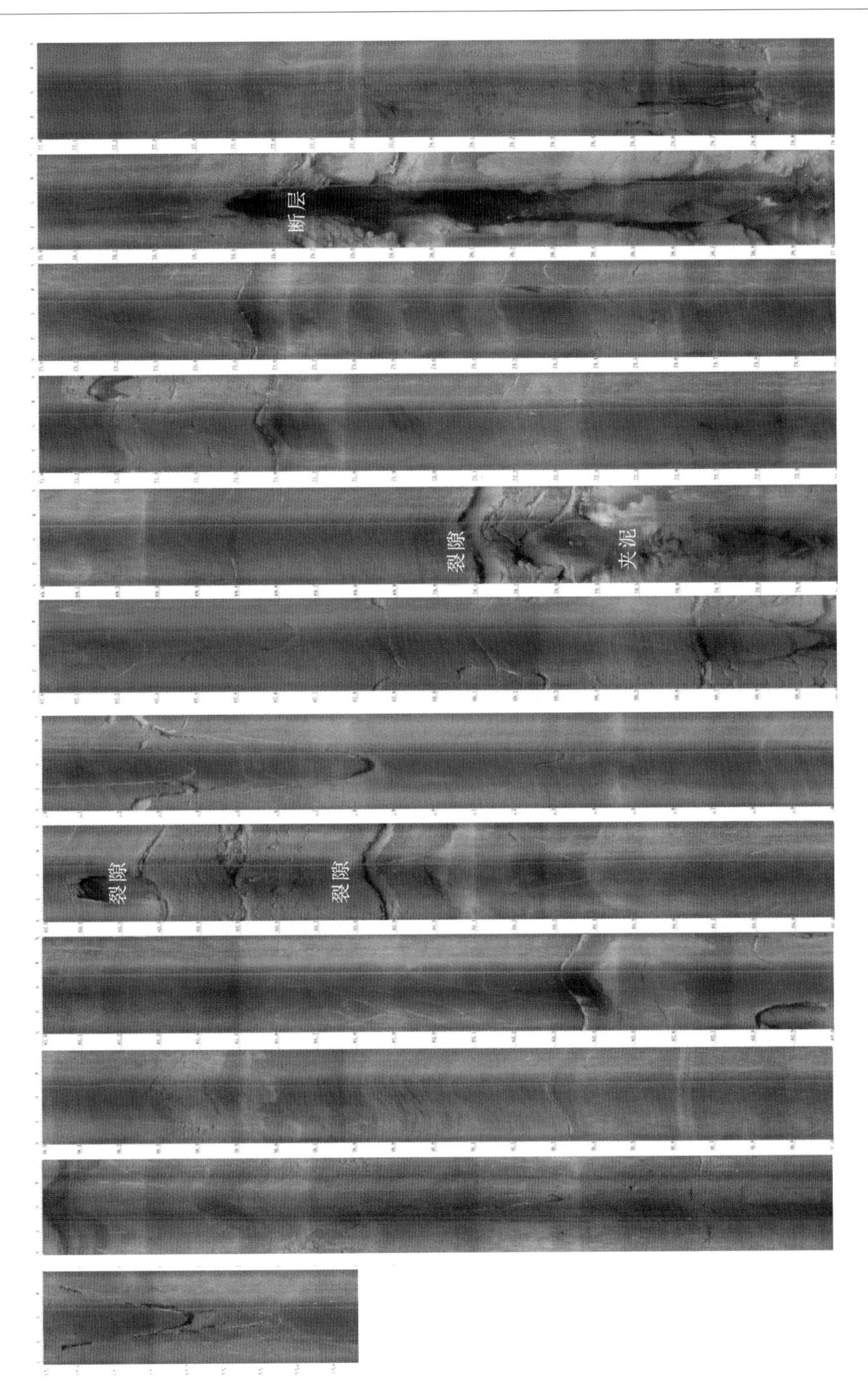

图5.5 YJK03全孔壁成像成果图(深度单位：m)

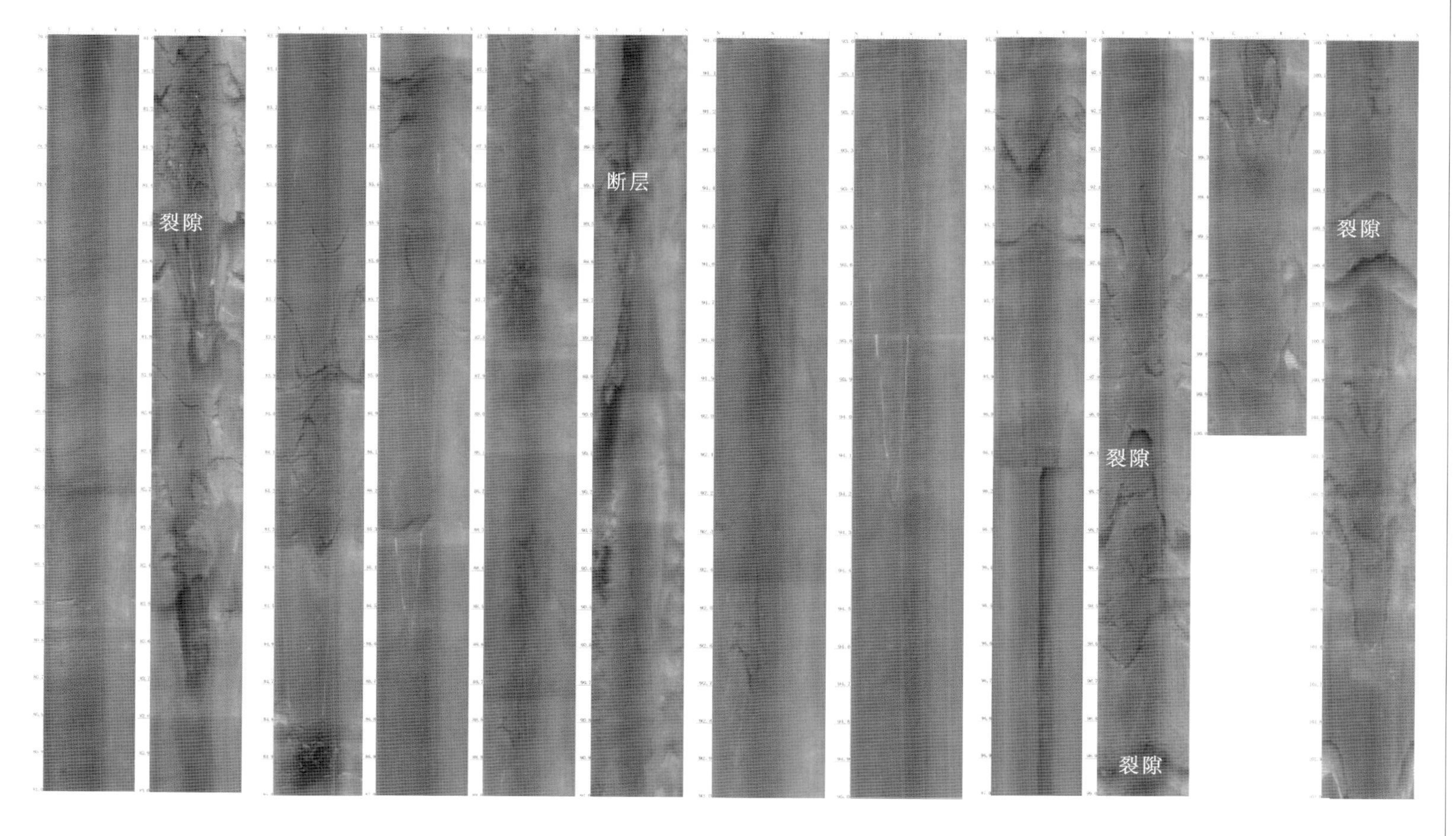

图5.6　YJK04全孔壁成像成果图(深度单位：m)

5.2.2　钻孔波速测试

采用单孔声波法，一发双收声波探头进行测试。其原理是由发射换能器发射超声波，经介质水沿孔中最佳路径传播，先后到达两接收换能器，通过仪器分别读取超声波到达时间 t_1、t_2，得到时差 Δt 计算波速 V_p。

现场工作布置如图 5.7 所示，在钻孔内由下向上逐点测试，测试点距 0.2 m。

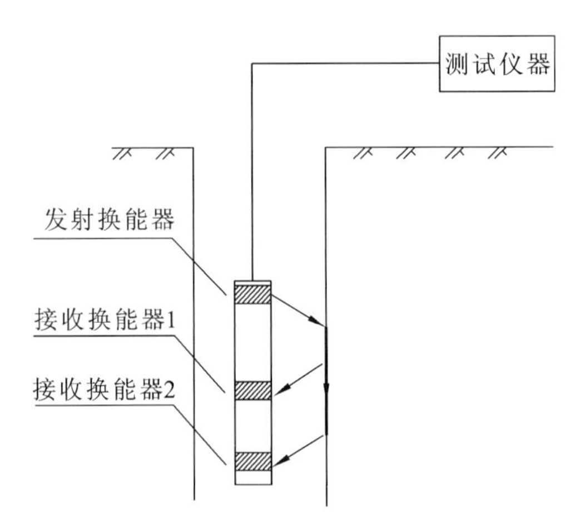

图 5.7　单孔声波工作装置示意图

为了避免浮力和井壁的摩擦阻碍，导致电缆不能拉直所造成的测井深度的误差，以提升电缆时所测量的记录为正式记录。下放电缆时所测量的记录作为提升正式记录的检验。每测试 10 m 进行一次深度校正。对钻孔部分测段进行重复观测，重复观测工作量不小于总工作量的 5%。

钻孔波速测试结果见表 5.8～表 5.11。

表 5.8　YJK01 钻孔波速成果表

测段/m	层厚/m	层底高程/m	测井解释	平均波速/(m/s)
15.0～29.0	14.0	298.6	泥岩、砂岩	2 700
29.0～45.9	16.9	281.7	砂岩、泥岩	3 440
45.9～72.8	26.9	254.8	砂岩、泥岩	3 610
72.8～95.0	22.2	232.6	泥岩、砂岩	3 050
95.0～98.0	3.0	229.6	砂岩、泥岩	3 900
98.0～107.0	9.0	220.6	泥岩、砂岩	3 150
107.0～118.0	11.0	209.6	砂岩	3 500
118.0～125.0	7.0	202.6	砂岩	3 900

表 5.9 YJK02 钻孔波速成果表

测段/m	层厚/m	层底高程/m	测井解释	平均波速/(m/s)
18.5～103.0	84.5	226.9	泥岩、砂岩	3 060
103.0～110.0	7.0	219.9	砂岩	2 600

表 5.10 YJK03 钻孔波速成果表

测段/m	层厚/m	层底高程/m	测井解释	平均波速/(m/s)
8.5～14.0	5.5	312.7	砂岩	2 860
14.0～32.5	18.5	294.2	砂岩、泥岩	2 650
32.5～79.4	46.9	247.3	砂岩、泥岩	3 300
79.4～87.3	7.9	239.4	砂岩	3 900
87.3～95.0	7.7	231.7	砂岩、泥岩	3 400
95.0～113.0	18.0	213.7	砂岩、泥岩	3 700
113.0～130.0	17.0	196.7	泥岩、砂岩	3 500

表 5.11 YJK04 钻孔波速成果表

测段/m	层厚/m	层底高程/m	测井解释	平均波速/(m/s)
6.5～9.0	2.5	329.0	砂岩	2 000
9.0～23.9	14.9	304.1	砂岩、泥岩	3 300
23.9～41.9	7.7	286.1	砂岩、泥岩	3 350
41.9～50.3	8.4	277.7	泥岩、砂岩	3 600
50.3～60.2	9.9	267.8	泥岩	2 900
60.2～124.4	64.2	203.6	砂岩、泥岩	3 500
124.4～132.0	7.6	196.0	砂岩、泥岩	2 900

5.3 地球物理勘探

为了查明F29断层的位置、规模和产状，确定F29断层上盘是否有承压水；F29断层北侧指定区域是否有其他断层。完成地球物理勘探任务如下(图5.8)：

(1) 垂直F29断层布置3条相互平行的大地电磁法测线，点距20 m，测线长度均为500 m。

(2) 在F29断层北侧指定区域布置两条大地电磁法测线，点距20 m，测线长度均为300 m。大地电磁法完成5条测线，总长度2 100 m，共109个测深点。

(3) 沿大地电磁法3测线布置1条激发极化法测线，起点相同，长度400 m，点距 20 m;完成 1 条测线,长度 400 m,共 21 个测深点。

(4) 沿大地电磁法 3 测线布置 1 条高密度电法测线,起点相同,长度 400 m,点距 5 m;完成 1 条测线,长度 400 m。

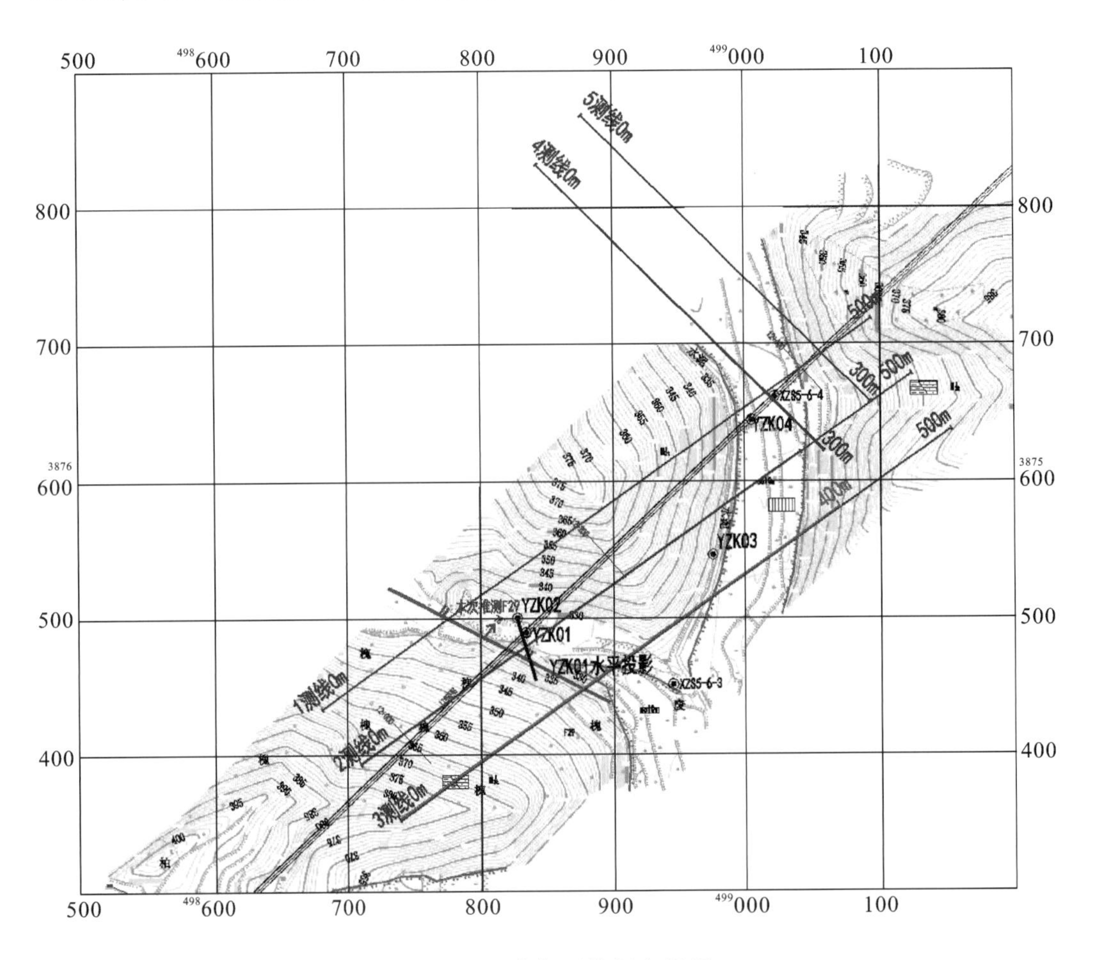

图 5.8　地球物理勘探布置图

5.3.1　仪器设备及工作依据

工作中使用的仪器均在检验有效期内,具体情况如下:

(1) 大地电磁法采用 Stratagem EH-4(II)连续电导率成像仪(编号:77311)。

(2) 激发极化法采用 WDJD-3 多功能数字直流激电仪(编号:110802)。

(3) 高密度电法采用 E60M 电法仪(编号:E2009501)。

(4) 钻孔波速测试采用 RS-ST01C 非金属声波仪(编号:SB20030705)。

(5) 光学成像采用 HX-JD-02 智能钻孔电视成像仪(编号:HX6100032)。

工作依据：

（1）《水利水电工程物探规程》(SL326—2005)。

（2）《小浪底北岸灌区一期工程总干渠 11 号隧洞 F29 断层探测项目物探大纲》。

（3）黄河勘测规划设计有限公司质量/环境/职业健康安全管理体系文件。

5.3.2　工作方法与技术

1. 大地电磁法

EH4 是在大地电磁法(AMT)基础上发展起来的频率域电磁法，在高频段使用人工场源作为补充，在中、低频段仍使用天然源，与传统大地电磁法一致，但效率大大提高。其工作原理是基于麦克斯韦方程组完整统一的电磁场理论基础。利用天然场源或人工源，在探测目标体地表的同时测量相互正交的电场分量和磁场分量，然后用卡尼亚尔电阻率计算公式得出视电阻率。根据大地电磁场理论可知，电磁波在大地介质中穿透深度与其频率成反比，当地下电性结构一定时，电磁波频率越低，穿透深度越大，能反映出深部的地电特征；电磁波频率越高，穿透深度越小，则能反映浅部地电特征。利用不同的频率，可得到不同深度上的地电信息，以达到频率测深的目的。

采用无源矢量模式，20 m 点距(水平距离)，20 m 极距(水平距离)测量，根据天然场实时强度，中高频和低频段采用 5～20 次叠加。

矢量测量方式为“十”字形布极。探测时 1 根电极插在测点上，另外 4 根以测点为中心对称布设，E_x，H_x 与测线方向一致，E_y，H_y 与测线方向垂直。

质量保证措施：山区覆盖层薄，接地电阻高，通过深打电极，浇盐水的方法降低接地电阻；磁探头方位、水平度使用罗盘现场校正，保证其方位角偏差不大于 3°，确保磁棒水平放置；数据采集过程中，及时调整叠加次数，确保测深曲线连续、光滑，保证数据质量。

2. 激发极化法

在人工电流场(一次场或激发场)作用下，具有不同电化学性质的岩石或裂隙水，由于电化学作用将产生随时间变化的二次电场(激发极化场)。这种物理化学作用称为激发极化效应。它包括电子导体的激发极化效应和离子导体的激发极化效应。激发极化法是根据激发极化效应解决水文地质、工程地质等问题的勘探方法。它又分为直流激发极化法(时间域法)和交流激发极化法(频率域法)。常用的电极排列有中间梯度排列、联合剖面排列、固定点电源排列、对称四极测深排列等。

为了与高密度电法探测结果比对，直流激发极化法也使用施伦伯格装置，如图 5.9 所示。

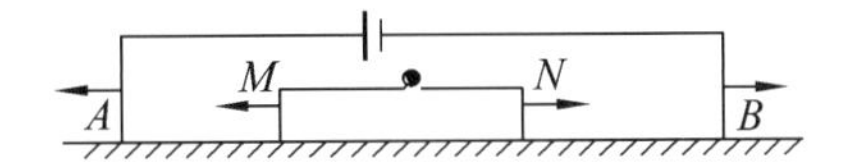

图 5.9　对称四极激发极化法装置

最小 $AB/2$ 为 20 m，最大 $AB/2$ 为 600 m，最小 $MN/2$ 为 10 m，最大 $MN/2$ 为 20 m。以铁电极作为供电电极，不极化电极（铅和氯化铅）为测量电极，使用 12 V 汽车电瓶加升压器作供电电源。

质量保证措施：①工区覆盖层薄，含水量低，接地条件差，采用增加电极深度和浇水的办法，改善接地条件；②野外工作时，每个测点在最大极距时均做漏电检查，对拐点、突变点、异常点均进行复测，及时检查不极化电极极差。

3. 高密度电法

高密度电法原理是：在地表通过供电电极向地下供入直流电，形成人工电场，然后利用测量电极通过仪器观测其电场分布情况，研究地下不同地质体所引起的地下电场变化。数据采集时，程控式电极转换器对供电电极和测量电极进行自动切换，使其按设定的层数进行数据采集。

工作装置采用施伦伯格装置，供电电极 C1，C2 对称等距离布置在测量电极 P1、P2 的两侧，四极皆在一条直测线上，测点位于 C1，C2 电极的中心。数据采集时，程控式电极转换器对供电电极和测量电极进行自动切换，使其按设定的层数进行数据采集，同层 P1C1，P1P2 和 P2C2 保持不变，横向移动。装置层数增加时 C1C2 扩大，而 P1P2 间距保持不变，如图 5.10 所示。

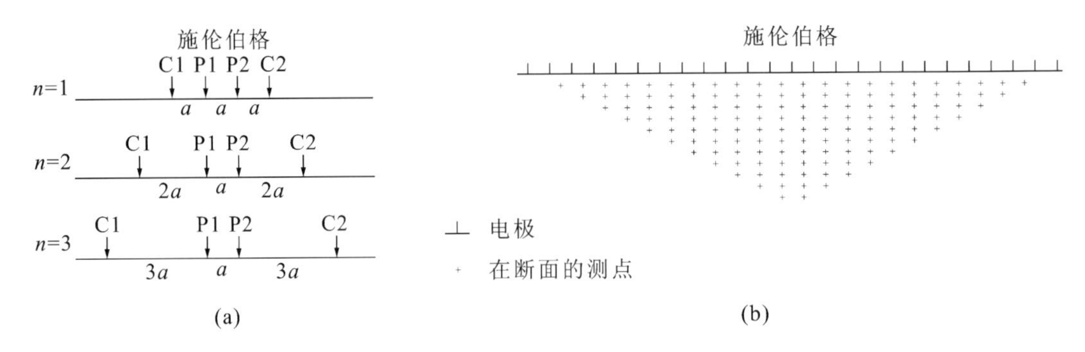

图 5.10　装置示意图(a)和数据点示意图(b)

质量保证措施：①工区覆盖层薄，含水量低，接地条件差，采用增加电极深度和浇水的办法，改善接地条件；②首先进行电极开关检查，确保每个电极开关正常，再进行电极接地电阻检查，确保每个电极接地良好。

5.3.3　资料解释与成果分析

1. 原始数据评价

大地电磁法探测工作共完成6个检查点，占总工作量109个测点的5.55%；检查点与实测点视电阻率均方相对误差小于4.7%，数据质量满足规程要求。

高密度电法共完成检查点150个，占总量的5%，检查点与实测点电阻率均方相对误差小于4.5%，数据质量满足规程要求。

激发极化法共完成检查点2个，占总量的9.52%，检查点与实测点极化率均方相对误差小于4.6%，数据质量满足规程要求。

2. 资料解释

1）大地电磁法

(1)预处理。按照班报对原始数据进行编辑，根据测深曲线形态、数据离差，剔除干扰数据。

(2) 反演成图。采用IMAGEM软件对预处理后的数据进行反演计算，反演后使用测量成果进行地形校正，最终使用Surfer软件绘制电阻率-深度剖面图。

(3)成果图解释。根据地球物理特征对电阻率深度剖面图进行解释：地层由上到下电阻率具有逐渐增大的特征，断层两侧地层的上下错动会引起电阻率等值线的明显错动，断层破碎带充水后表现为条带状低阻体，因此低阻条带状异常，或电阻率等值线明显错动是断层的判断标准。

2）激发极化法

(1)成图。按照电阻率反演深度，进行高程校正，再使用Surfer软件网格化后进行低通滤波圆滑，最后用Surfer软件绘制电阻率-深度剖面图。

(2)成果图解释。根据极化率η推测地层富水性，同样的地层极化率η越大，富水性越强。

3）高密度电法

(1)数据处理。高密度电阻率法解释步骤为：①将原始数据从仪器回放到计算机，在计算机由程序进行预处理；②剔除畸变点，绘制ρ-s等值线图及其灰阶图；③利用高密度电阻率资料反演程序 RES2DINV 来解释出真实电阻率及近似深度，然后结合钻孔地质资料，划分各个电性地层。该反演程序是基于圆滑约束最小二乘法的反演计算程序，采用准牛顿优化技术最小二乘法，比常规的最小二乘法快 10 倍，用来处理高密度数据非常合适。首先使用二维模型对探测剖面进行网格化，反演的目的就是确定每个网格的电阻率，这将产生一个电阻率伪剖面，用此剖面与实测电阻率剖面进行拟合，利用计算不断调整之间的差异，直到形成比较理想的结果，即两者的差异足够小。

(2)成果图解释。根据地球物理特征对电阻率深度剖面图进行解释。

3. 成果分析

1) 1 测线大地电磁法

从图 5.11 中的电阻率-深度剖面图分析，在水平距离 200～300 m 出现大范围低阻区，电阻率小于 60 Ω · m，低阻区两侧的高阻区电阻率等值线明显上下错动，小桩号一侧的高阻区电阻率 120～240 Ω · m，大桩号一侧的高阻区电阻率 80～120 Ω · m，小桩号电阻率值明显高于大桩号一侧，推测存在 1 条北倾正断层，小桩号一侧为下盘。

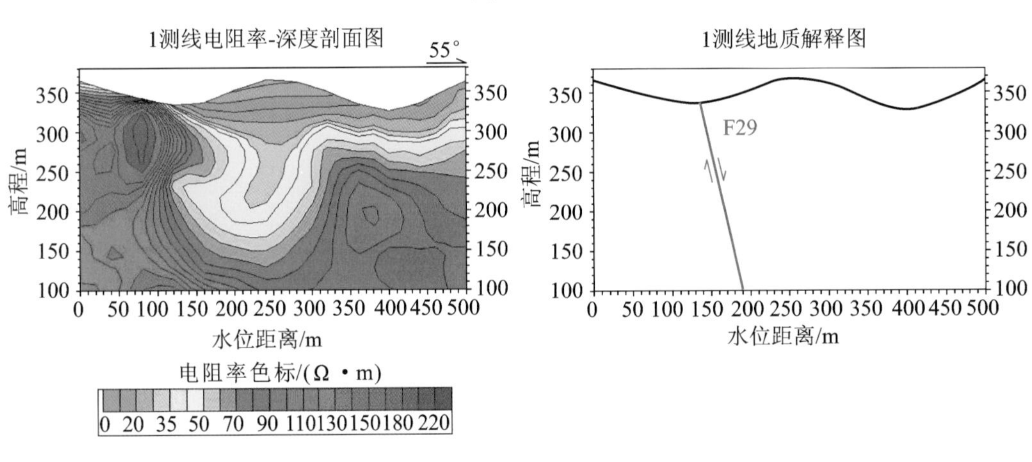

图 5.11　EH4 法 1 测线大地电磁法成果图

2) 2 测线大地电磁法

从图 5.12 中的电阻率-深度剖面图分析，在水平距离 120～250 m 出现大范围低阻区，电阻率小于 60 Ω · m，低阻区两侧的高阻区电阻率等值线明显上下错动，小桩号一侧的高阻区电阻率 120～240 Ω · m，大桩号一侧的高阻区电阻率 80～120 Ω · m，小桩号电阻率值明显高于大桩号一侧，推测存在 1 条北倾正断层，小桩号一侧为下盘。

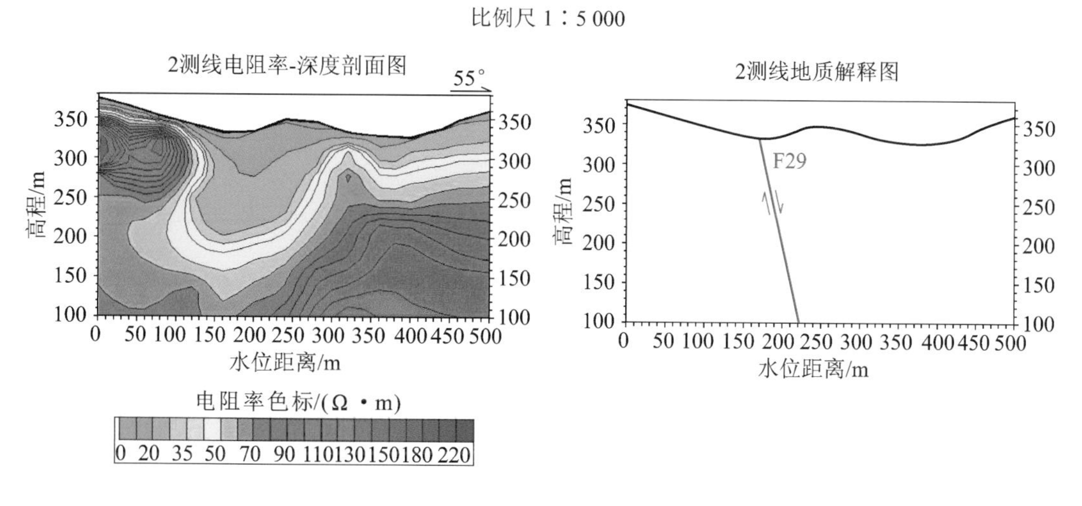

图 5.12　EH4 法 2 测线大地电磁法成果图

3）3 测线大地电磁法

从图 5.13 中的电阻率-深度剖面图分析，在水平距离 220～300 m 出现 1 条明显低阻条带，低阻条带明显倾向大桩号一侧，电阻率小于 60 Ω・m，低阻区两侧的高阻区电阻率等值线明显上下错动，小桩号一侧的高阻区电阻率 120～240 Ω・m，大桩号一侧的高阻区电阻率 80～120 Ω・m，小桩号电阻率值明显高于大桩号一侧，推测存在 1 条北倾正断层，小桩号一侧为下盘。

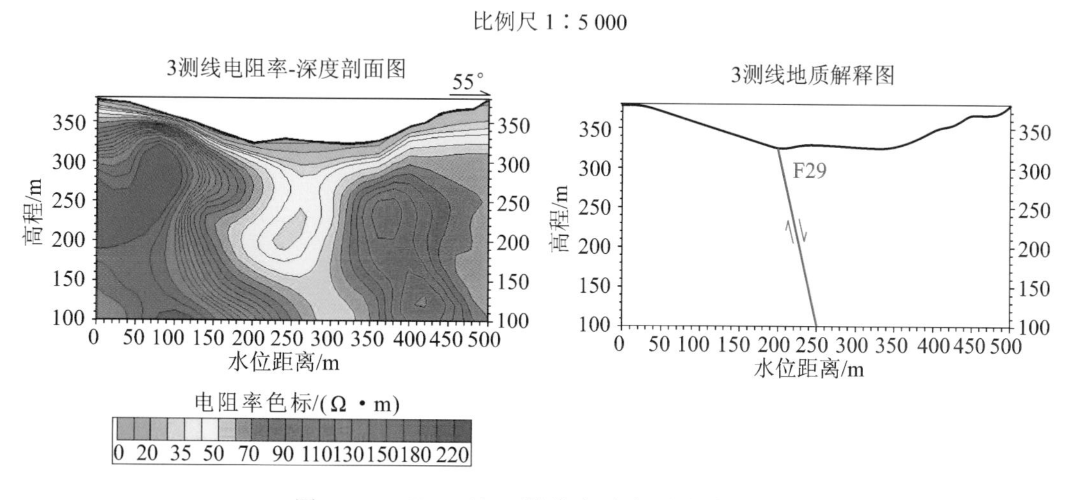

图 5.13　EH4 法 3 测线大地电磁法成果图

4）3 测线高密度电法

从图 5.14 中的高密度电法电阻率-深度剖面图分析，剖面中部出现一条明显的低阻条带，位置与 3 测线大地电磁法成果图中的低阻条带一致，但更加精细，更为精确地反映出断层的位置和倾角，断层破碎带电阻率 20～40 Ω · m，小桩号一侧的高阻区电阻率 120～220 Ω · m，大桩号一侧的高阻区电阻率 80～160 Ω · m，小桩号电阻率值明显高于大桩号一侧，电阻率大小关系与大地电磁法一致，推测存在 1 条北倾正断层，小桩号一侧为下盘。

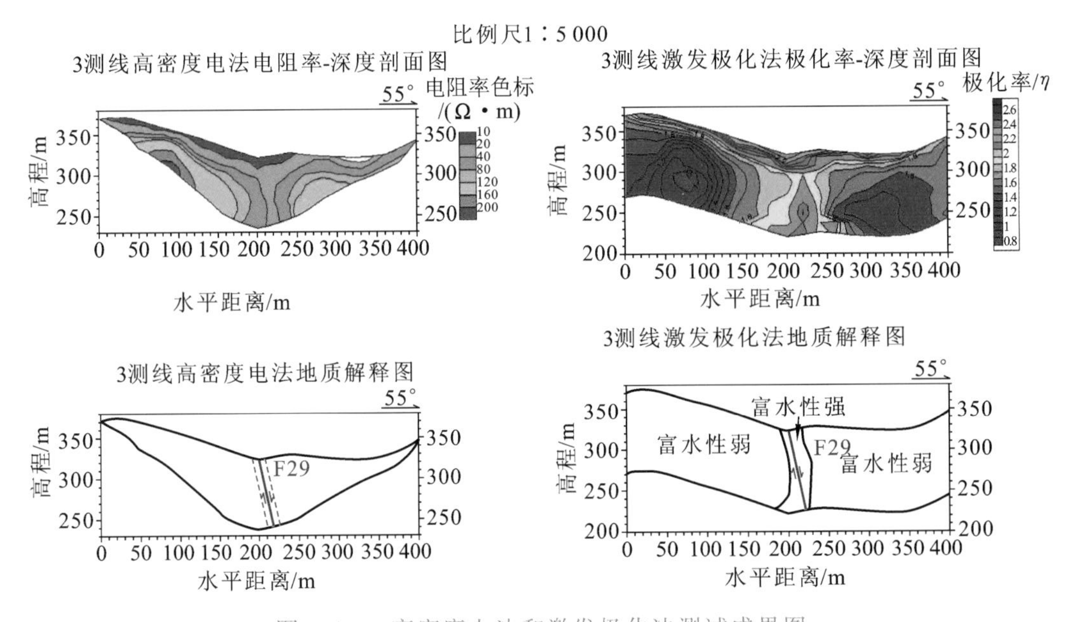

图 5.14　高密度电法和激发极化法测试成果图

5）3 测线激发极化法

从图 5.14 中的激发极化法电阻率-深度剖面图分析，剖面中部出现明显的高极化区（极化率 1.9%～3.2%），位置、宽度均与 3 测线大地电磁法成果图中的低阻条带一致，推测为富水性强的破碎带，小桩号一侧极化率 η 为 1.0%～1.6%，大桩号一侧的极化率 η 为 1.4%～1.6%，小桩号电阻率值明显高于大桩号一侧，极化率大小关系与大地电磁法反应的地质情况一致，断层两侧的低极化率区域形态完整，且越往深部极化率越低，说明断层两侧地层富水性整体弱，且越深富水性越弱，未发现承压水迹象。

6）EH4 法 1，2，3 测线整体分析

1，2，3 测线平行，间隔 50 m，大地电磁法 3 条剖面和高密度电法剖面都有明显的低阻区，其中 3 测线高密度电法低阻区呈明显的条带状，较为准确，判断有 1 条正断层通过，参考地质资料，推测是目标断层 F29，依据 3 测线低阻条带的形态，推断 F29 断层的倾角为 78°，依据 3 条测线上低阻区的相对位置推断 F29 断层走向为 117°。

7）4 测线大地电磁法

从电阻率-深度剖面图分析，在水平距离 120～300 m，浅部出现较大范围低阻区，电阻率小于 30 Ω · m，经过分析认为这不是断层带影响，而是低阻覆盖层向下的阴影带造成的，原因：①高阻部分连续、完整，没有被错断，1，2，3 测线低阻区延伸至剖面底部，低阻区两侧的高阻区被分割为相互独立的两部分，与 4 测线相比截然不同；②推测是沟内的低阻覆盖层引起的，直观上低阻区厚度超过 100 m，但是根据钻孔资料和低阻区等值线形态推测覆盖层厚度不超过 20 m，通过对现场地质情况分析，这一现象是低阻覆盖层的各向异性导致的，因为 1、2、3 测线是垂直山沟布置的，相当于横切了沟底的条带状覆盖层。4 测线则是顺另外一条大沟布置的，加上大沟内的覆盖层较厚，宽度更大，顺低阻体方向测量，接地电阻小得多，所以在 4 测线剖面图中，低阻覆盖层向下的影响带大大增加，显得覆盖层较厚。

对 4 测线高阻区数据进行统计，基岩的电阻率为 80～220 Ω · m，与 1，2，3 测线高阻部分的电阻率相当，由于大地电磁法对浅部分辨率低，根据钻孔资料对比，以 20 Ω · m 等值线划分基岩顶界面存在一定的误差，解释结果如图 5.15 中的地质解释图所示。

比例尺 1∶5 000

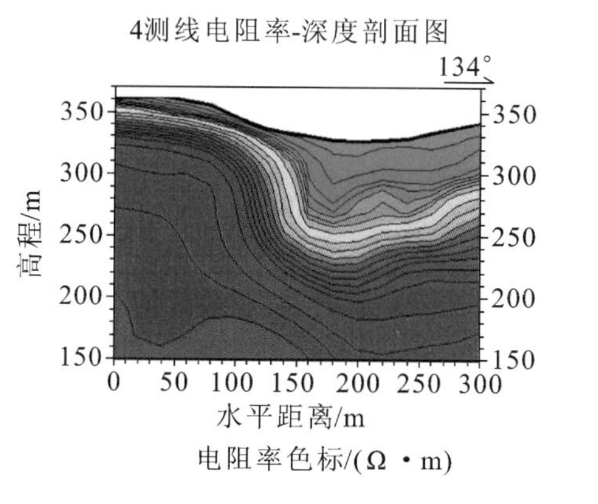

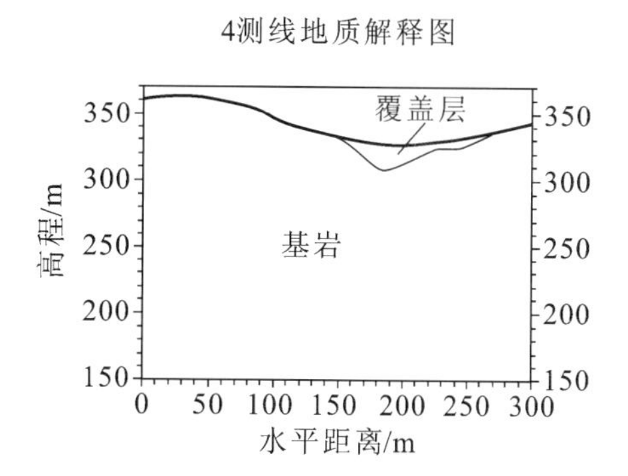

图 5.15 EH4 法 4 测线大地电磁法成果图

8）5 测线大地电磁法

从图 5.16 中的电阻率-深度剖面图分析，在水平距离 100～250 m，浅部出现较大低阻区，电阻率小于 30 Ω · m，与 4 测线特征一致，由于两条测线相互平行，间距 50 m，所以解释结果与 4 测线相同。高阻基岩的电阻率为 80～220 Ω · m，以 20 Ω · m 等值线划分的基岩顶界面。

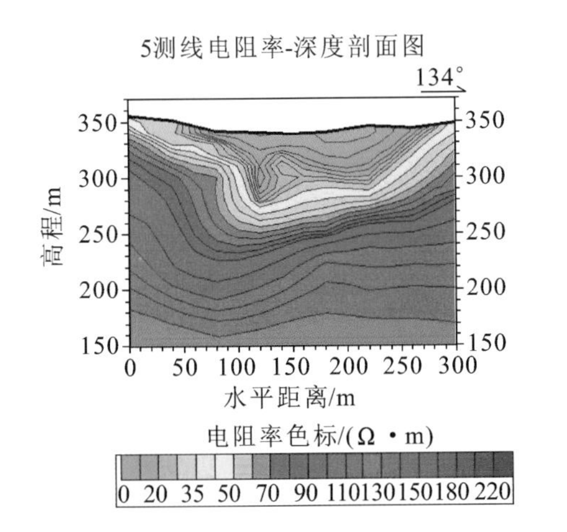

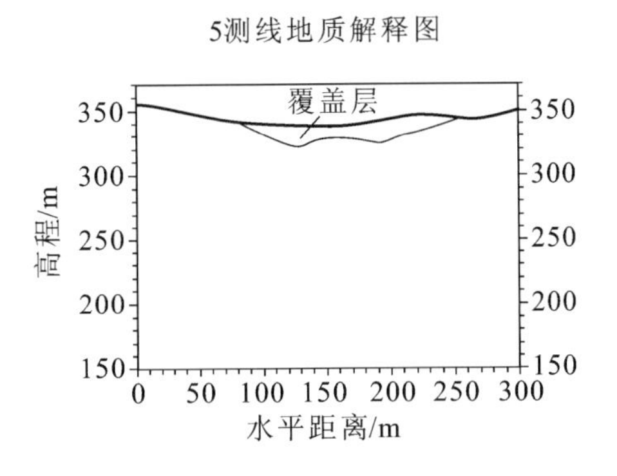

图 5.16　EH4 法 5 测线大地电磁法成果图

5.3.4　地球物理勘探结论

（1）采用大地电磁法、高密度电法、钻孔光学成像等方法，确定了 F29 断层的具体位置，推断其倾向 27°，倾角 78°，宽度 1.6～15 m。

（2）激发极化法测试结果表明，F29 断层破碎带富水性强，富水带宽度约 60 m，断层上盘富水性较弱，推测无承压水层，断层下盘富水性比上盘更弱。

（3）根据 4、5 测线大地电磁法结果，认为 4、5 测线区域内无断层。

5.4　环境同位素水文地球化学试验

小浪底北岸灌区一期工程总干渠 11 号隧洞 F29 断层承压水环境同位素水文地球化学专题研究，应用环境同位素水文地球化学方法，以研究区地下水补-径-排条件为主线，在查明研究区地下水水化学场和同位素场的基础上，提供施工隧洞排水与区内不同水体之间的关系、研究区 F29 断层水的补给高程、不同水体对 11 号隧洞潜在涌水量等相关问题的同位素水文地球化学证据。

针对小浪底北岸灌区一期工程总干渠 11 号隧洞所处的水文地质条件和环境同位素水文地球化学研究中存在的问题，结合相关资料，拟定技术路线如下：

（1）根据水化学测试结果，查明研究区地下水的水文地球化学特征，结合水化学宏量组分的空间分布规律，确定研究区各类水体之间的关系。

（2）根据样品同位素测试结果，查明研究区地下水 $\delta D(\delta^2H)$，$\delta^{18}O$ 和 ^3H 同位素分布特征，进一步细化并明确施工隧洞的排水与各类水体之间的关系，计算研究区 F29 断层水的补给高程并预测不同水体对 11 号隧洞的潜在涌水量。

(3) 结合环境同位素和水文地球化学研究结果，建立研究区裂隙含水系统补给、径流、排泄条件概念模型，提出解决隧洞承压水问题的防治建议。

具体技术路线如图5.17所示。

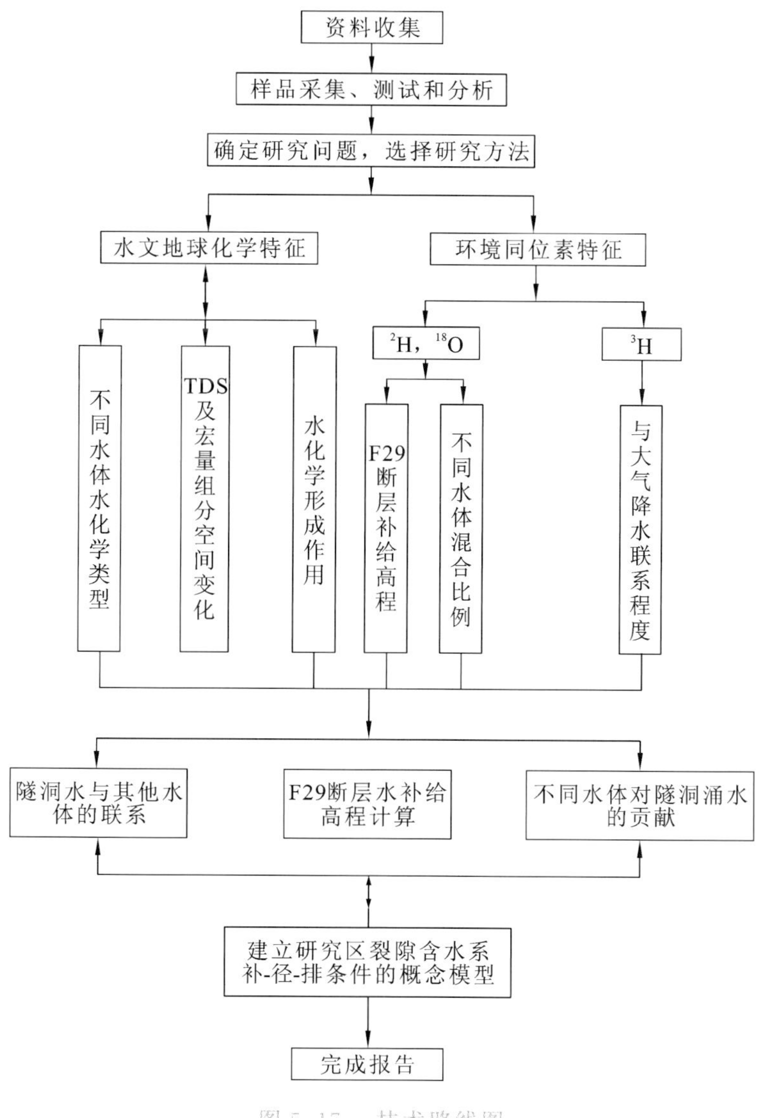

图5.17　技术路线图

5.4.1　样品采集与测试

2013年12月19日至2013年12月21日完成了样品的采集工作，样品采集基本覆盖了整个研究区，其中水化学样品37组，测试内容主要包括pH、阴离子、阳离子和部分微量组分，测试工作由黄河勘测规划设计有限公司科研院完成（表5.12）；同位素样品包括：稳定同位素δD，$\delta^{18}O$各65组、放射性同位素^3H 35组。水样涵盖研究区内地表沟水、浅层地下水和深层地下水，其中地表沟水点6个、泉点13个、民用浅井点10个、机井4个、钻孔2个和隧洞水点2个（支洞、主洞各1个）。采样瓶为500 mL聚乙烯瓶，石蜡密封处理。同位素样品测试分别由中国地质科学院水文地质环境地质研究所（以下简称中国地质科学院水环所）、国土资源部地下水矿泉水及环境监测中心和河海大学测试（表5.13）。

表5.12　水化学测试项目及测试方法

测试项目	测试内容	测试仪器	样品数量
现场测定	pH	5-Star便携式水质分析仪	37
阴离子	F^-，Cl^-，HCO_3^-，CO_3^{2-}，SO_4^{2-}	DX-120离子色谱仪	37
阳离子	Ca^{2+}，K^+，Mg^{2+}，Na^+	石墨炉原子吸收光谱仪	37
微量元素	Fe，Mn	ICP-AES	37

表5.13　同位素测试项目及测试依据

测试项目	样品数量	测试机构	测试仪器	测试依据及标准	测试精度	测试方法
$\delta^{18}O$	37	中国地质科学院水环所	MAT-253型气体同位素质谱仪	DZ/T0064-93	≤0.1‰	CO_2-H_2O平衡法
δD	37	中国地质科学院水环所	MAT-253型气体同位素质谱仪	DZ/T0064-93	≤2‰	金属铬还原法
$\delta^{18}O$，δD	28	河海大学	Picarro L-2130i激光水同位素分析仪	SA-1，SA-2，SA-3	$\delta^{18}O$≤0.2‰ δD≤0.5‰	应用Picarro L2130-i激光水同位素分析仪，将水进行汽化，然后在光腔内进行衰荡
^3H	35	河海大学	1220 Quantulus型超低本底液体闪烁谱仪	DZ/T0064-93	≤0.6TU	电解浓缩法

5.4.2　水文地球化学特征

研究区内包括大气降水、地表水和地下水三大水体，本次取样由于研究期气候条件限制未能取到大气降水水样，其中地下水按水样出处分为民用井水、泉水、机井水、钻孔水和隧洞水。水质分析结果见表5.14。

表 5.14　小浪底北岸灌区 11 号引水隧洞地区水质分析结果

水样类型	样品编号	井深/m	pH	离子含量/(mg/L)												
				Cl^-	SO_4^{2-}	HCO_3^-	CO_3^{2-}	K^+	Na^+	Ca^{2+}	Mg^{2+}	F^-	Fe	Mn	TDS	总硬度
民井水	wfaJ-1	16.3	7.06	294.52	129.30	308.57	0	<DL	89.47	414.65	63.63	0.244	0.003	0.062	1440	1298
民井水	wfaJ-2	20.95	7.47	13.29	28.53	343.20	0	<DL	16.15	122.36	21.63	0.375	<DL	<DL	452	395
民井水	smchJ-3	2.85	7.41	23.75	62.10	396.73	0	<DL	15.84	144.45	27.30	0.313	<DL	0.003	600	473
民井水	wgmJ-1	14.3	7.45	108.30	272.91	355.80	0	<DL	49.09	540.40	54.61	0.281	<DL	0.024	1610	1575
民井水	wgmJ-2	16.11	7.52	38.96	120.17	349.50	0	<DL	18.01	123.21	50.48	0.309	<DL	0.010	628	516
民井水	lnJ-1	10.42	7.09	29.92	85.54	440.81	0	<DL	13.66	196.27	18.55	0.299	<DL	0.017	782	567
民井水	cslJ-2	—	7.65	49.42	122.19	421.92	0	0.39	41.00	144.45	41.72	0.378	<DL	0.010	636	533
民井水	cslJ-3	9.22	7.32	38.00	97.74	355.80	0	<DL	23.61	151.24	28.86	0.386	<DL	0.010	542	497
民井水	wdgJ-1	90	8.07	31.34	78.38	251.89	0	<DL	24.54	100.26	27.05	0.476	<DL	0.003	446	362
民井水	wxgJ-2	15.96	7.85	11.41	80.45	396.73	0	<DL	12.10	108.76	38.13	0.393	<DL	<DL	472	429
机井水	wfaJJ-3	275	7.77	28.50	82.47	330.61	0	<DL	24.23	122.36	35.79	0.327	<DL	0.010	488	453
机井水	ssmJJ-1	230	7.57	12.34	49.90	399.88	0	<DL	37.89	79.88	42.76	0.337	<DL	0.014	460	376
机井水	smchJJ-5	—	8.00	12.34	64.17	352.65	0	<DL	47.84	76.47	33.49	0.278	<DL	0.007	388	329
机井水	cslJJ-1	240	8.17	9.50	107.92	371.54	0	0.73	54.69	67.13	27.30	0.285	<DL	0.014	418	280
泉水	smchQ-1		7.78	15.21	113.01	311.71	0	<DL	21.75	116.41	28.33	0.301	<DL	0.010	472	407
泉水	xlhQ-1		7.61	11.41	71.28	347.92	0	<DL	20.19	95.17	40.44	0.343	<DL	0.007	390	404
泉水	xmchQ-1		7.53	15.21	101.82	303.84	0	<DL	20.19	115.55	29.37	0.320	<DL	<DL	420	410
泉水	xmchQ-2		7.70	15.21	100.81	335.33	0	<DL	23.30	116.41	29.37	0.339	<DL	0.003	424	412

续表

水样类型	样品编号	井深/m	pH	离子含量/(mg/L)												
				Cl^-	SO_4^{2-}	HCO_3^-	CO_3^{2-}	K^+	Na^+	Ca^{2+}	Mg^{2+}	F^-	Fe	Mn	TDS	总硬度
泉水	lnQ-1		7.52	26.59	69.26	321.16	0	<DL	13.66	182.68	7.98	0.306	<DL	0.007	622	489
泉水	zsQ-1		7.39	11.41	68.20	351.07	0	<DL	14.28	91.76	39.67	0.435	<DL	0.007	454	393
泉水	ggdQ-1		7.89	10.46	147.64	336.90	0	<DL	16.15	113.87	31.42	0.515	<DL	0.017	450	414
泉水	wdgQ-2		7.56	17.09	49.90	321.16	0	<DL	14.59	93.47	38.13	0.440	<DL	0.014	446	390
泉水	wgmQ-1		7.48	52.25	180.21	390.43	0	<DL	18.95	205.63	18.03	0.312	<DL	0.010	656	588
泉水	wdgQ-3		7.90	22.33	73.29	261.34	0	<DL	14.59	101.12	31.42	0.352	<DL	0.010	408	382
泉水	wdgQ-4		7.71	15.00	54.99	308.57	0	<DL	14.59	127.45	11.59	0.450	0.179	0.010	368	366
泉水	edgQ		7.58	12.34	115.08	318.01	0	<DL	18.01	107.92	23.18	0.400	<DL	0.017	452	365
泉水	xlhQ-2		7.51	13.29	89.62	311.71	0	<DL	18.01	101.96	27.30	0.333	<DL	0.010	422	367
地表水	xlhDB-1		8.22	15.21	86.55	302.27	0	<DL	18.63	91.76	31.94	0.414	<DL	<DL	394	361
地表水	xlhDB-2		8.22	15.21	98.75	297.55	0	<DL	19.26	80.88	40.86	0.450	<DL	0.010	384	370
地表水	whDB-1		8.42	13.29	93.66	244.02	0.31	<DL	18.01	79.88	28.59	0.356	<DL	0.014	318	317
地表水	whDB-2		8.35	11.88	67.19	250.32	0.31	<DL	18.32	83.27	27.05	0.371	<DL	0.014	338	319
地表水	whDB-3		8.24	12.83	73.29	302.27	0	<DL	19.88	86.25	30.91	0.380	<DL	0.007	382	343
地表水	edgDB-1		8.20	13.29	143.56	327.46	0	<DL	18.32	113.01	21.64	0.315	0.015	0.010	430	371
钻孔水	YJK-04	140	7.44	14.25	88.57	355.80	0	<DL	21.43	103.67	38.11	0.348	<DL	0.017	476	416
钻孔水	F29-2	118	7.52	13.29	148.65	403.02	0	<DL	45.36	77.31	57.70	0.326	<DL	0.027	490	431
隧洞水	SD-1	125	7.47	14.25	148.65	462.85	0	<DL	54.69	96.87	36.06	0.315	<DL	0.014	534	390
隧洞水	ZD-1	120	7.71	10.46	28.53	423.49	0	3.17	53.44	71.38	39.40	0.244	0.026	0.014	430	341

研究区地下水 pH 介于 7.06～8.17，呈中性偏弱碱性，TDS（溶解性固体总量）介于 368～1 610 mg/L，属低矿化度水，其中 wfaJ-1 和 wgmJ-1 的 TDS 分别为 1 440 mg/L 和 1 610 mg/L，总硬度分别为 1 298 mg/L 和 1 575 mg/L，Cl^- 浓度分别为 294.52 mg/L 和 108.30 mg/L，均明显高于研究区其他地下水水样（TDS 介于 368～782 mg/L，总硬度介于 280～588 mg/L，Cl^- 浓度介于 9.5～294.52 mg/L），现场取样发现二井多年未使用且水位埋深较浅，推测极有可能受到人为污染。研究区地下水阴离子主要以 HCO_3^- 为主，其次是 SO_4^{2-}，其浓度分别介于 251.89～462.85 mg/L 和 28.53～272.91 mg/L 之间，均值分别为 352.90 mg/L 和 97.78 mg/L，阳离子主要以 Ca^{2+} 和 Mg^{2+} 为主，其浓度分别介于 67.13～540.40 mg/L 和 7.98～63.63 mg/L 之间，均值分别为 115.71 mg/L 和 33.51 mg/L。其中由深度较浅的泉和民用井组成的上部地下水，其 HCO_3^- 浓度介于 251.89～440.81 mg/L，均值为 340.87 mg/L，Ca^{2+} 浓度介于 91.96～540.40 mg/L，均值为 126.69 mg/L，Mg^{2+} 浓度介于 7.98～63.63 mg/L，均值为 29.05 mg/L；由深度较大的机井、钻孔和隧洞组成的下部地下水，其 HCO_3^- 浓度介于 330.61～462.85 mg/L，均值为 387.48 mg/L，Ca^{2+} 浓度介于 67.13～122.36 mg/L，均值为 86.88 mg/L，Mg^{2+} 浓度介于27.30～57.70 mg/L，均值为 38.83 mg/L，二者之间存在一定的差别，显示出地下水受其赋存深度的影响。

研究区地表水 pH 介于 8.20～8.42，普遍高于地下水，呈弱碱性，TDS 介于 318～430 mg/L，总硬度介于 317～410 mg/L，阴离子以 HCO_3^- 和 SO_4^{2-} 为主，浓度介于 244.02～327.46 mg/L 和 67.19～143.56 mg/L 之间，均值分别为 287.31 mg/L 和 93.83 mg/L，阳离子主要为 Ca^{2+} 和 Mg^{2+}，其浓度分别介于 79.88～113.01 mg/L 和 21.64～40.86 mg/L，均值分别为 89.18 mg/L 和 30.17 mg/L。地表水显示出与上部地下水联系密切的特征。

根据表 5.14 的水质分析结果，绘制了研究区全部水样的水化学成分 piper 图（图 5.18）。图 5.18 中显示研究区内不同水体水化学类型主要以 HCO_3-Ca · Mg 和 HCO_3 · SO_4-Ca · Mg 为主，占所有样点水化学类型的 73%，主要以泉水、民井水及地表水为主。其次为 HCO_3-Ca 和 HCO_3 · SO_4-Ca 型水，HCO_3-Ca · Mg · Na 型水以隧洞水及钻孔水为代表，2011 年所取钻孔 XZS5-6 的水化学类型可达 HCO_3-Na · Ca · Mg 型水。研究区以泉水、民井水及地表水为代表的上部裂隙地下水矿化度普遍较低，溶滤作用明显，显示出良好的径流条件。随取样深度的增加，阴离子由 HCO_3^- 和 SO_4^{2-} 为主逐渐演变为 HCO_3^- 为主，阳离子由 Ca^{2+} 为主演变为以 Ca^{2+} 和 Mg^{2+} 为主，并且有 Na^+ 占优的趋势，反映出以机井、钻孔和隧洞水组成的深部地下水存在一定的阳离子交替吸附作用，也表明上部地下水和下部地下水存在明显的水化学特征差异。此外，部分下部地下水在溶滤作用的基础上有与上部地下水混入的迹象。

为了进一步研究浅部地下水与深部地下水的水化学特征差异，我们将研

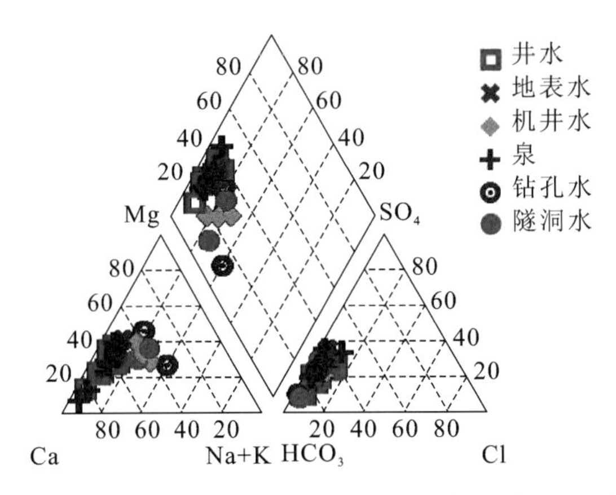

图5.18　研究区不同水体全部样点水化学 piper 图

究区不同水体样点作均值水化学 piper 图(图 5.19)和指纹图(图 5.20),图 5.19中,上部地下水以及地表水与下部地下水之间存在明显的水化学特征差异,水力联系较差,表明研究区地下水受到埋藏深度的影响,水化学场存在垂向分层的特征,根据野外地质调查的结果,研究区裂隙型地下水可分为上部风化裂隙水和下部构造裂隙水。上部风化裂隙水水化学类型为 HCO_3-Ca · Mg 型,而下部构造裂隙水水化学类型为 HCO_3-Ca · Mg · Na 型。研究区不同水体样点均值水化学指纹图(图 5.20)可以更加直观地反映不同类型水体的这一趋势,上部风化裂隙水与下部构造裂隙水阴离子变化趋势基本相似,阳离子变化趋势存在明显的差别,其中下部构造裂隙水的 Na^+ 明显高于上部风化裂隙水,显示自然条件下二者之间水力联系较差。其中地表水与以民井水和泉水为代表的上部风化裂隙水变化趋势重叠,显示二者存在补排关系。

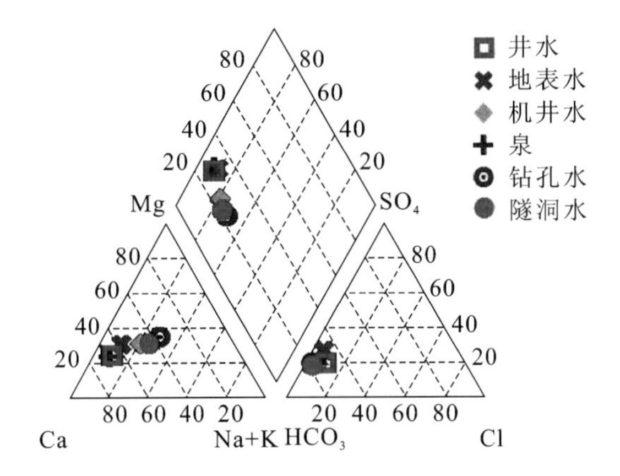

图5.19　研究区不同水体样点均值水化学 piper 图

民井水和泉水代表上部风化裂隙水的特征,从民井和泉的水化学 piper

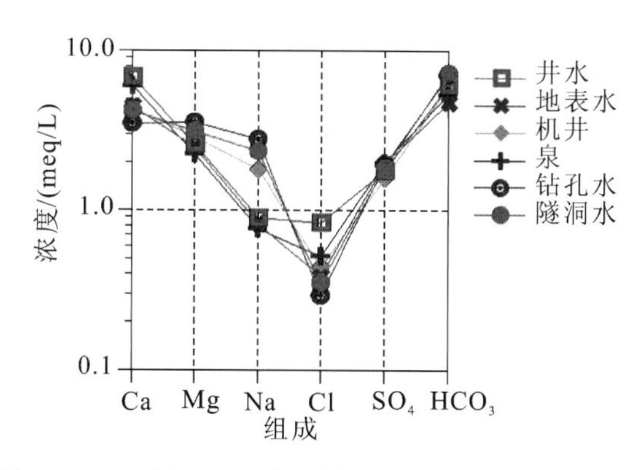

图5.20　研究区不同水体样点均值水化学指纹图

图(图5.21)和指纹图(图5.22)可以看出民井水和泉水点在图中相互重叠,反映了上部风化裂隙水均一性较好,存在着一定的水力联系。

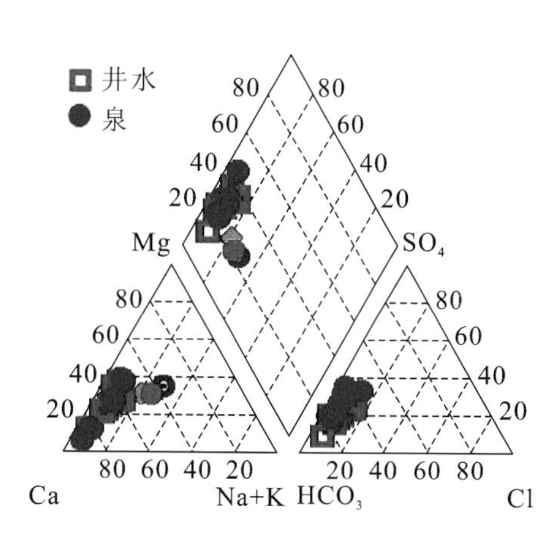

图5.21　民井水和泉水水化学 piper 图

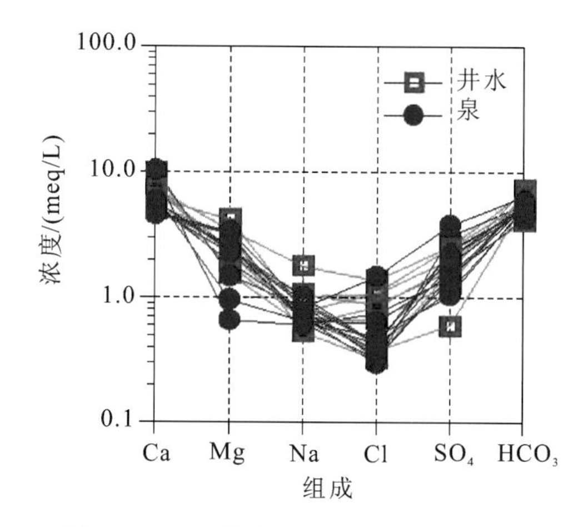

图5.22　民井水和泉水水化学指纹图

图5.23和图5.24为下部构造裂隙水化学 piper 图和指纹图,显示下部构造裂隙水阴离子主要以 HCO_3^- 为主,阳离子存在 Na^+ 的趋势,推测为溶滤作用、阳离子交替吸附和混合作用等多种水化学作用相互作用的结果,由于受埋藏深度和区域水流路径的影响,下部构造裂隙水存在一定的水-岩反应,均一性较差,部分样点接受了上部风化裂隙水的混入。

将研究区地表水样的测试结果表示在 piper 图(图5.25)和指纹图(图5.26)中,研究区地表水水化学类型全部为 $HCO_3 \cdot SO_4$-$Ca \cdot Mg$ 型,区域人类活动影响较小,地表水均一性较好,结合野外现场勘查资料,其补给来源为单一地下水。

研究区内各类水体七大离子与 TDS 存在一定的相关关系,其中阴离子以 HCO_3^- 与 TDS 的相关性较好,阳离子以 Ca^{2+},Mg^{2+} 与 TDS 的相关性较好。

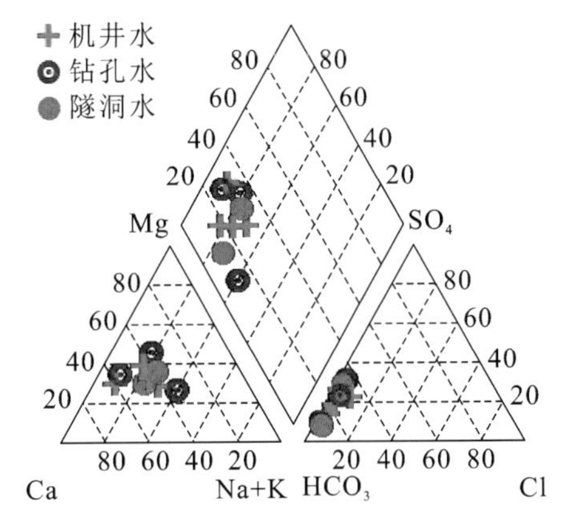

图 5.23　下部地下水水化学 piper 图

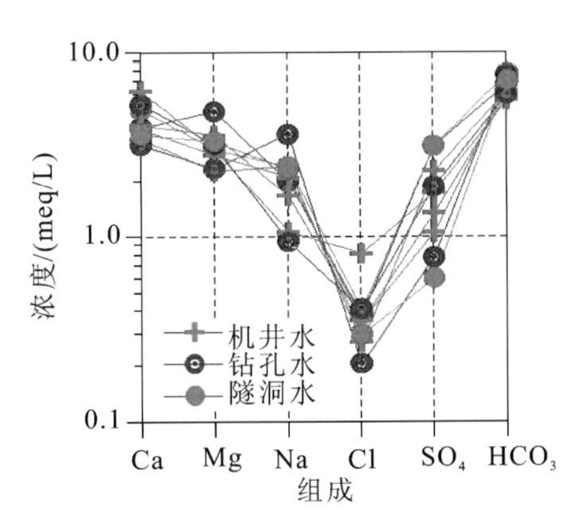

图 5.24　下部地下水水化学指纹图

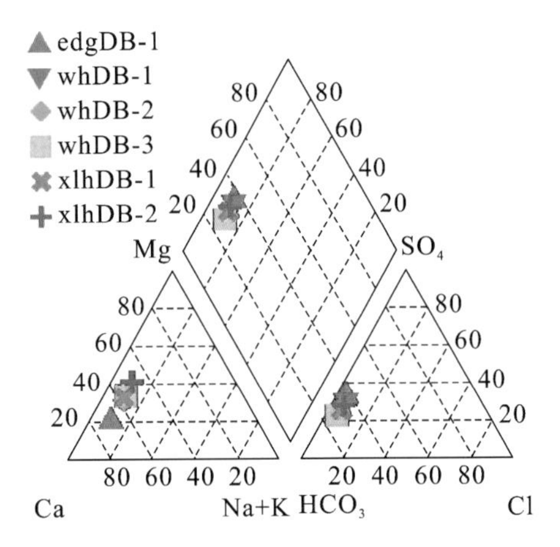

图 5.25　地表水水化学 piper 图

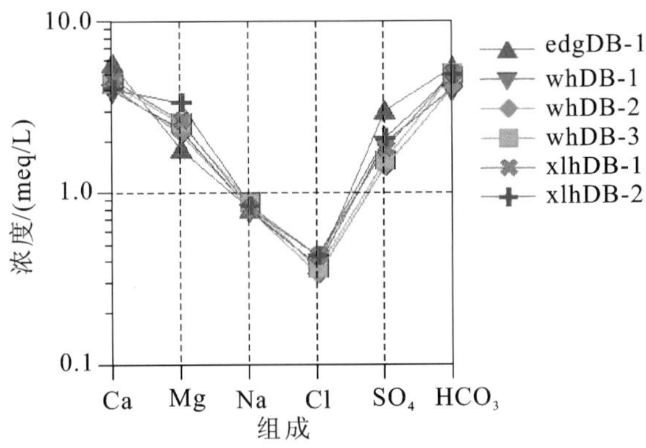

图 5.26　地表水水化学指纹图

图 5.27 显示了各类水体主要离子对 TDS 的贡献程度。

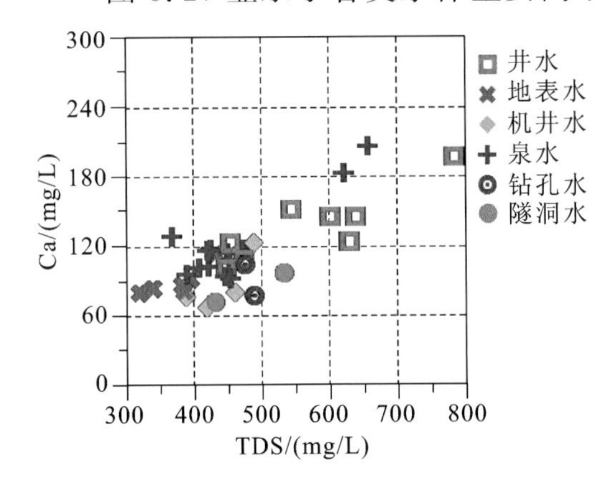

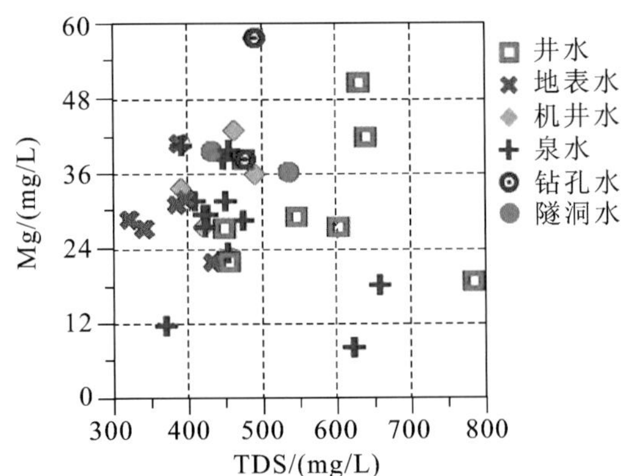

图 5.27　TDS 与 Ca^{2+}、Mg^{2+}、Na^{+}、HCO_3^-、SO_4^{2-}、Cl^- 关系图

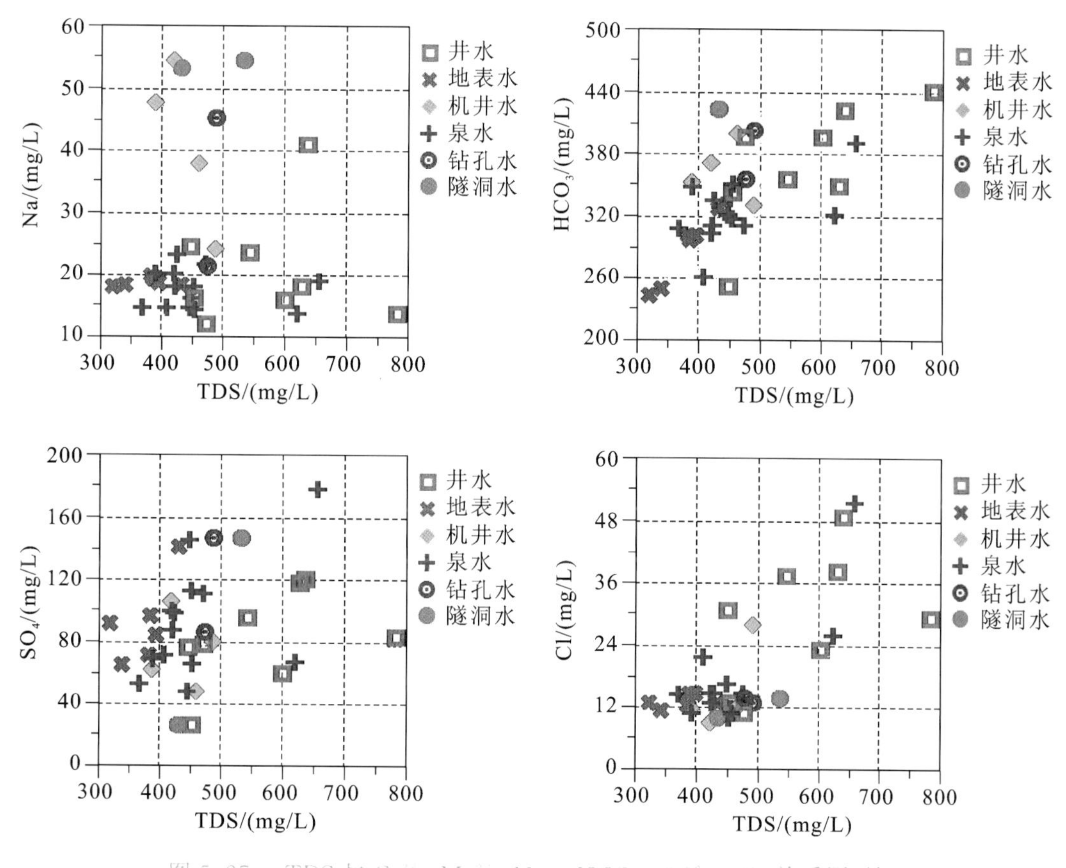

图 5.27　TDS 与 Ca^{2+}、Mg^{2+}、Na^+、HCO_3^-、SO_4^{2-}、Cl^- 关系图(续)

(1) 民井和泉水样点，Ca^{2+} 和 HCO_3^- 对其 TDS 贡献较大，它们主要来源于碳酸盐类的溶解。

(2) 地表水样点 HCO_3^- 和 SO_4^{2-} 对其 TDS 贡献较大，HCO_3^- 主要来源于碳酸盐类的溶解，SO_4^{2-} 主要来源于硫酸盐类(石膏、重晶石等)的溶解。

(3) 机井、钻孔和隧洞水样点 Ca^{2+}，Mg^{2+}，Na^+ 和 HCO_3^- 对其 TDS 贡献较大，Ca^{2+}，Mg^{2+} 和 HCO_3^- 主要来源于碳酸盐类(方解石、白云石)的溶解，Na^+ 与 TDS 相关性较差，但对 TDS 贡献较大，提示其发生了阳离子交替吸附作用。

5.4.3　水化学形成作用

本区水化学形成作用包括溶滤、蒸发浓缩、阳离子交替、脱硫酸及混合作用。地下水演化过程错综复杂，各种水化学作用均有可能发生且相互影响，通常情况下会以一种或者几种水化学作用占主导，从而表现出独特的水文地球化学特征。图 5.28～图 5.32 为研究区不同水体样点主要离子关系图。图中提供了如下水文地质信息：

研究区不同水体样点均沿[Ca^{2+}]=[HCO_3^-]线展布(图 5.28)，显示出一定的正相关趋势，指示其可能发生了方解石的溶解作用。其中钻孔水、机井水和隧洞水样点分布在[Ca^{2+}]=[HCO_3^-]线下部且偏向 HCO_3^- 一侧分布，推测其在发生了方解石溶滤作用的基础上可能叠加了阳离子交替吸附作用和脱硫酸作用，使 Ca^{2+} 减少，HCO_3^- 增加。

从图 5.29 中可以看出，研究区水样点的 Ca^{2+} + Mg^{2+} 和 HCO_3^- 呈现良好的正相关关系，指示其可能发生了白云石溶滤作用。其中井水、地表水及泉样点偏离[Ca^{2+} + Mg^{2+}]=[HCO_3^-]线偏向 Ca^{2+} + Mg^{2+} 一侧分布，推测其可能发生了其他含 Ca^{2+}，Mg^{2+} 矿物的溶滤作用，如石膏、透闪石等。

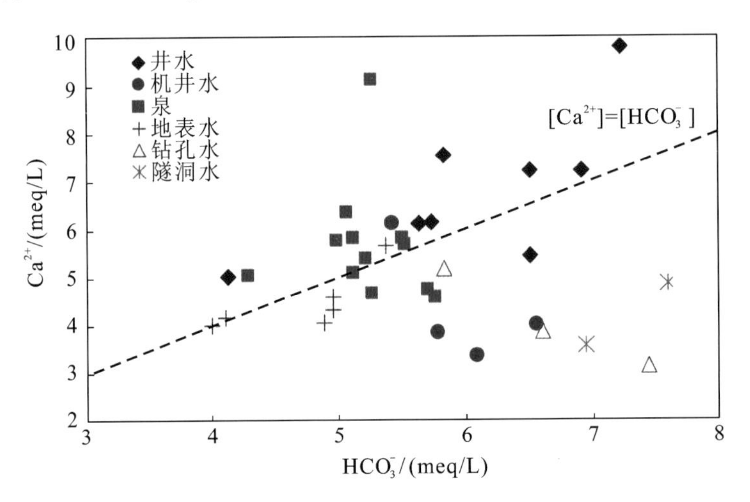

图 5.28　Ca^{2+} 与 HCO_3^- 关系图

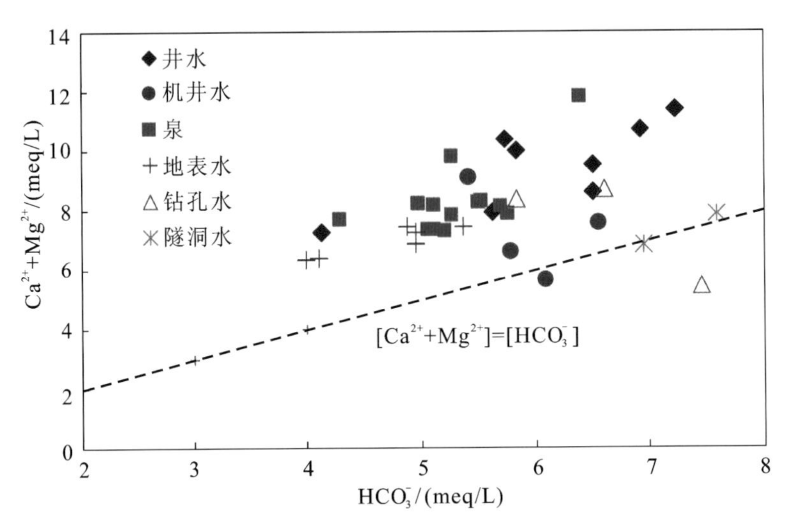

图 5.29　Ca^{2+} + Mg^{2+} 与 HCO_3^- 关系图

从 Na^+ 与 Cl^- 关系图(图5.30)可以发现,泉水、井水和地表水样点集中在 $[Na^+]=[Cl^-]$ 线下部,显示没有明显的盐岩溶滤。机井水、钻孔水和隧洞水样点分布于 $[Na^+]=[Cl^-]$ 线上方,Cl^- 含量变化范围较小而 Na^+ 含量富集,推测其受到了阳离子交替吸附作用的影响,Na^+ 含量增加。

图5.31中研究区水样点 Ca^{2+} 与 SO_4^{2-} 呈一定正相关趋势,指示其可能发生了石膏的溶虑作用,但样点均处于 $[Ca^{2+}]=[SO_4^{2-}]$ 线上方,偏向 Ca^{2+} 一侧,表明其他含 Ca^{2+} 矿物溶滤作用明显,如方解石、白云石等。

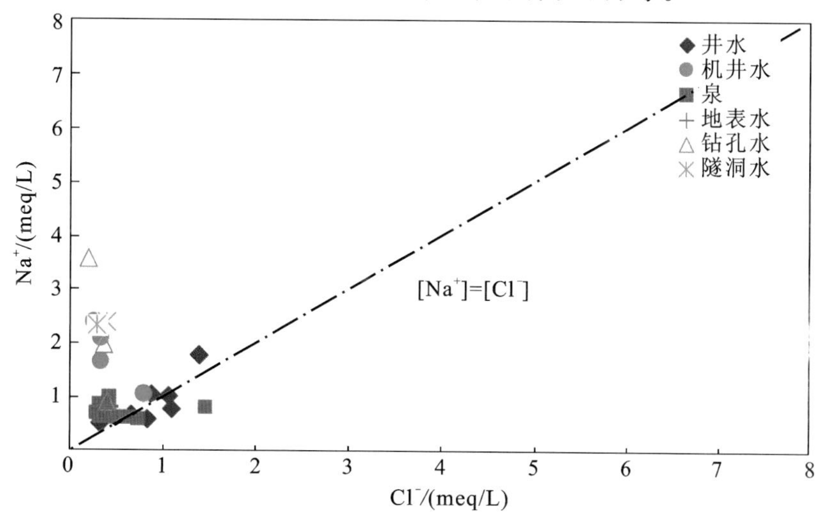

图5.30　Na^+ 与 Cl^- 关系图

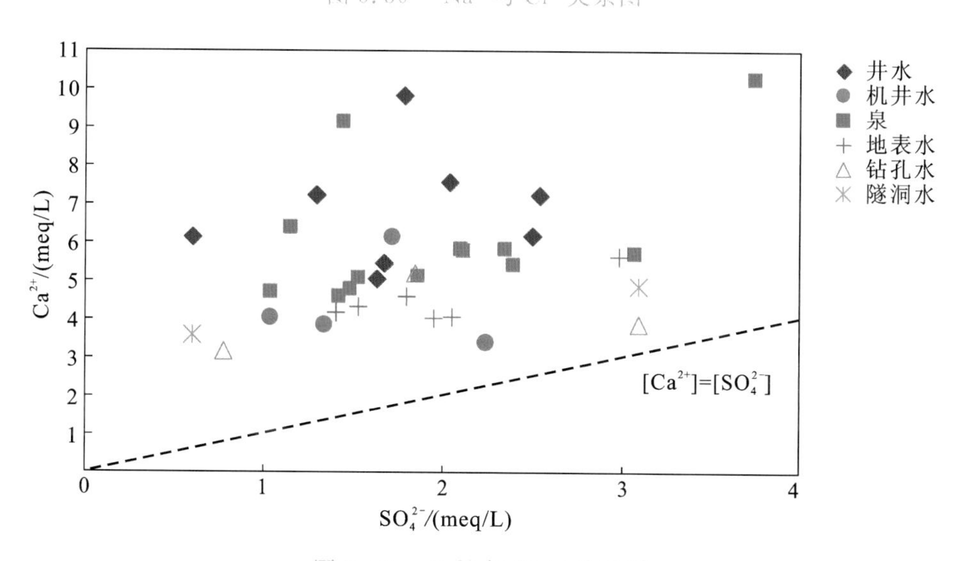

图5.31　Ca^{2+} 与 SO_4^{2-} 关系图

图5.32中研究区样点随着硫酸根离子含量增加而脱硫酸系数增加,说明硫酸盐的溶解作用强于硫酸盐还原作用,使得硫酸根离子含量增加,硫酸盐

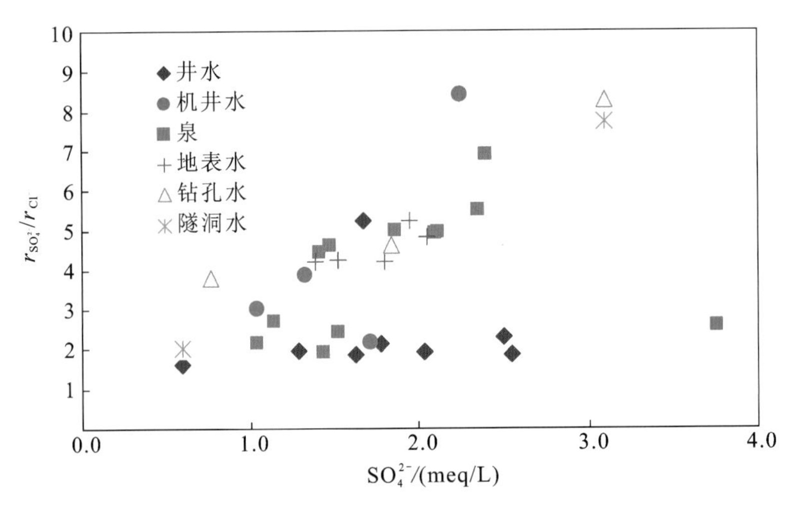

图 5.32 $r\,SO_4^{2-}/r\,Cl^-$ 与 SO_4^{2-} 关系图

还原作用微弱，这些样点所处环境开放。

对研究区内主要含水层中地下水和地表水的 TDS、各主要水化学组分和水化学类型特征进行了详细的分析，得出以下结论：

（1）研究区地下水为中性偏弱碱性水，整体 TDS 较低，基本在 1 g/L 以下，水质较好，其中阴离子主要以 HCO_3^- 为主，阳离子主要以 Ca^{2+} 和 Mg^{2+} 为主，溶滤作用明显，显示出良好的径流条件。

（2）研究区各水体水化学类型主要以 HCO_3-Ca · Mg 和 HCO_3 · SO_4-Ca · Mg 为主。根据水化学类型特征的差异，研究区地下水水化学场存在垂向分层的特征，分为上部风化裂隙水和下部构造裂隙水，二者之间水力联系较差。研究区地表水来源于上部地下水的排泄补给。

（3）研究区内各类水体七大离子与 TDS 存在一定的相关关系，其中阴离子以 HCO_3^- 与 TDS 的相关性较好，阳离子以 Ca^{2+}，Mg^{2+} 与 TDS 的相关性较好。

（4）研究区裂隙型地下水主要以溶滤作用为主，其中以机井、钻孔和隧洞水为代表的下部构造裂隙水还发生了不同程度的阳离子交替吸附作用，以泉水和民井水为代表的浅层风化裂隙水受到了蒸发作用的影响。

5.4.4 环境同位素特征

研究区地质构造发育，水文地质条件复杂，大气降水、地表水与不同类型地下水之间相互转化，加之因隧洞开挖导致人工流场的叠加，从而增加了裂隙型地下水研究区工作的难度。因此，应用 ^2H、^{18}O 和 ^3H 等多种同位素方法，在水文地质条件约束下，结合水文地球化学研究成果，开展了研究区裂隙地下水同位素特征研究。

1. 测试数据的对比验证

不同地貌地质单元、不同深度、不同构造部位、不同水体的氢氧稳定同位素组成受多种同位素效应影响，其 δD,$\delta^{18}O$ 值存在差异。同时，不同测试仪器、不同实验室及不同测试方法也可能导致样品测试结果不同。因此，有必要将多种同位素测试结果进行对比分析，以增加结论的真实性、可靠性与权威性。本次研究我们将 ^{2}H,^{18}O 和 ^{3}H 样品送河海大学同位素实验室和中国地质科学院水环所测试。其中，河海大学同位素实验室对 δD,$\delta^{18}O$ 的28组、^{3}H 的35组样品进行了测试，中国地质科学院水环所对研究区 δD 和 $\delta^{18}O$ 的37组样品进行了测试。这里，我们将分别选取由河海大学同位素实验室(表5.15)与中国地质科学院水环所(表5.16)分别测试的13组样点 δD,$\delta^{18}O$ 值进行对比(图5.33)，发现由两家测试机构测试的结果整体趋势相近，各样点的相对位置近似，氢氧同位素基本规律相同，但由河海大学所测数据中 $\delta^{18}O$ 普遍偏大，偏离全国大气降水线较远，与当地裂隙水源自现代大气降水的事实有一定的出入，故最终选定中国地质科学院水环所的测试结果作为本次研究的同位素基础数据，河海大学所测结果作为参考。

表5.15 河海大学所测同位素结果

序号	分类	编号	δD/‰	$\delta^{18}O$/‰	序号	分类	编号	δD/‰	$\delta^{18}O$/‰
1	泉水	xlhQ-1	−61.6	−8.36	15	井水	ssmJJ-1	−64.1	−8.74
2	泉水	xlhQ-2	−55.2	−7.6	16	井水	wfaJJ-3	−62.1	−8.49
3	泉水	wdgQ-2	−60.3	−8.12	17	井水	wgmJ-2	−59.8	−7.91
4	泉水	wdgQ-3	−60.3	−8.24	18	井水	smchJ-3	−60.4	−8.23
5	泉水	lnQ-1	−61	−8.07	19	井水	smchJJ-5	−63.9	−8.38
6	泉水	xmchQ-1	−58.5	−8.01	20	地表水	xlhDB-1	−54.5	−7.14
7	泉水	xmchQ-2	−61.1	−8.22	21	地表水	whDB-2	−55.9	−7.45
8	泉水	wgmQ-1	−60.8	−8.19	22	地表水	whDB-3	−59.7	−7.92
9	泉水	ggdQ-1	−56.1	−7.56	23	地表水	whDB-1	−55.5	−7.11
10	泉水	zsQ-1	−61.9	−8.54	24	地表水	smchT	−59.8	−8.04
11	泉水	edgQ	−56.5	−7.9	25	钻孔水	YJK-04	−61.7	−8.23
12	井水	wxgJ-2	−59.6	−8.21	26	钻孔水	F29-2	−65.7	−8.63
13	井水	wfaJ-2	−63	−8.49	27	隧洞水	ZD-1	−68.3	−9.09
14	井水	lnJ-1	−60.1	−8.17	28	隧洞水	SD-1	−70.1	−9.42

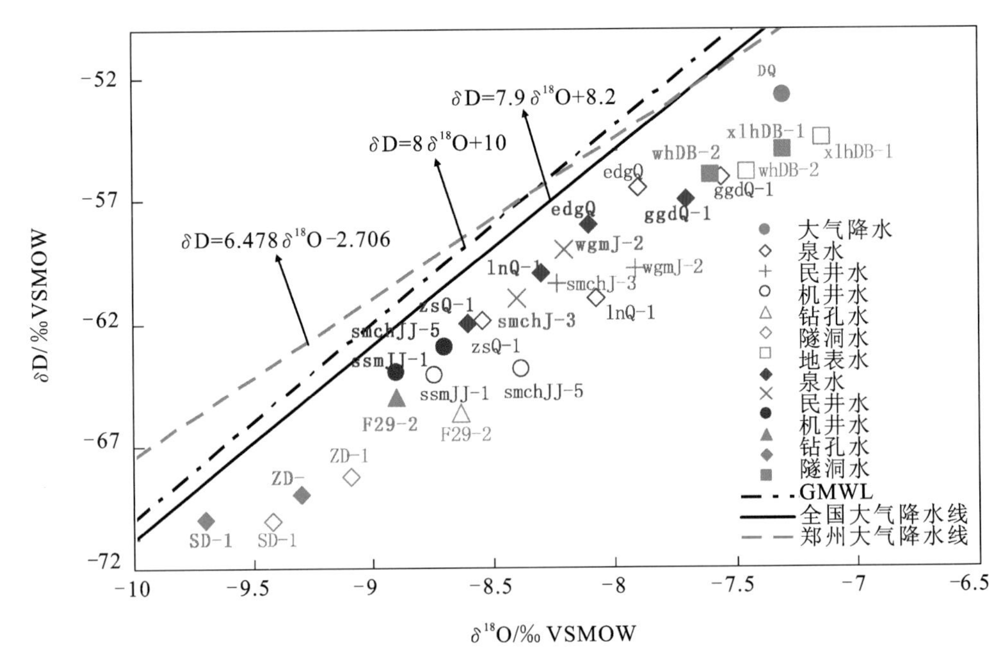

图 5.33　不同测试机构测试的研究区不同样点 δD 和 δ18O 结果对比

实心点为中国地质科学院水环所测试结果；空心点为河海大学测试结果

2. 氢氧同位素基本特征

根据中国地质科学院水环所测试同位素结果(表 5.16)，绘制了研究区不同水体 δD 和 δ^{18}O 同位素关系图(图 5.34)，其中大气降水线引用郑州地区大气降水线($\delta D=6.478\delta^{18}O-2.706$)、全国大气降水线($\delta D=7.9\delta^{18}O+8.2$)和全球大气降水线($\delta D=8\delta^{18}O+10$)作为本次研究的参考。由于研究期气候条件限制，未能取到当地大气降水样，本次大气降水 δ 值依据国际原子能机构(IAEA)在郑州地区 1985～1992 年的监测数据中大气降水中 δD、δ^{18}O 与降水量的加权平均值－53‰和－7.3‰作为大气降水参考点。地下水的 δ 值选取中国地质科学院水环所测试结果。

图 5.34 提供了如下水文地质信息：

(1) 研究区内不同水体样点均位于全球大气降水线和全国大气降水线以及郑州地区大气降水线以下且与大气降水线趋势相近，氘剩余 $3.7<d\leqslant 8$，表明研究区各类水体均接受现代降水入渗补给。不同水体因其赋存类型不同，δD、δ^{18}O 同位素特征存在明显的差异。其中，大气降水和地表水的 δ 值最富集，位于图 5.34 的右上方；泉水和民井水次之，二者之间没有明显的差异；机

表 5.16　中国地质科学院水环所测试同位素结果

序号	分类	编号	δD/‰	$\delta^{18}O$/‰	^{3}H/TU	序号	分类	编号	δD/‰	$\delta^{18}O$/‰	^{3}H/TU
1	泉水	wdgQ-2	−60	−8.4	8.74	20	井水	lnJ-1	−60	−8.4	7.11
2	泉水	wdgQ-3	−61	−8.4	7.33	21	井水	wdgJ-1	−60	−8.3	6.65
3	泉水	zsQ-1	−62	−8.6	6.37	22	井水	wxgJ-2	−59	−8.3	
4	泉水	wdgQ-4	−60	−8.3	7.14	23	井水	wgmJ-1	−61	−8.4	7.48
5	泉水	lnQ-1	−60	−8.3	7.13	24	井水	cslJ-3	−62	−8.4	8.73
6	泉水	xmchQ-1	−60	−8.2	5.85	25	井水	cslJ-2	−62	−8.5	9.41
7	泉水	xmchQ-2	−62	−8.4	4.51	26	井水	wfaJ-1	−60	−8.5	7.9
8	泉水	xlhQ-2	−57	−7.9	7.25	27	井水	wfaJ-2	−63	−8.7	
9	泉水	xlhQ-1	−62	−8.6	5.75	28	井水	smchJ-3	−61	−8.4	6.26
10	泉水	edgQ	−58	−8.1	6.33	29	井水	wgmJ-2	−59	−8.2	7.57
11	泉水	ggdQ-1	−57	−7.7	5.93	30	机井水	ssmJJ-1	−64	−8.9	3.08
12	泉水	wgmQ-1	−61	−8.5	6.76	31	机井水	wfaJJ-3	−62	−8.7	5.7
13	地表水	whDB-3	−60	−8.3	5.24	32	机井水	smchJJ-5	−63	−8.7	2.97
14	地表水	whDB-2	−56	−7.6	5.96	33	机井水	cslJJ-1	−65	−8.7	3.12
15	地表水	whDB-1	−56	−7.5	6.3	34	钻孔水	YJKO-4	−60	−8.5	6.15
16	地表水	xlhDB-1	−55	−7.3	6.61	35	钻孔水	F29-2	−65	−8.9	1.92
17	地表水	xlhDB-2	−54	−7.1	5.54	36	隧洞水	SD-1	−70	−9.7	0.95
18	地表水	edgDB	−57	−7.9	6.87	37	隧洞水	ZD-1	−69	−9.3	1.94
19	地表水	smchT	−60	−8.2	6.23	38					

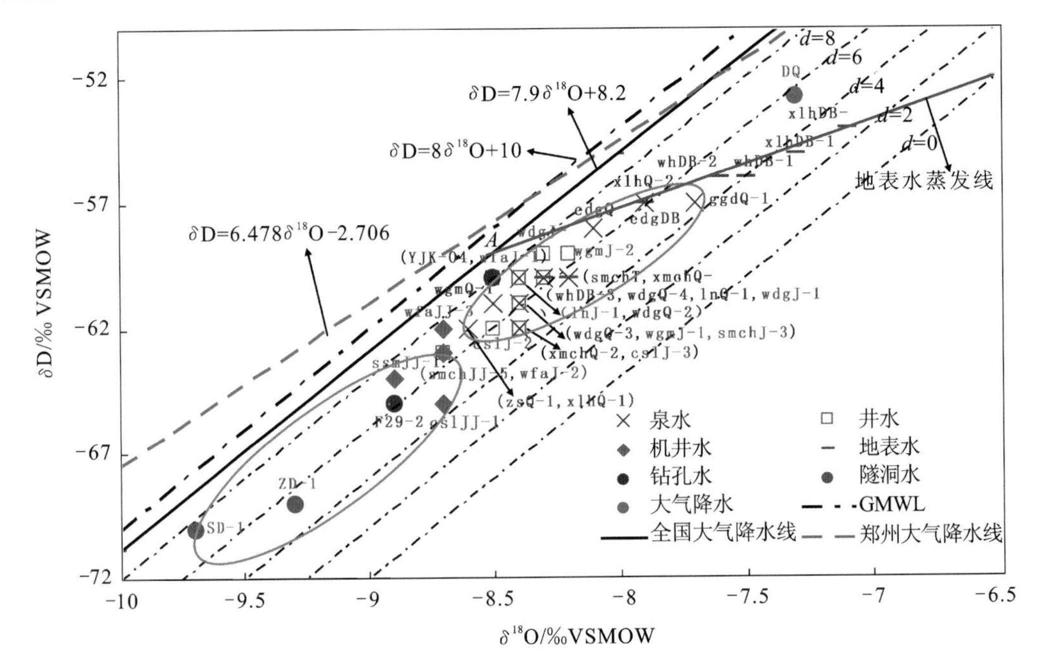

图 5.34　研究区不同水体同位素 δD 与 δ^{18}O 关系图

井水和钻孔水的 δ 值居中；隧洞涌水 δ 值位于图 5.34 的左下方，为本区最贫化的 δ 值样点，与其他水体样点偏离较远。根据以上环境同位素特征可将研究区裂隙型地下水分为浅层风化裂隙水和下部构造裂隙水。

（2）地表水样点明显受到蒸发作用影响偏离大气降水线，大致分布于斜率小于大气降水线的蒸发线上（图 5.34），δD 和 δ^{18}O 分别介于－60‰～－54‰与－8.3‰～－7.1‰，均值为－56.6‰和－7.7‰。地表水样点 δ 值与上部风化裂隙水部分重叠，其蒸发线与大气降水线交于 A 点，该点即为大气降水补给地表水的 δ 值点，δ^{18}O 和 δD 分别为－8.5‰和－59‰，与民井水和泉水样点重合，地表水的上游 δ 值也与民井及泉水样点 δ 值重合，指示地表水源于泉水，为以泉及民井所代表的浅层风化裂隙水的排泄方式，蒸发作用较强，地质调查的结果验证了这一结论（图 5.35）。地表水样点氚值集中在 5.24～6.87，整体稍小于浅层风化裂隙水，再次表明其与浅层风化裂隙水密切，为浅层风化裂隙水的排泄去路。

（3）民井水和泉水样点靠近并位于大气降水线的右上方，为地表水样点的起源，δD 与 δ^{18}O 分别介于－63‰～－57‰和－8.7‰～7.7‰，均值为－60.3‰和－8.3‰，氚值分布在 4.51～9.41，δ 值整体较地表水贫化，但氚值普遍大于地表水，表明其与大气降水联系较为密切，是地表水的补给源。

为方便研究，我们将图 5.34 中井水和泉水样点放大，绘制了研究区上部风化裂隙水 δD 与 δ^{18}O 同位素关系图（图 5.36），图中除个别样点外，从西北

图5.35　地表水为浅层风化裂隙水的排泄方式

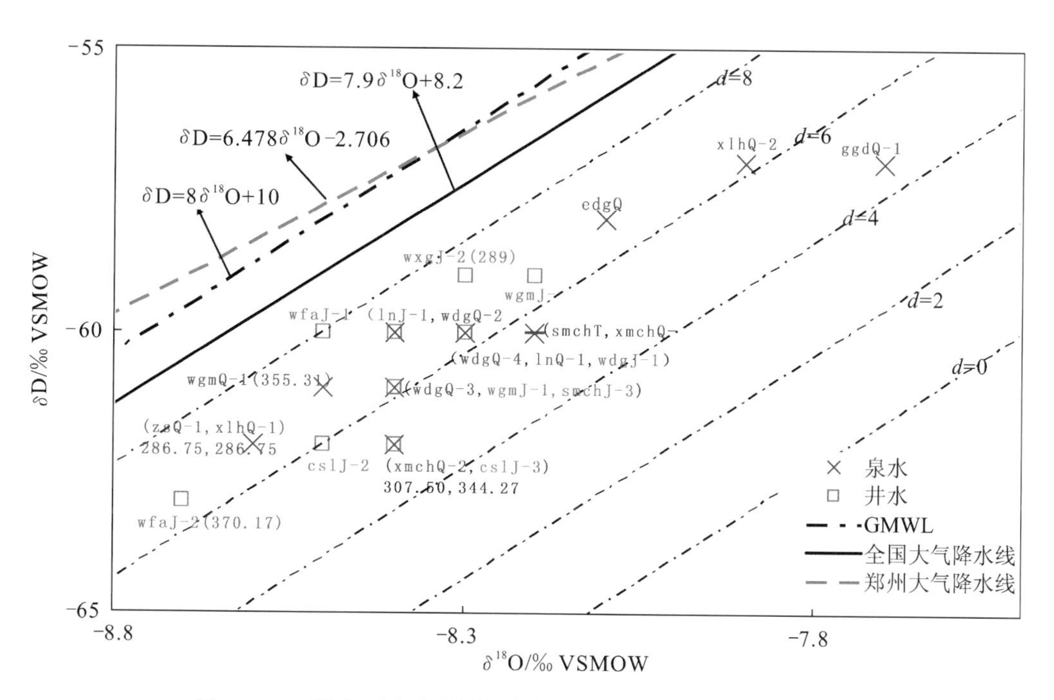

图5.36　研究区上部风化裂隙水同位素δD与$\delta^{18}O$关系图

卫福安一带至东南下马池河方向，水样点 δD 和 δ^{18}O 值逐渐增大，提示水流方向整体趋势是由西北向东南方向径流。而位于研究区西南攒树林一带样点(cslJ-2，cslJ-3)，处在这部分水样点的低值区，显示出补给区的特征，有向高谷堆和小岭河一带流动的趋势。这与等水位线图(图 5.37)指示出的流动方向一致。图 5.36 中多处井、泉点重合，显示出浅层风化裂隙水均一性的特征。其中位于 F29 断层两侧附近的 smchT 与 xmchQ-1 样点重合，以及 wdgQ-3，wgmJ-1 和 smchJ-3 样点重合，位于 F52 断层两侧附近的 zsQ-1 和 xlhQ-1 样点重合，反映了断层两侧一定范围内，形成了富水裂隙带，水力联系较强。处于不同地貌单元，位于断层附近的 wdgQ-4，wdgJ-1，lnQ-1 和 whDB-3 四个样

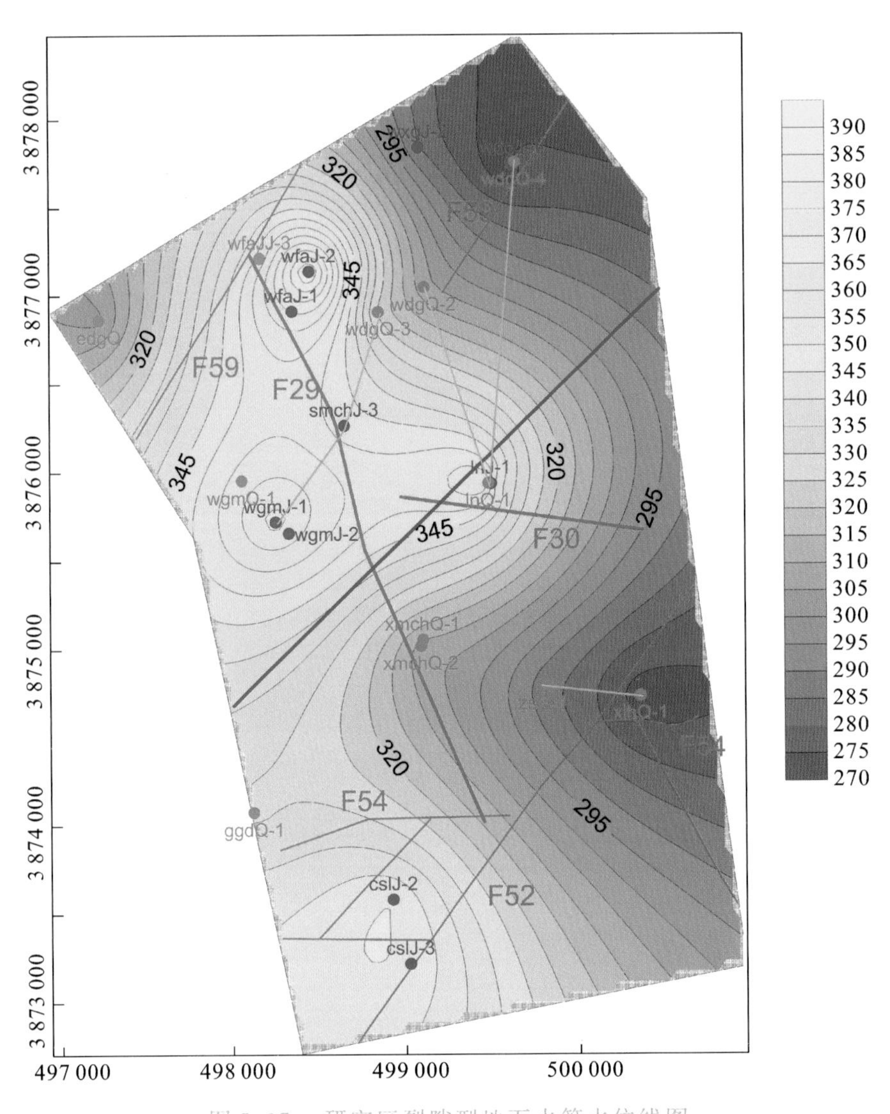

图 5.37　研究区裂隙型地下水等水位线图

点重合，反映研究区浅层风化裂隙水基本呈似层状，均一性较好，并提示一定的构造控水特征。

（4）机井和钻孔深度为 118～275 m，其水样点 δD、δ^{18}O 分别介于 −65‰～−60‰、−8.9‰～−8.5‰，均值为 −63.2‰和 −8.7‰，氚值分布在 1.92～6.15TU。该部分样点整体位于隧洞水与民井和泉水样点之间，偏向泉水和民井水样点一侧，提示其在自然或人为因素下不同程度地混入了大量的上部风化裂隙水，其中 YJK04 钻孔水样点完全混入了民井和泉水样点之间，氚值（6.15TU）也较其他钻孔和机井水明显偏高，现场取样时水样浑浊，呈棕黄色，可以断定该钻孔所取水样基本为上部风化裂隙水，未能客观反映该钻孔地下水的真实情况。根据当地老乡反应，自从隧洞钻到一定程度后，山神庙机井-1（ssmJJ-1）水位下降，推测其原因可能为隧洞贯穿 F30 断层，地下水通过 F30 向隧洞排水，造成 ssmJJ-1 水位下降。机井和钻孔水所代表的样点实际为上部风化裂隙水与下部构造裂隙水的混合型水。

（5）两个隧洞水样位于图 5.34 中最下端，与其他水样点偏离较远，δD、δ^{18}O 值最贫化，氚值最低仅为 0.95，表明隧洞水与大气降水联系较差，与其他水样点无明显水力联系，且滞留时间较长，显示出下部构造裂隙水的典型特征。

（6）总结以上结论，建立研究区裂隙型地下水补给、径流、排泄概念模型（图 5.38）。

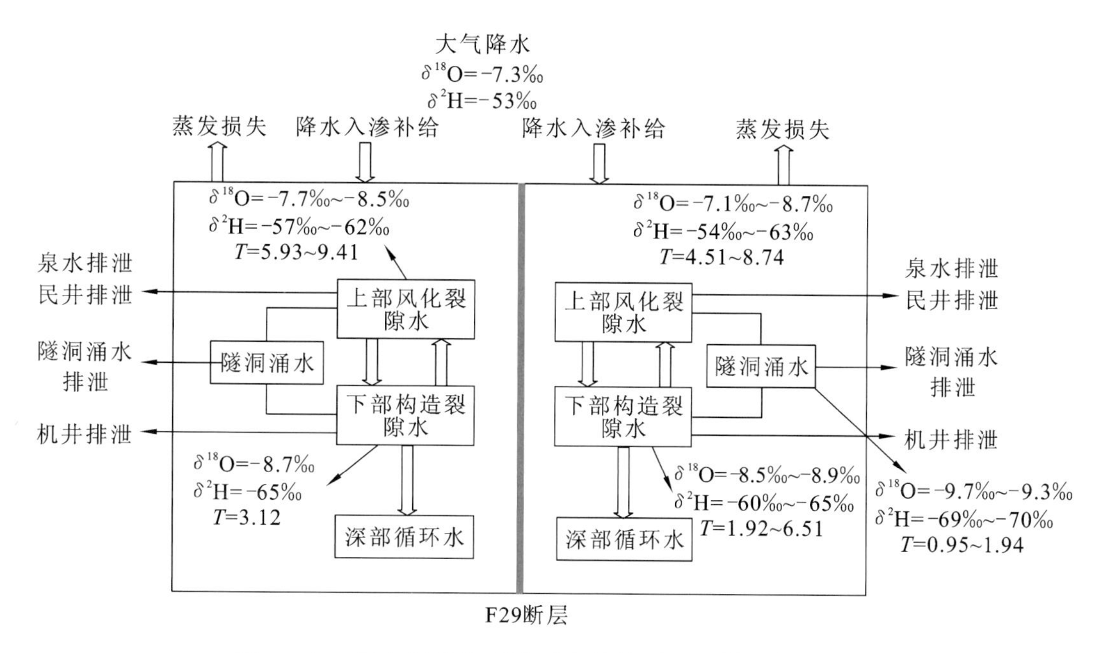

图 5.38　研究区裂隙型地下水补给、径流、排泄概念模型

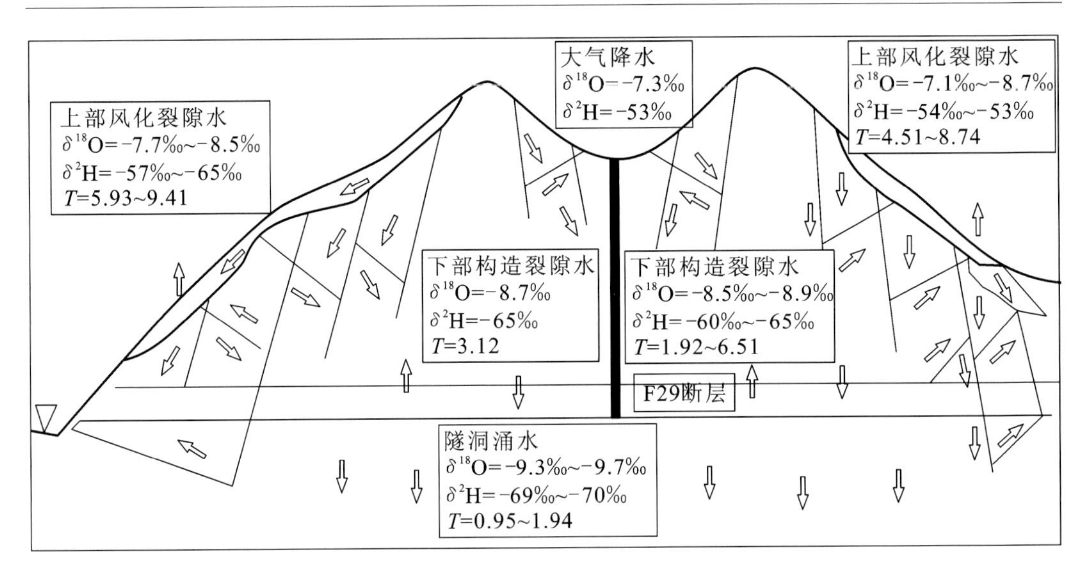

图 5.38　研究区裂隙型地下水补给、径流、排泄概念模型(续)

3. 氢氧环境同位素指示意义

根据氢氧环境同位素的基本特征，本节就引水工程中与 F29 断层附近的承压水及隧洞涌水的相关问题作如下讨论。

1）环境同位素空间演化特征

为了反映环境同位素空间演化特征，将研究区全部水样点作 δD、δ^{18}O 与 ^{3}H 值作等值线图，如图 5.39～图 5.41 所示，三图中都呈现了以四个机井和钻孔为中心的明显低值圈闭带，提示研究区裂隙型地下水受埋藏深度的影响程度明显，上部风化裂隙水与下部构造裂隙地下水同位素值差别较大，水力联系较差。

图 5.42 为研究区上部风化裂隙水氚等值线图，图中呈现研究区西北部一带为氚高值区，从西北往东南方向氚值逐渐减小，提示水流路径是由西北向东南方向，其中西南攒树岭一带氚高值区显示出有向东北方向径流的趋势，这与同位素 δD、δ^{18}O 和前期勘测结果相一致。

为进一步研究本区内裂隙型地下水受埋深条件影响程度，绘制了同位素 δ 值与地下水埋藏深度的关系图(图 5.43)。根据研究区裂隙型地下水环境同位素分布特征，结合样点埋藏深度，在图 5.42 中可以将研究区地下水样点大致分为①、②、③三个区域，其中①区样点为以民井和泉水为代表的浅层风化裂隙水，它们分布在埋藏深度小于 50 m，δD 大于－63.5‰，δ^{18}O 大于－8.6‰，^{3}H 大于 5TU 的区域内，各环境同位素值为区内地下水样点最高值，显示与大气降水联系密切，水动力条件良好。②区样点主要是埋藏深度大于 150 m 的钻孔和机井，δD 分布在－63.5‰～－67‰，δ^{18}O 分布在－8.6‰～－9.1‰，^{3}H分布在 2～5TU，尽管其埋藏深度大于隧洞，但各类同位素值却高于隧洞水，且介于隧洞水和上部风化裂隙水之间，表明其经历了上部风化裂隙水的

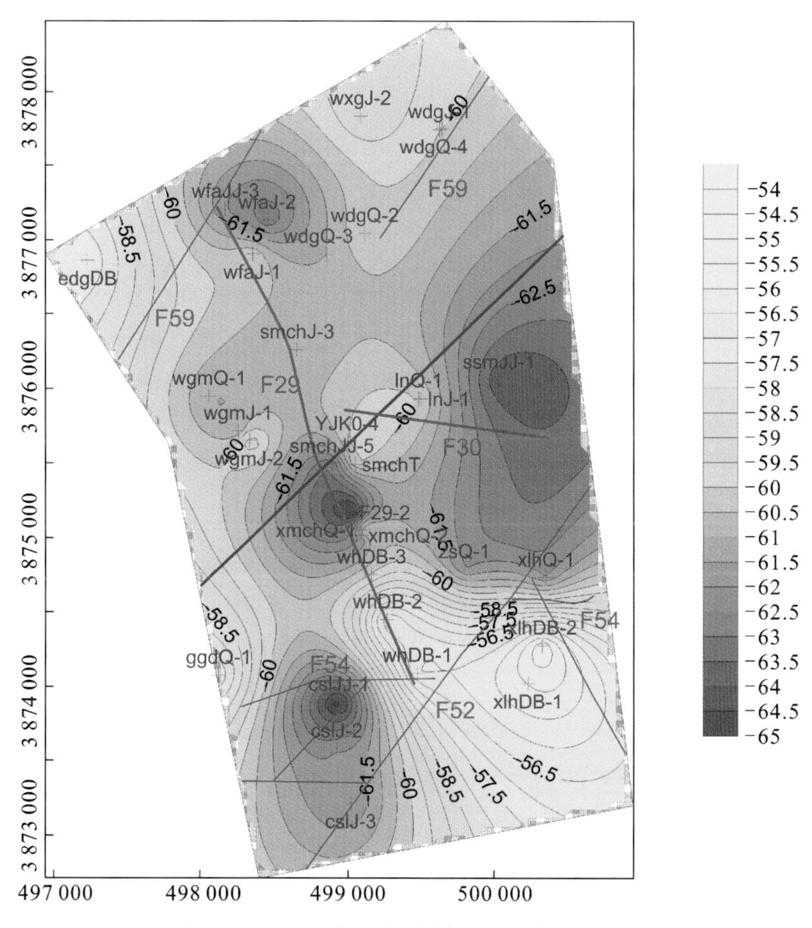

图 5.39　研究区各水体 δD 的等值线图

混合作用。位于③区的隧洞水各同位素值为区内最小，指示其自成系统，与其他水体水力联系较差。

2）F29 断层带水文地质特征

F29 断层是引水隧洞工程必定穿透并可能引发突水问题的关键性构造。研究区 F29 断层两侧地下水 δD 与 δ^{18}O 同位素关系对比图（图 5.44）中，F29 断层两侧 δD、δ^{18}O 值多有重叠，重叠处的样点高达四处，皆位于断裂构造部位，表明 F29 断层北东、南西两侧已形成沿断层走向的脉状裂隙富水系统，在顺断层走向及垂直断层方向上皆为良好导水通道。将研究区不同含水层水样点绘制在 δD 与 δ^{18}O 同位素关系对比图中（图 5.45），可以发现不同年代含水层的 δ 值可以完全重合，例如，处在油房组下段的 cslJ-3 与处在谭庄组下段的 xmchQ-2 重合，故而本区内裂隙型地下水的 δD 与 δ^{18}O 值与所赋存的含水层联系不大，影响裂隙地下水的主要因素为构造断裂。

3）F29 断层水补给高程计算

大气降水的氢氧稳定同位素值随地形高程的增加而降低，称为高度效

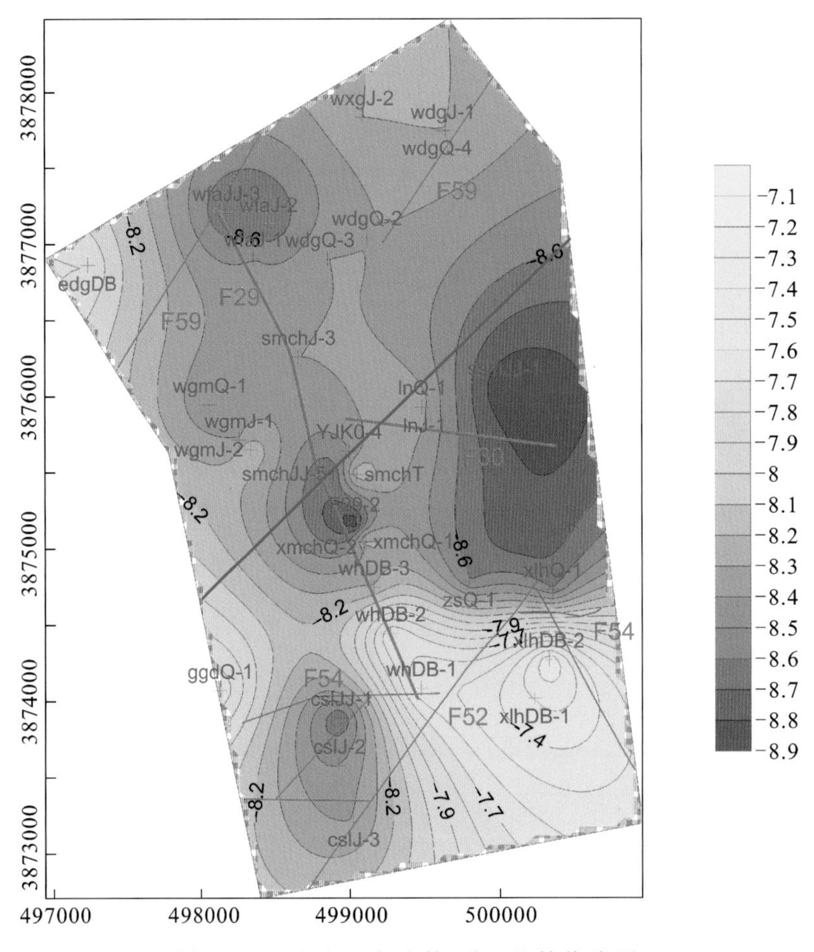

图 5.40　研究区各水体 $\delta^{18}O$ 的等值线图

应，此效应用“同位素高度梯度 K”来表征，即利用当地大气降水 δ 同位素值及其高程计算而得，从而根据地下水与大气降水的 δ 同位素值及相关参数(K)来确定地下水的补给高度。计算公式为

$$H=\frac{\delta G-\delta P}{K}+h \tag{5.1}$$

式中：H——同位素入渗高度；

h——取样点标高；

δG——地下水的 δ 值；

δP——取样点附近大气降水的 δ 值；

K——δD 或 $\delta^{18}O$ 高度梯度。

研究区大气降水氢氧同位素资料缺乏，本次研究未能取到有效大气降水样，因此，参照类似地区渭北东部的大气降水 δ 同位素资料类比研究，渭北东

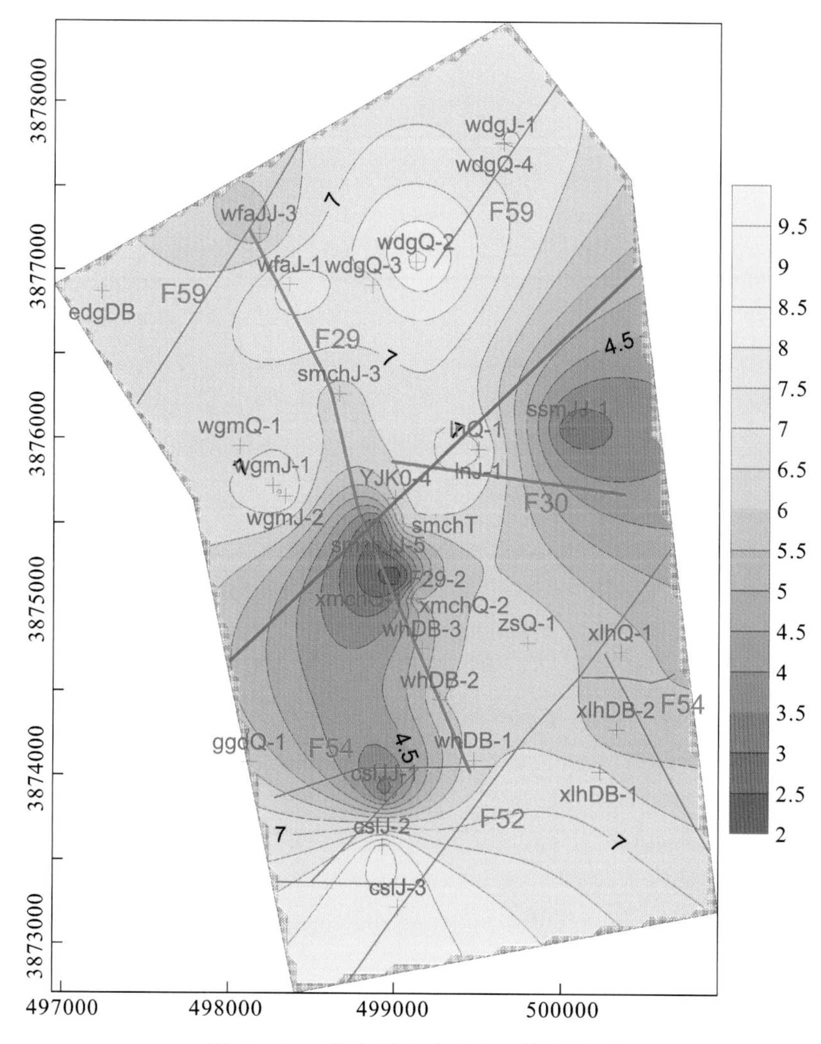

图 5.41　研究区各水体 ^{3}H 等值线图

部的大气降水 δ 值与地面高程（ALT）的相关性显著，由一元线性回归分析得：$K\delta^{18}O=-0.0125$（‰/m）。本区大气降水 $\delta^{18}O$ 值以郑州地区多年降水 $\delta^{18}O$ 值与降水量的加权平均值 -7.3‰为代表。根据式(5.1)，代入上述参数求得 F29 断层上部风化裂隙水平均补给高程为 427 m；F29 断层带内钻孔 F29-2 的承压水补给高程为 440 m，由于钻孔 F29-2 可能有上部风化裂隙水的混入，补给高程计算结果偏小，其实际补给高程应大于 440 m；以钻孔 XZS5-6-2 的测压水位 331 m 为隧洞涌水所处含水层标高，计算得隧洞水的平均补给高程为 507 m。结合区域水文地质条件，F29 断层裂隙水补给方向来自于研究区西北方向较高海拔地区。具体计算结果见表 5.17。

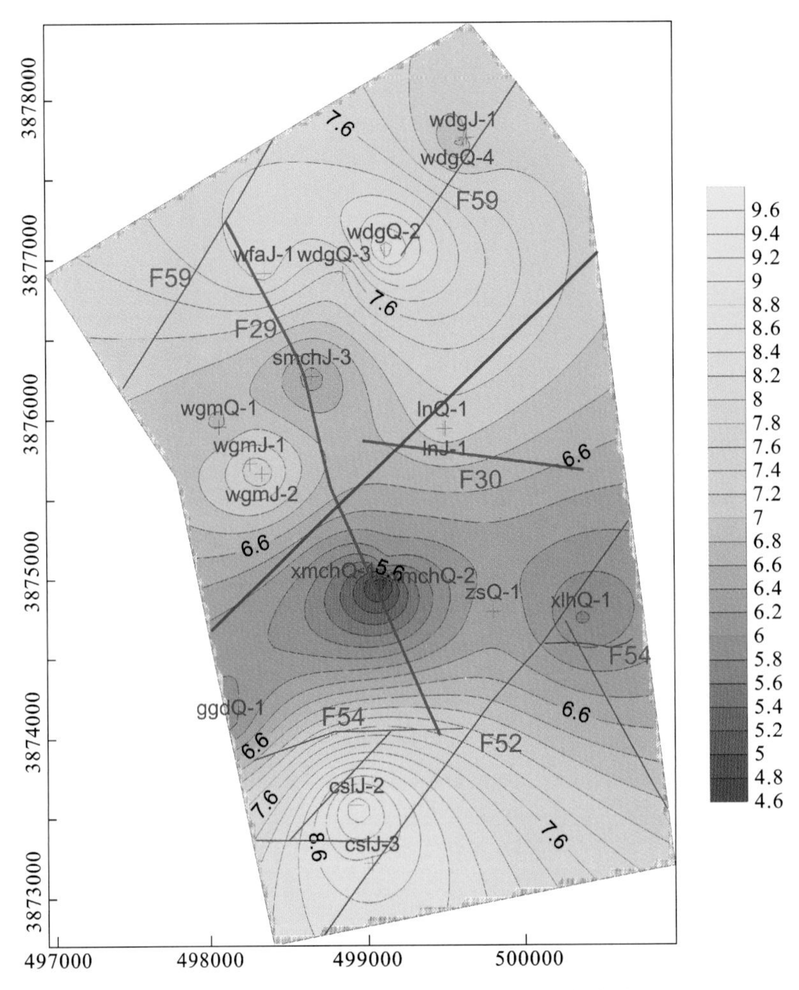

图 5.42　研究区上部风化裂隙水 ^3H 等值线图

表 5.17　利用 $\delta^{18}O$ 值计算研究区 F29 断层地下水样点补给高程结果

样点	样点高程/m	水位/m	$\delta^{18}O$/‰	补给高程/m
大气降水 DQ			−7.3	
xmchQ-1	310.24	310.24	−8.2	382
xmchQ-2	307.50	307.50	−8.4	395.5
wfaJ-1	379.61	364.43	−8.5	461
smchJ-3	349.35	347.09	−8.4	435
wfaJ-3	400.82	350.92	−8.7	462.8
F29-2	316.49	312.21	−8.9	440
ZD-1	220	331	−9.3	491
SD-1	203.91	331	−9.7	523

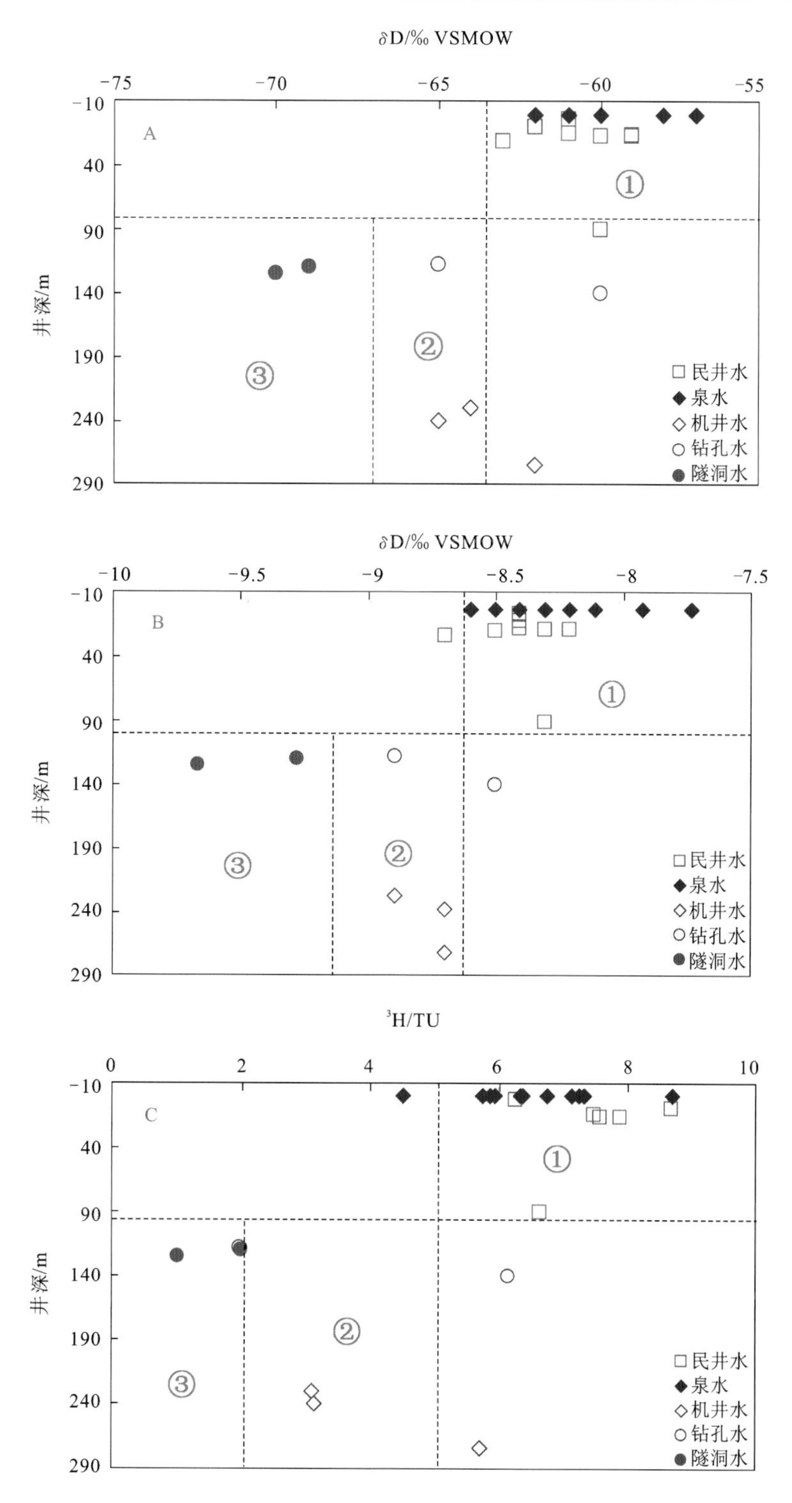

图 5.43　研究区地下水样点同位素 δ 值与井深的关系图

A、B、C 图分别为 δD、$\delta^{18}O$、^{3}H 与井深的关系图

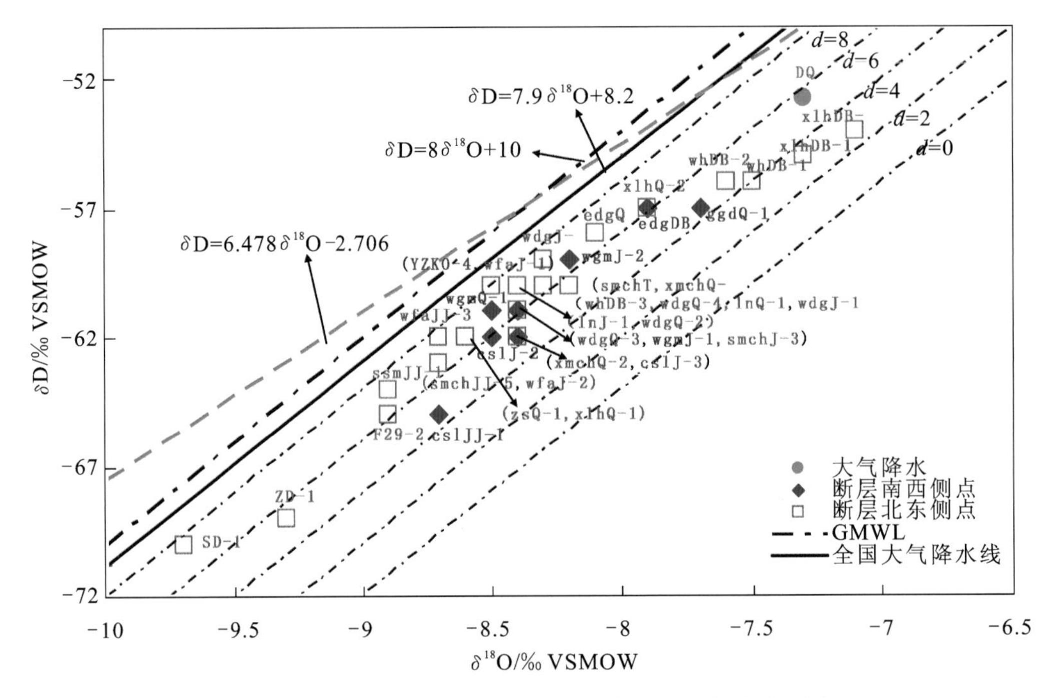

图 5.44　F29 断层两侧地下水 δD 与 $\delta^{18}O$ 关系对比图

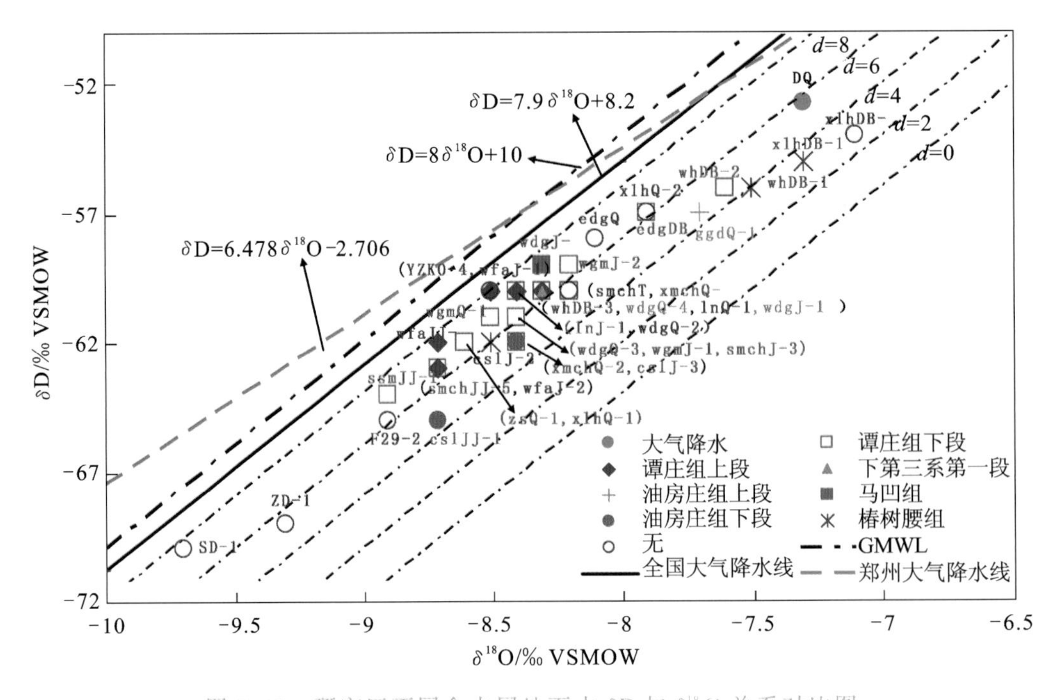

图 5.45　研究区不同含水层地下水 δD 与 $\delta^{18}O$ 关系对比图

4）裂隙型地下水年龄及其水动力特征

地下水年龄是表征地下水循环和更新强度的重要指标。氚一般用来定性区分核爆前后补给的地下水，含水层中核爆氚的存在确定近期补给地下水的标记。氚测年技术主要是利用放射性氚的衰变，研究地下水年龄小于60年的水循环条件较好，更新强度较大的与现代大气降水关系密切的年轻地下水。利用经验法，可以粗略估算地下水的年龄，其依据是根据地下水是否受到核爆氚的标记，估算标准为，小于0.7TU为1953年核爆之前降水入渗补给；0.7～4 TU为1953年核爆前与现代水的混合；5～15TU为现代水（5～10年）。

研究区不同水体氚值分布各有差异，图5.46为研究区不同水体样点^3H与$\delta^{18}O$的关系图，它清晰地反映了研究区不同水体样点^3H与$\delta^{18}O$整体呈正相关关系，随着$\delta^{18}O$的增大，^3H值逐渐增大，以隧洞、机井和钻孔水为代表的下部构造裂隙水位于图5.45左下角，其^3H值及$\delta^{18}O$值均小，TU主要集中在0.95～3.12，表明下部构造裂隙水滞留时间相对较长，为1953年以前入渗水与现代降水的混合水，水交替条件相对较差。下部构造裂隙水与位于图5.46右上方的以民井和泉水样点为代表的上部风化裂隙水差异明显，几乎全部的民井水和部分泉水样点^3H值偏高，且随$\delta^{18}O$的增大^3H值变化不明显，其^3H值主要集中在4.51～9.41 TU，表明主要为距今5～10年的现代入渗水，滞留时间较短，地下水年龄较轻，主要循环在50 m深度范围内，水交替条件较好。图5.46中机井和钻孔水样点位于隧洞水和上部风化裂隙水的中间，表明不同程度地受到了上部裂隙水的混入，特别是研究区西北部卫福安机井-3（wfaJJ-3）和钻孔YJK04氚值分别为5.7 TU和6.15 TU，均大于5 TU，推测是由于上部风化裂隙水的大量混入所致。图5.46显示研究区裂隙型地下水与其所赋存的深度有关，上部风化裂隙水与下部构造裂隙水在未被扰动的情况下，水力联系较差。

5）不同水体对隧洞涌水量的贡献

根据环境同位素水文地球化学特征，并结合现场水文地质调查结果，下部构造裂隙水与上部风化裂隙水对隧洞涌水量均有贡献，可将其视为混合水的两个输入端元。根据同位素质量守恒原理，利用式（5.2）即可计算不同水体对隧洞涌水点的贡献。

$$R=\frac{\delta m-\delta B}{\delta A-\delta B} \tag{5.2}$$

式中：δA和δB——两种混合水的同位素值；

R——A在地下水中的混合比例；

δm——混合后同位素组成。

根据研究区实际和取样情况，将本次所取的环境同位素δ值最低的主洞水SD-1样点作为输入端元A，以泉水同位素值的平均值作为上部水的输入端

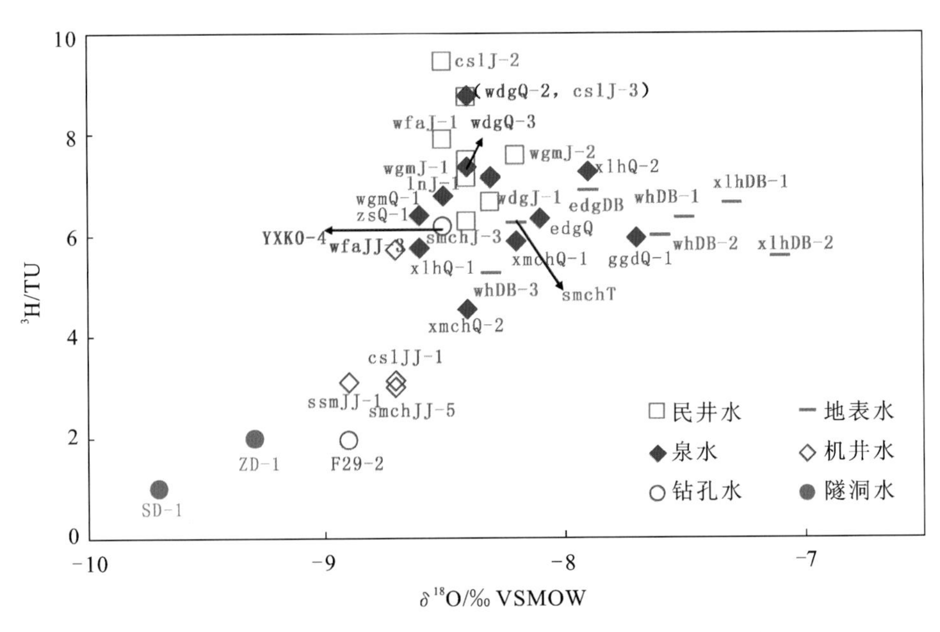

图 5.46　研究区不同水体样点³H 与 δ¹⁸O 的关系图

元 B，将 11 号隧洞的 2 号支洞 ZD-1 作为混合后的水样点，分别用环境同位素^{18}O 和^{3}H 计算不同水体对隧洞涌水的贡献，然后取平均值作为隧洞涌水的混合比例。计算结果见表 5.18。

表 5.18　隧洞涌水混合比例计算结果

混合样点	同位素	下部水端元 A	上部水端元 B	混合比/%		平均/%	
				上部水	下部水	上部水	下部水
ZD-1	^{18}O/‰	−9.7	−8.3	28.6	71.4	23.1	76.9
	^{3}H/TU	0.95	6.6	17.6	82.4		

由表 5.18 可知，隧洞涌水点主要来自于下部构造裂隙水的贡献，占隧洞涌水比例的 76.9%，与上部风化裂隙联系较差，仅占到了 23.1%。至于地表水，因其源自地下水，对隧洞涌水的贡献微乎其微，可忽略不计。此混合比例仅反映了取样时间段不同，水体对隧洞涌水的贡献，当隧洞打穿 F29 断层后，这一比例将随之发生变化，断层与隧洞的连通程度越大，隧洞水中上部裂隙水的影响比例越大。

5.4.5　F29 断层带涌水量氚同位素分析

同位素氚作为地下水年龄重要的标记，可以用来估算地下水的渗透速率，进而评估地下水的补给量。研究区裂隙型地下水的氚来源于大气降水，其氚浓度及其变化与补给源大气降水密切联系。在同一含水系统中，地下水的氚浓度一般随含水层埋深增加而减少，根据氚衰变的这一特点，计算含水层中地下水的年龄，即地下水渗透运动的时间差，以了解并掌握地下水运动速率及裂隙岩体的水文地质特征。

结合研究区实际情况，采用数学物理模型中“活塞流模型”法，假定从补给区到隧洞为性质均一的含水介质，以大气降水作为输入补给源，下部构造裂隙水通过隧洞涌水排泄，计算隧洞水的年龄，该模型利用两样品之间氚同位素的浓度差，可以求得不同水体的相对年龄。基本公式为

$$t=40.727\lg\frac{n_0}{n_t} \tag{5.3}$$

$$u=\frac{l}{365t} \tag{5.4}$$

$$v=\mu n \tag{5.5}$$

$$q=vs \tag{5.6}$$

式中：t——样品间地下水运移的时间差，即地下水年龄，a；

n_0、n_t——样品间的氚浓度，TU；

u——地下水实际的运动速率，m/d；

l——样品之间的距离，m；

v——地下水渗透速率，m/d；

μ——含水介质的给水度；

q——地下水的补给量，m^3/d；

s——地下水的过水面积，m^2。

根据上述公式，可以计算地下水的年龄和地下水的实际运动速率，本次研究以所有样点中的最高氚值 9.41 TU 代替大气降水作为 n_0，隧洞涌水氚浓度 0.95 TU 作为 n_t，求取隧洞水的平均滞留时间为 40.56 a，从西北补给区侧向径流补给距离取 1 400 m，垂直入渗的深度为 125 m，因补给来自垂直入渗及侧向径流两个方向，故取二者的平均距离为 762.5 m，估算得地下水实际运动速率 $u=0.0515$ m/d；结合前人资料，其中在未掘穿 F29 断层时，给水度取 $\mu_1=0.2$，在 F29 断层被钻穿时，给水度 $\mu_2=0.5$，进而计算得地下水在 F29 断层未被掘穿和被掘穿后的渗透速率分别为 $v_1=0.010\,3$ m/d 和 $v_2=0.025\,8$ m/d，隧洞的过水面积按矩形考虑，F29 断层富水带的宽度约为 60 m，延伸长度为 2 800 m，由此可以得到过水面积为 1.68×10^5 m^2，代入以上参数计算得 F29 断层未被掘穿时的涌水量 $q_1=1\,730.4$ m^3/d，其中，下部构造裂隙水的贡献为 1 330.7 m^3/d，上部风化裂隙水的贡献为 399.7 m^3/d，F29 断层被掘穿时的涌水量 $q_2=4\,334.3$ m^3/d。

氚同位素法预测隧洞涌水量采用的渗透系数建立在实测地下水中氚同位素基础上，在 F29 未被掘穿时的计算涌水量 q_1＝1 730.4 m^3/d，在理论上比较符合实际。同位素测试精准，参数选取较为客观合理，其结果基本可信，计算结果有待施工后期进一步研究验证。

表 5.19　不同方法计算涌水量结果对照表

预测方法	未掘穿 F29 断层涌水量/(m^3/d)	上部风化裂隙水补给量/(m^3/d)	下部构造裂隙水补给量/(m^3/d)	掘穿 F29 断层涌水量/(m^3/d)
同位素法	1 730.4	1 330.7	399.7	4 334.3
实测法	804.0	185.7	618.3	—

5.4.6　同位素试验结果

(1) 根据同位素水文地球化学特征，结合地质和水文地质条件，研究区裂隙型地下水可分为上部风化裂隙水和下部构造裂隙水。在远离断层及未被扰动的情况下，上部风化裂隙水与下部构造裂隙水联系不大。

(2) 上部风化裂隙水以下降泉及民井水为代表，起源于现代大气降水，与大气降水联系密切，为距今 5～10 年的现代入渗水，滞留时间较短，要循环在 50 m 深度范围内，水交替条件较好，呈似层状，均一性较好，有一定的水力联系。上部风化裂隙水是由西北、西南向东南、东北方向径流，在 F29 断层带附近由西北流向东南方向，排泄方式主要有地表水、泉水、蒸发及向下部构造裂隙水补给。

(3) 下部构造裂隙水以隧洞水、钻孔水和部分机井水为代表，构造控水特征明显，水动力条件相对较差。水交替作用缓慢，滞留时间相对较长，为 1953 年以前入渗水与现代降水的混合水，排泄方式为上部裂隙水排泄、向深部区域地下水侧向径流及居民机井取水和隧洞开挖后所形成的人工排泄。

(4) 影响本区裂隙含水富水条件的主控因素为构造断裂，在沿着 F29 断裂走向及垂向方向上皆为良好的导水通道，F29 断层与其他断层水力联系紧密。

(5) F29 断层下部构造裂隙水来水方向为西北方向较高海拔地区，平均补给高程在 440 m 以上。

(6) 研究区不同水流系统地下水对隧洞涌水均有贡献。隧洞涌水主要来自于下部构造裂隙水，占 76.9%，上部风化裂隙水所占比例为 23.1%，当隧洞揭露 F29 断层后，贡献比例将随之改变，断层与隧洞的连通程度越大，隧洞水中上部裂隙水的影响比例越大。

(7) 根据氚同位素法分析计算结果，11 号隧洞在 F29 断层未被掘穿时的涌水量 q_1 = 1 730.4 m^3/d，F29 断层被掘穿时的涌水量达 q_2 = 4 334.3 m^3/d。

5.5　裂隙岩体室内渗透试验

5.5.1　试验方案

试验采用两种方式：①100 型常水头渗透仪(图 5.47)，不考虑围压，裂面自然闭合；②TAW-2000 伺服岩石高低温三轴试验机(图 5.48)，岩体试样的围压条件可通过计算机进行精确控制，进水端水压、出水端水压通过静态伺服阀、调速阀等组件调节，可实现围压、渗透水压力保持某一稳定值不变的条件下进行渗透性测试。根据 11 号隧洞工程实际，考虑围压 1.0～6.0 MPa。

图 5.47　100 型常水头渗透仪

TAW-2000 伺服岩石高低温三轴试验机由华北水利水电大学与长春机械研究所联合研制，是目前国内较先进的岩石试验系统，控制系统采用进口原装德国 DOLI 全数字伺服控制器，该控制系统控制精度高、保护功能全、可靠性能强。它可以实现岩石三轴多种试验，能够完成如下的具体试验和参数测定：①在不同围压、温度下测量岩体物理力学和渗流性能参数；②全应力～应变试验，获得峰值强度和残余强度。主要技术指标：最大轴向力 2 000 kN，活塞最大位移 200 mm，轴向变形测量范围 10 mm ，径向变形测量范围 5 mm，变形分

图 5.48　TAW-2000 伺服岩石高低温三轴试验机

辨率 1/100 000，最大围压 60 MPa，最大孔隙水压 60 MPa，温度变化范围 −50～200 ℃，试样尺寸 ϕ50 mm×(100～125) mm，ϕ75 mm×(150～180) mm，ϕ100 mm×(200～240) mm。

1. 含轴向裂面岩石渗透试验方案

对于含轴向裂面岩石，将样品用胶带缠绕，使其基本保持原状的结合情况，防止土颗粒进入裂面，立放于仪器样品段内部，样品与仪器边壁之间采用黏性土封闭。然后施加上游水头，测定流量，换算渗透系数。

2. 含径向裂面岩石渗透试验方案

对于含径向裂面岩石，将样品按上下顺序依次叠放，使其基本保持原状的结合情况，用胶带使每块样品相互黏接在一起，样品与仪器边壁之间填充黏土。然后施加上游水头，测定流量，换算渗透系数。

5.5.2　试验成果分析

1. 含轴向裂面岩石渗透试验成果

开展含轴向裂面岩石渗透试验 8 组，试验结果见表 5.20，试样照片列于图 5.49～图 5.52，样品 1-4 的试验围压与渗透系数的关系曲线如图 5.53 所示。

表 5.20　含轴向裂面岩石渗透试验成果表

样品编号	常水头渗透系数/(cm/s)	围压 4.0 MPa 渗透系数/(cm/s)	裂面特征
1-1	4.1×10^{-2}	1.38×10^{-4}	裂面与轴线夹角约 35°,裂面宽度 1～3 mm
1-2	8.4×10^{-2}	3.82×10^{-5}	裂面与轴线夹角约 30°,裂面宽度 0.8～1.5 mm
1-3	1.2×10^{-1}	1.64×10^{-4}	裂面与轴线夹角约 25°,裂面宽度 1～5 mm
1-4	9.8×10^{-2}	2.38×10^{-6}	裂面与轴线夹角约 10°,裂面宽度 2～4 mm

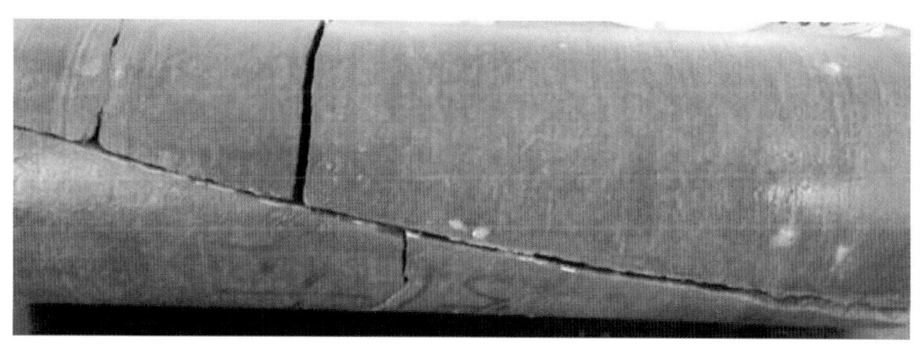

图 5.49　样品 1-1 照片

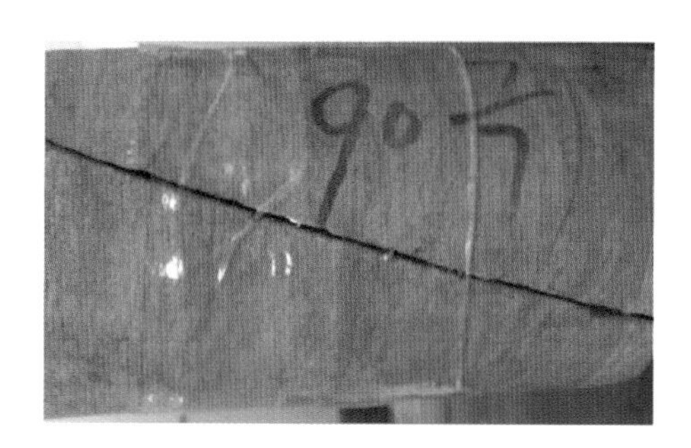

图 5.50　样品 1-2 照片

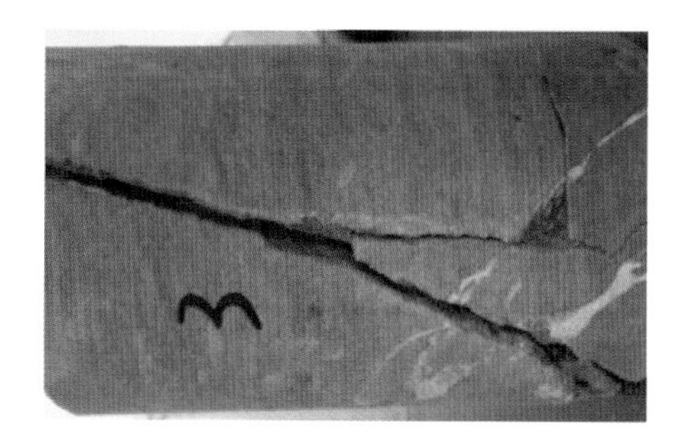

图 5.51　样品 1-3 照片

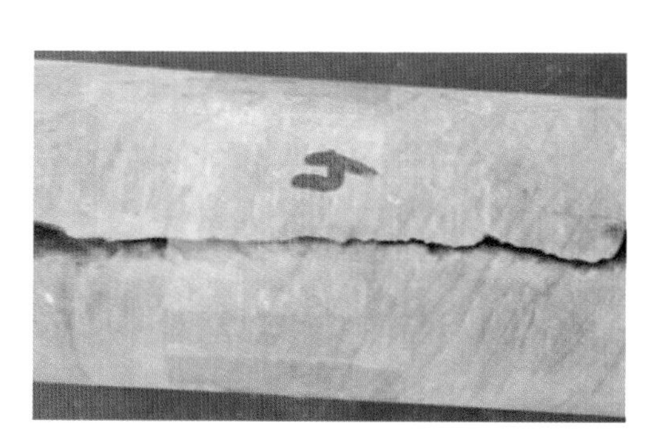

图 5.52　样品 1-4 照片

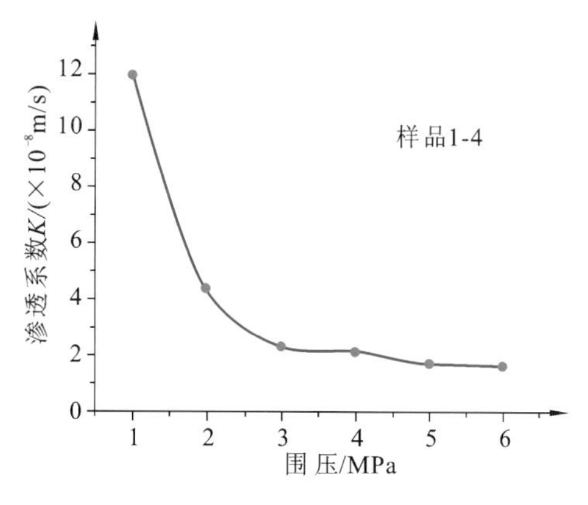

图5.53　裂隙岩体围压与渗透系数关系曲线

2. 含径向裂面岩石渗透试验成果

开展含径向裂面岩石渗透试验 2 组，均未透水，未能测试出渗透系数。试验成果见表 5.21，试样照片列于图 5.54 和图 5.55。

表 5.21 含径向裂面岩石渗透试验成果表

样品编号	渗透系数/(cm/s)	裂面特征	最高水头/m	持续时间/h
2-1	未测出	裂面与样品轴线夹角约 90°，裂面宽度 0.5～5 mm	1.9	72
2-2	未测出	裂面与样品轴线夹角为 45°～90°，裂面宽度 1～3 mm	3.0	72

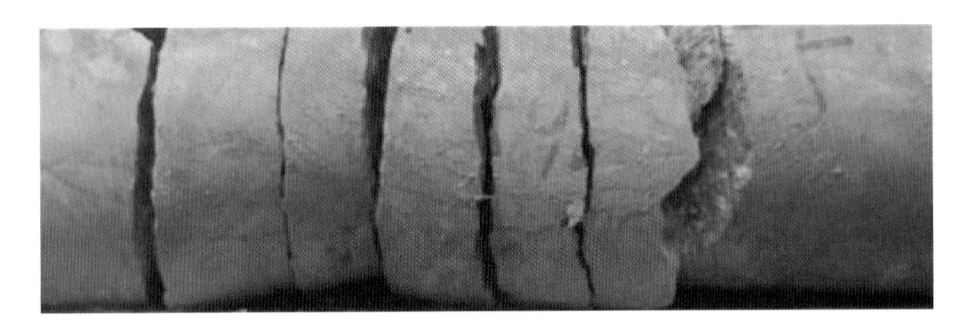

图 5.54 样品 2-1 图片

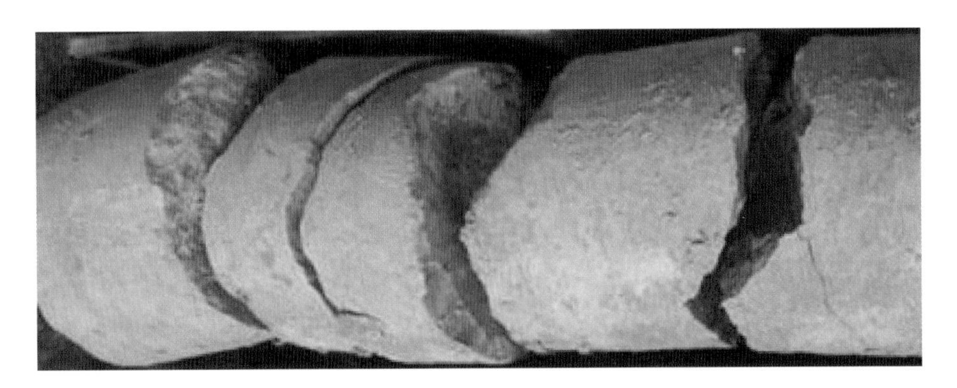

图 5.55 样品 2-2 图片

5.5.3 岩体渗透试验结果

（1）含轴向裂面岩石渗透试验 4 组。100 型常水头渗透仪不考虑围压，裂面自然闭合，试验结果渗透系数为 10^{-2}～10^{-1} cm/s 量级。TAW -2000 伺服岩石三轴试验机考虑围压1.0～6.0 MPa，试验结果渗透系数为10^{-6}～10^{-4} cm/s量级。两种试验方案渗透系数试验结果相差10^{3}～10^{4}量级。

（2）含径向裂面岩石渗透试验2组。100型常水头渗透仪加压水头分别为1.9 m和3.0 m，加压时间均为72 h，均未透水，未能测试出渗透系数。

（3）裂隙岩体的渗透性由内部结构形式决定，但影响其渗透性变化的因素受多种条件控制。三轴加载使其内部结构发生质的变化，导致渗透特性发生改变。影响渗透性变化的主要因素有压力梯度、围压条件、不同水溶液等。围压条件及压力梯度大小是影响裂隙岩体渗透性的主要外界因素。不同水溶液对渗透系数测试结果没有根本区别。渗透液体的黏度是影响岩体渗透系数大小的主要因素，而一般水质黏度差别较小，对渗透系数测试结果影响较小。

（4）具有天然轴向张开裂隙特点的砂岩不同围压下的渗透性测试研究发现，裂隙性岩体渗透性变化规律与孔隙介质完全不同。侧向应力大小变化是决定渗透性强弱的主要因素，增大围压使裂隙进一步压密而使渗透性变小，一旦裂隙结构被压密，围压回降时并不能使压密的裂隙渗流通道重新张开。

（5）常规压力脉冲法通过试样渗透水压差的变化进行裂隙岩体渗透性测试，存在较大的试验误差。

第 6 章 F29 断层带涌水预测

6.1 隧洞涌水量预测方法

隧洞涌突水对隧洞施工及其安全运营产生不利影响，隧洞涌水量预测方法一直是学者们关注和研究的重要课题之一。

国内外学者通过对隧洞涌水的长期研究，已经取得了一些成果，并总结和提出了多种隧洞涌水量预测的解析公式或经验方法，主要分为定性和定量两种研究方法。

隧洞涌水的预测研究最初以定性为主，通过对隧洞含水围岩中地下水的分布和赋存规律的研究，分析开挖对场区工程地质及水文地质条件的影响。采用多种手段如物探、水文地质测绘、钻探、水化学分析及同位素分析等可确定地下水富集区域、裂隙密集带、断裂构造带等可能的地下水通道，然后利用均衡法估算隧洞的涌水量。隧洞涌水的定量评价和计算，随着施工要求和技术水平的提高，以定性分析研究为基础逐渐转向隧洞涌水定量预测为主，主要体现在涌水量预测和涌水位置的确定两个方面。目前有多种涌水量计算方法，总体上分为以下几类计算方法。

（1）经验方法：①水文地质比拟法；②涌水量曲线方程推法。

（2）理论计算方法：①水均衡法；②地下水动力学方法。

（3）数值法：①有限单元法；②有限差分法。

6.2 F29断层带涌水量理论计算

隧洞涌突水灾害多发生于各类断层破碎带及可溶岩与非可溶岩交界地段等。涌水量计算的准确性取决于对隧洞的富水性充水条件的正确分析、参数的选择及计算方法的合理选择。

通过查明场区的围岩含水特征及其地下水分布及赋存规律,明确地下水富集地段,根据收集的各类资料,选取不同的计算方法,计算评价11号隧洞F29断层影响带的涌水量。

6.2.1 地下径流模数法

计算公式为

$$Q_s = 86.4MA \tag{6.1}$$

式中:Q_s——隧洞正常涌水量,m^3/d;

M——枯水期地下径流模数,L·(s·km^2),砂岩地区一般取6;

A——隧洞通过含水体地段的汇水面积,km^2。

F29断层向西部延伸至F59距离2.13 km,汇水区域宽度1.26 km,$A=2.13\times1.26=2.68(km^2)$。

将各参数代入式(6.1)计算得

$$Q_s = 1\ 391.28\ m^3/d$$

6.2.2 大气降水入渗系数法

大气降水入渗法属于水均衡法,为《水利水电工程水文地质勘察规范》推荐使用的方法。根据隧洞通过地段的年均降水量、集水面积,并考虑地质和水文地质条件选取合适的降水入渗系数经验值,可宏观预测隧洞正常涌水量。在基岩山区,断层有其独立汇水区域,假定在汇水区域内的水全部由大气降水提供而不会受到周围含水系统的影响。此方法是隧洞涌水量预测中较适中的方法。

计算公式为

$$Q_s = 2.74\alpha WA \tag{6.2}$$

式中:W——年降水量,mm(多年平均降水量取638.1 mm,最大年降水量取1 078.9 mm);

α——入渗系数(济源地区多年平均入渗系数为0.17,参照水文地质勘察规程:破碎岩体α可取0.3~0.5。考虑F29断层现场地形地貌、岩体裂隙发育，综合考虑后，α取0.28)；

A——汇水面积，参照地下径流模数法中的汇水面积$A=2.68\ \text{km}^2$。

将各参数代入式(6.2)计算得

$$Q_s=1\ 131.99\ \text{m}^3/\text{d}$$

$$Q_0=2\ 218.32\ \text{m}^3/\text{d}$$

6.2.3 古德曼公式

古德曼公式属于地下水动力学方法，是依据介质中地下水动力学的基本理论，建立地下水运动规律的基本方程。通过数学解析的方法求解这些基本方程，结合工程经验给出隧洞涌水量预测的解析解，获得在给定边界和初值条件下的涌水量。

设计单位在初步设计阶段依据《水利水电工程水文地质勘察规范》(SL373—2007)，采用古德曼公式，根据XZS5-6-2钻孔水位高程331 m，计算了F29断层影响带的最大涌水量。古德曼计算公式为

$$Q_{max}=L\frac{2\pi KH}{\ln\frac{4H}{d}} \tag{6.3}$$

式中：K——含水体渗透系数，m/d，F29断层取43.2 m/d；

H——静止水位至洞身横断面等价圆中心的距离，取123 m；

d——洞身横断面换算成等价圆的直径，按3.5 m计算；

L——隧道通过含水体的长度，m。F29断层宽度取5 m。

将各参数代入式(6.3)计算得

$$Q_{max}=35\ 000\ \text{m}^3/\text{d}$$

按照2013年12月水位监测资料，XZS5-6-2钻孔水位下降17 m，则H=(123−17) m=106 m，最大涌水量为$Q_{max}=29\ 974.49\ \text{m}^3/\text{d}$。

按照2013年12月水位监测资料，XZS5-6-2钻孔水位下降17 m，根据F29断层带压水试验结果，渗透系数建议值$K=0.864$ m/d，则最大涌水量为$Q_{max}=599.49\ \text{m}^3/\text{d}$。

按照2011年6月XZS5-6-2钻孔承压水位331 m，且根据F29断层带压水试验平均值换算为渗透系数$K=0.864$ m/d，则最大涌水量为$Q_{max}=674.7\ \text{m}^3/\text{d}$。

6.2.4 佐藤邦明公式

计算公式为

$$q_s=q_0-0.584\varepsilon Kr_0 \tag{6.4}$$

式中：q_s——隧道通过含水体单位长度正常涌水量，$\text{m}^3/(\text{d}\cdot\text{m})$；

q_0——隧道通过含水体单位长度最大涌水量，$\text{m}^3/(\text{d}\cdot\text{m})$；

K——岩体的渗透系数，m/d；

r_0——隧道洞身横断面的等价圆半径，m；

ε——系数，一般取12.8。

根据11号隧洞已施工开挖的16+040～15+668段涌水量监测结果，2013年11月20日开始记录，11月25日停止掘进，至2013年12月9日，涌水量为30～35 m³/h（720～840 m³/d，平均780 m³/d），单位长度正常涌水量2.1 m³/(d·m)。全洞除掌子面附近1 m段外，均喷射10 cm混凝土处理。岩体的渗透系数0.11 m/d，洞身横断面的等价圆直径3.5 m，则该段最大涌水量为

$$q_0=3.4\ \text{m}^3/(\text{d}\cdot\text{m})$$

$$Q_0=372\times3.4=1\,264.8\ \text{m}^3/\text{d}$$

根据现场的水文地质条件，采用水均衡法和地下水动力学法两种计算方法预测结果进行分析比较，理论计算成果列于表6.1。

表6.1　11号隧洞F29断层影响带涌突水理论计算结果汇总

地下径流模数法（隧洞段长度1 260 m）/(m³/d)	降水入渗系数法（隧洞段长度1 260 m）/(m³/d)		古德曼公式（F29断层5 m）/(m³/d)		佐藤邦明公式（16+040～15+688）/(m³/d)	
正常值	正常值	最大值	最大值	最小值	正常值	最大值
1 391.28	1 131.99	2 218.32	29 974.49	599.49	780	1 264.8
1.1（每延米涌水量）	0.89	1.76	5 994.9	119.9	2.1	3.4

根据钻孔压水试验资料，F29断层段岩体的透水率试验范围值和室内渗透试验结果，我们建议F29断层的渗透系数为0.864 m/d，设计单位在初步设计阶段给出的建议值为43.2 m/d，两者相差50倍。地下水动力学法古德曼公式考虑的因素较全面，结果偏大，预测涌水量可作为施工设计阶段隧洞设计的依据。

6.3　F29断层带突水量三维数值分析

11号隧洞场区地下水类型主要为基岩裂隙水，且具有分层承压性。由于受裂隙发育和充填程度的影响，裂隙水渗流具有很大的空间变异性。裂隙介质场与孔隙介质场控制下的地下水流场，如水头分布、地下水流向、流速、孔隙水压力等，存在明显差异。在隧洞涌水量预测方面，地下水动力学理论解析法计算，在实际工程中往往出现较大的误差。数值模拟方法，就本身精度、处理复杂结构的精细程度而言，足以满足目前工程计算的精度要求。我们采用了国际上流行的三维地下水渗流软件MODFLOW和FLACE3D，研究11号隧洞F29断层及断层影响带涌突水量等问题。

6.3.1　计算方法及原理

MODFLOW 是目前在世界范围内应用最广泛的地下水流模拟程序，模拟地下水的方法采用多层的长方形网格刻画三维含水层系统（图 6.1），输入含水层参数，然后对每个单元格建立非稳定流的有限差分方程进行数值求解。在时间上，MODFLOW 把整个模拟时间划分为若干个时期（stress period），每个时期又划分为数量较多的时间步长（time steps）。在运行 MODFLOW 之前，需要准备大量的数据文件，这些文件主要有：

bas. dat　　模型网格等基本设置文件
bcf. dat　　差分模型参数文件
oc. dat　　输出控制文件
pcg2. dat　　方程组求解方式控制文件

MODFLOW 对这些文件的数据格式有固定的要求。当 MODFLOW 计算完毕后，将把计算结果保存在以下几个文件中：

output. dat　　综合结果文件
budget. dat　　水均衡结果文件
heads. dat　　地下水的水头结果文件
mt3d. flo　　与 MT3D 的数据接口文件

通过读取这些文件可以知道计算的结果。对于每个模型，例如，模型名称为“test”，则有一个“test. nam”文件与之相对应，里面列出了 MODFLOW 所需要的文件和它将输出的文件。

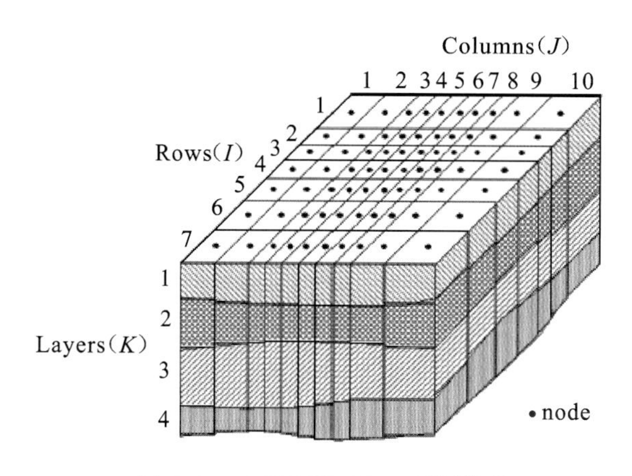

图 6.1　MODFLOW 三维模型

MODFLOW 将含水层处理为潜水含水层、承压含水层、承压/非承压含水层三种类型，其中承压/非承压含水层又按导水系数是否可变分为两类，一类导水系数为常数，另一类则随饱和厚度的变化而变化，储水系数、给水度的确定将按照地下水在无压状态(潜水)还是在承压状态(承压水)进行切换。MODFLOW 含有许多模块用来处理特殊的水文地质问题。主要有河流子程序包(RIV)、排水沟渠子程序包(DRN)、通用水头边界子程序包(GHB)、井流子程序包(WEL)、补给子程序包(RCH)、蒸发蒸腾子程序包(EVT)等。另外,Wetting and Drying 模块专门用来处理单元在疏干状态(包气带内)和含水状态(饱和带)之间的转变过程。这些功能对降排水的地下水模拟非常重要。

直接在 MODFLOW 程序内处理含水层数据和模拟结果很不方便,为此,采用由 Waterloo 公司开发的 Visual Modflow 作为前后数据处理的软件,可以在 Windows 平台上方便运行。

MODFLOW 模拟潜水含水层的动力学方程为

$$\frac{\partial}{\partial x}\left[K_{xx}(H-z_{b})\frac{\partial H}{\partial x}\right]+\frac{\partial}{\partial y}\left[K_{yy}(H-z_{b})\frac{\partial H}{\partial y}\right]+w=\mu\frac{\partial H}{\partial t} \tag{6.5}$$

式中:H——地下水位,m;

x、y——水平坐标;

t——时间,d;

K_{xx}和K_{yy}——x方向和y方向的渗透系数,m/d,本次模拟考虑$K_{xx}=K_{yy}$;

z_b——模拟层底部的高度,m;

μ——给水度(无量纲);

w——源汇项,m/d,与上下含水层之间的水量交换和开采流量有关。

MODFLOW 模拟承压含水层的动力学方程为

$$\frac{\partial}{\partial x}\left[K_{xx}(z_{t}-z_{b})\frac{\partial H}{\partial x}\right]+\frac{\partial}{\partial y}\left[K_{yy}(z_{t}-z_{b})\frac{\partial H}{\partial y}\right]+w=S\frac{\partial H}{\partial t} \tag{6.6}$$

式中:z_t——模拟层顶部的高度,m;

S——储水系数(无量纲)。

FLAC3D 是一种基于拉格朗日差分法的一种显示有限差分计算程序,是由美国 Itasca 公司开发的商业软件。利用 FLAC 模拟渗流场进行涌水量计算,首先确定分析目标,建立模型的网格,计算每节点的初始渗透系数、孔隙度、渗流方程的边界条件,计算每节点的随机渗透参数;经过n时步(由运行时间长短确定)后,求得某一时步的单元流体变量,以及经累加得到当前时步的单元流体变量;然后再求得节点流体变量,循环上述过程,使流体平衡;最终得到裂隙岩体流量的变化过程及结果。多次重复上述过程,求得隧洞涌水量。

6.3.2　裂隙岩体三维渗流数学模型

本项目研究的重点是考虑隧洞开挖后研究区渗流场特征,并分析渗控方案设计的合理性。地下水在岩体中水流流速一般不大,因此可以认为地下水运动服从不可压缩流体的饱和稳定达西渗流规律。下面给出等效连续各向异性介质模型的渗流有限元基本格式。

1. 渗流的基本微分方程

根据水流连续性方程，稳定渗流的基本微分方程可表示为

$$\frac{\partial}{\partial x}\left(k_x\frac{\partial H}{\partial x}\right)+\frac{\partial}{\partial y}\left(k_y\frac{\partial H}{\partial y}\right)+\frac{\partial}{\partial z}\left(k_z\frac{\partial H}{\partial z}\right)+w=0 \tag{6.7}$$

对于稳定渗流，基本微分方程的定解条件仅含边界条件，常见的边界条件有如下几类：

第一类边界条件(Dirichlet 条件)：当渗流区域的某一部分边界(如 S1)上的水头已知，法向流速未知时，其边界条件可以表述为

$$H(x,y,x)|_{S1}=\varphi(x,y,z)\quad (x,y,z)\in S1$$

第二类边界条件(Neumann 条件)：当渗流区域的某一部分边界(如 S2)上的水头未知，法向流速已知时，其边界条件可以表述为

$$k\left.\frac{\partial H}{\partial n}\right|_{S2}=q(x,y,z)\quad (x,y,z)\in S2$$

式中：S——具有给定流量的边界段；

n——S2 的外法线方向。

自由面边界和溢出面边界条件：无压渗流自由面的边界条件可以表述为

$$\begin{cases}\dfrac{\partial H}{\partial n}=0\\ H(x,y,z)|_{S3}=Z(x,y)\quad (x,y,z)\in S3\end{cases}$$

溢出面的边界条件为

$$\begin{cases}\dfrac{\partial H}{\partial n}<0\\ H(x,y,z)|_{S4}=Z(x,y)\quad (x,y,z)\in S4\end{cases}$$

2. 渗流有限元分析的基本方程

当坐标轴方向与渗透主轴方向一致时，根据变分原理，三维渗流定解问题等价于求能量泛函的极值问题，即

$$I(H)=\iiint_{\Omega}\frac{1}{2}\left[k_x\left(\frac{\partial H}{\partial x}\right)^2+k_y\left(\frac{\partial H}{\partial y}\right)^2+k_z\left(\frac{\partial H}{\partial z}\right)^2\right]\mathrm{d}x\mathrm{d}y\mathrm{d}z-\iint_{S_2}qH\,\mathrm{d}s\Rightarrow\min \tag{6.8}$$

根据研究区域的水文地质结构，进行渗流场离散化，即

$$\Omega=\sum_{i=1}^{m}\Omega_i$$

某单元的水头插值函数可表示为

$$h(x,y,z)=\sum_{i=1}^{8}N_i(\xi,\eta,\zeta)H_i$$

式中：$N_i(\xi,\eta,\zeta)$——单元的形函数；

H_i——单元节点水头值；

ξ,η,ζ——基本单元的局部坐标。

对上式取其变分等于零，并对各子区域叠加，可得到求解渗流场的有限元基本格式：

$$[K]\{H\}=\{F\}$$

式中：$[K]$——整体渗透矩阵；

$\{H\}$——节点水头列阵。

当渗透主轴与坐标轴不一致时，设三维整体坐标系的 X 轴与工程区正北方向的夹角为 θ，三个主渗透系数 k_x、k_y、k_z 的方位角 α_i（与正北方向的夹角，规定以逆时针为正），倾角为 β_i（规定与水平面的夹角为倾角，倾向上为正），则三个主渗透系数方位角 α_i 在三维整体坐标下与 X 轴的夹角为 $\alpha_{i-\theta}$，因此三个主渗流方向的局部坐标 (u,v,w) 与整体坐标 (x,y,z) 的关系可以表示为

$$(x,y,z)^{\mathrm{T}}=\boldsymbol{R}\{(u,v,w)\}^{\mathrm{T}} \tag{6.9}$$

式中

$$\boldsymbol{R}=\begin{bmatrix}\dfrac{\partial x}{\partial u} & \dfrac{\partial y}{\partial u} & \dfrac{\partial z}{\partial u}\\ \dfrac{\partial x}{\partial v} & \dfrac{\partial y}{\partial v} & \dfrac{\partial z}{\partial v}\\ \dfrac{\partial x}{\partial w} & \dfrac{\partial y}{\partial w} & \dfrac{\partial z}{\partial w}\end{bmatrix}=\begin{bmatrix}\cos(\alpha_1-\theta)\cos\beta_1 & \cos(\alpha_2-\theta)\cos\beta_2 & \cos(\alpha_3-\theta)\cos\beta_3\\ \sin(\alpha_1-\theta)\cos\beta_1 & \sin(\alpha_2-\theta)\cos\beta_2 & \sin(\alpha_3-\theta)\cos\beta_3\\ \sin\beta_1 & \sin\beta_2 & \sin\beta_3\end{bmatrix}$$

根据复合函数求导原理，在局部坐标系下有限单元的几何矩阵为

$$[B']=[R][B]$$

则单元的渗透矩阵元素修改为

$$k_{ij}^{\mathrm{e}}=\iiint_{\Omega_i}[B'_i]^{\mathrm{T}}[M][B'_j]\mathrm{d}x\mathrm{d}y\mathrm{d}z=\iiint_{\Omega_i}[B_i]^{\mathrm{T}}[R]^{\mathrm{T}}[M][R][B_j]\mathrm{d}x\mathrm{d}y\mathrm{d}z$$

$$[M]=\begin{bmatrix}k_x & 0 & 0\\ 0 & k_y & 0\\ 0 & 0 & k_z\end{bmatrix}$$

3. 渗流薄层单元的模拟

在以往求解复杂基岩渗流问题中，对于薄断层、帷幕、混凝土裂缝以及坝体中存在的各类施工分缝问题的模拟往往存在困难。若采用加密网格的方法模拟，由于其厚度很小，将增加很大的计算量，容易出现单元形态奇异。这里采用无厚度的二维平面单元来模拟上述结构的薄层单元，基本原理如下：

根据有限元原理，薄层单元的泛函为

$$I^{\mathrm{e}}[H]=\int_V\frac{k}{2}\left[\left(\frac{\partial H}{\partial x}\right)^2+\left(\frac{\partial H}{\partial y}\right)^2+\left(\frac{\partial H}{\partial z}\right)^2\right]\mathrm{d}V=\frac{1}{2}\{H^{\mathrm{e}}\}^{\mathrm{T}}[K_f^{\mathrm{e}}]\{H^{\mathrm{e}}\}$$

式中：$\{H^{\mathrm{e}}\}^{\mathrm{T}}=[H_1,H_2,H_3,H_4]$；$[K_f^{\mathrm{e}}]$ 为导水薄层单元的渗透矩阵，可由式

(6.10)确定。

$$[K_f^e]=k\int_V [B]^T[B]\mathrm{d}V \tag{6.10}$$

式(6.10)中$[B]$矩阵的单元形函数 N_i 的表达式为

$$N_i(\xi,\eta)=\frac{1}{4}(1+\xi_0)(1+\eta_0),i=1,2,3,4$$

式中:$\xi_0=\xi_1\xi,\eta_0=\eta_i\eta$。

$[B]$矩阵中在整体坐标中的微分项可变换在局部坐标中进行,即

$$\begin{Bmatrix}\dfrac{\partial N_i}{\partial x}\\ \dfrac{\partial N_i}{\partial y}\\ \dfrac{\partial N_i}{\partial z}\end{Bmatrix}=\boldsymbol{J}^{-1}\begin{Bmatrix}\dfrac{\partial N_i}{\partial \xi}\\ \dfrac{\partial N_i}{\partial \eta}\\ 0\end{Bmatrix}$$

式中:$\boldsymbol{J}$——雅可比矩阵,可表示为

$$\boldsymbol{J}=\begin{bmatrix}\dfrac{\partial x}{\partial \xi} & \dfrac{\partial y}{\partial \xi} & \dfrac{\partial z}{\partial \xi}\\ \dfrac{\partial x}{\partial \eta} & \dfrac{\partial y}{\partial \eta} & \dfrac{\partial z}{\partial \eta}\\ g_1 & g_2 & g_3\end{bmatrix}$$

式中:g_1,g_2,g_3可分别表示为

$$g_1=\left(\frac{\partial y}{\partial \xi}\frac{\partial z}{\partial \eta}-\frac{\partial z}{\partial \xi}\frac{\partial y}{\partial \eta}\right)$$

$$g_2=\left(\frac{\partial z}{\partial \xi}\frac{\partial x}{\partial \eta}-\frac{\partial x}{\partial \xi}\frac{\partial z}{\partial \eta}\right)$$

$$g_3=\left(\frac{\partial x}{\partial \xi}\frac{\partial y}{\partial \eta}-\frac{\partial y}{\partial \xi}\frac{\partial x}{\partial \eta}\right)$$

式(6.10)中的 $\mathrm{d}V$ 可按下式计算:

$$\mathrm{d}V=\delta_n|G|\mathrm{d}\xi\mathrm{d}\eta$$

式中,G 值可由下式确定:

$$|G|=\sqrt{g_1^2+g_2^2+g_3^2}$$

用上述的二维无厚度平面单元模拟薄断层、碾压混凝土层面或各类施工分缝等薄层单元时,由于是采用二维平面单元,没有厚度,网格剖分时无需对其进行专门剖分,在求解整个渗流场时,只要将平面单元的渗透矩阵式(6.10)对各有关结点的贡献组装到总体渗透矩阵中即可实现对薄层的模拟。

4. 渗流量的计算

渗流量计算是指通过某一指定过水断面的流量。若指定过水断面是由一系列平面单元组成,则通过该过水断面的流量为

$$q=\sum\iint_{\Delta}K\frac{\partial H}{\partial n}\mathrm{d}S_n \tag{6.11}$$

式中：Δ——给定平面；

K 和$\frac{\partial}{\partial n}$——给定平面外法向渗透系数和水头坡降。

对四面体单元而言，指定过水断面一般取在各四面体单元的中断面，即通过四面体三棱边的中点，也即通过单元形心。对六面体等参单元计算流量时，也取为中断面。

对等参单元计算流量时，将式(6.9)变换为对局部坐标的求导和积分。由坐标变换，得到相应的面积积分为

$$dS_n = \sqrt{J_1^2+J_2^2+J_3^2}\,d\eta d\zeta$$

$$\cos(n,x)=\frac{J_1}{\sqrt{J_1^2+J_2^2+J_3^2}}$$

$$\cos(n,y)=\frac{J_2}{\sqrt{J_1^2+J_2^2+J_3^2}}$$

$$\cos(n,z)=\frac{J_3}{\sqrt{J_1^2+J_2^2+J_3^2}}$$

式中

$$J_1=\begin{vmatrix}\frac{\partial y}{\partial\eta} & \frac{\partial z}{\partial\eta}\\ \frac{\partial y}{\partial\zeta} & \frac{\partial z}{\partial\zeta}\end{vmatrix},J_2=\begin{vmatrix}\frac{\partial z}{\partial\eta} & \frac{\partial x}{\partial\eta}\\ \frac{\partial z}{\partial\zeta} & \frac{\partial x}{\partial\zeta}\end{vmatrix},J_3=\begin{vmatrix}\frac{\partial x}{\partial\eta} & \frac{\partial y}{\partial\eta}\\ \frac{\partial x}{\partial\zeta} & \frac{\partial y}{\partial\zeta}\end{vmatrix}$$

式(6.11)则改写为

$$q_e=-\int_{-1}^{1}\int_{-1}^{1}q(\eta,\zeta)d\eta d\zeta=-\int_{-1}^{1}\int_{-1}^{1}[h_i\cdots h_m]\begin{bmatrix}\frac{\partial N_1}{\partial\zeta} & \frac{\partial N_1}{\partial\eta} & \frac{\partial N_1}{\partial\zeta}\\ \frac{\partial N_2}{\partial\zeta} & \frac{\partial N_2}{\partial\eta} & \frac{\partial N_2}{\partial\zeta}\\ \vdots & \vdots & \vdots\\ \frac{\partial N_m}{\partial\zeta} & \frac{\partial N_m}{\partial\eta} & \frac{\partial N_m}{\partial\zeta}\end{bmatrix}[J^{-1}]^{T}\begin{Bmatrix}K_xJ_1\\ K_yJ_2\\ K_zJ_3\end{Bmatrix}d\eta d\zeta$$

利用高斯积分式进行数值积分，则上式变为

$$q_e=\sum_{i=1}^{n}\sum_{i=1}^{n}q(\eta_i,\zeta_i)H_iH_j$$

式中：$q(\eta_i,\zeta_i)$——被积函数；

n——积分点数；

H_i——加权系数。

6.3.3　三维渗流场模型

1. 含水层系统的概化

根据勘察资料，场区第四系松散沉积物呈条带状或块状不连续分布，地

下水主要赋存于三叠系二马营组上段、油房组、椿树腰组(T_3c)、谭庄组(T_3t),侏罗系下统、中统及古近系卢氏组的砂岩地层中,且多与其上下的泥岩互层构成多层结构。即使相距很近的钻孔,其垂向的分层都差别很大,因此很难对本区的岩层做水文地质意义上的含水层和相对隔水层的统一划分。考虑到这些岩层总体倾向北东,倾角多数小于 30°,属缓倾岩层,且后期地下水位统测所获取的水位也是地表以下岩层的一个混合水位,因此,将地表以下的所有岩层视为一个统一的水平含水层,不考虑岩层倾角,也不考虑第四系松散沉积物。此外,沿着 11 号隧洞轴线从起点至终点,不同地质年代的岩性相继出露;各地质年代地层节理、裂隙发育或较发育,大都微张和张开,中等～弱透水,根据年代地层对上述概化的统一含水层做不同透水性分区。

2. 地下水系统边界条件的概化

顶面边界:为气-岩界面,该界面是联系地表环境与地下水的纽带。通过该边界,地下水主要接受大气降水入渗的补给;还通过此边界,地下水以蒸散发形式向大气排泄,为第二类边界条件(Neumann 条件)。根据后期水位统测,地下水位埋深大都大于 8 m,在本次研究中不考虑地下水蒸发。

底面边界:取隧洞以下 100 m 作为底面边界。11 号隧洞井口渠底高程 206.76 m,出口渠底高程 199.9 m,以最低渠底高程为基准,底面边界取到 100 m 高程处。考虑到 100 m 高程处均位于微风化带之下,岩石的透水性很差,底面边界视为隔水边界。

侧向边界:11 号隧洞东西两侧分别为 F52、F59 断层,且两者基本和洞轴线平行,并距离洞轴线 1～1.5 km,因此沿着洞轴线平行外扩 1 km 作为地下水系统的东西边界。侧向边界采用定水头边界。

3. 源汇项的概化

源汇项中容易确定的是降水入渗补给。根据气象资料,本区的多年平均降水量为 638.1 mm。在华北平原山间盆地或平原区,当年降水量为 600～700 mm,地下水位埋深大于 8 m 时,岩性为粉细砂时的降水入渗系数为 0.17～0.18。取入渗系数为 0.17,可得降水入渗补给量为 111.7 mm/a。对于其他地下水的补、径、排条件,勘察资料并未给出定量数据。

图 6.2 为现场水文地质调查区域地下水渗流场图。在卫佛庵-瓦关庙一带、攒树岭一带形成两个地下水位高值区。卫佛庵-瓦关庙一带地下水向北往吴西沟、吴道沟及本次模拟区的西边界排泄,向南流自本次模拟的南边界排出。卫佛庵-瓦关庙一带及攒树岭一带地下水均向东部的下马池河、小岭河一带排泄,从本次模拟的东边界流出。实际水文地质调查中发现下马池河-卧河-小岭河、张山-小岭河处,泉水出露较多,水流长年不断,是地下水的集中排

泄地。将现状地下水流场和地形对比发现，地下水位高处地势相对较高，反之较低，这反映了地形势对地下水流动的控制作用。地形高处，有利于势能的积累，为势源；地形低处，排泄量增加，势能无法积累，为势汇，在势能差作用下，地下水就从势源向势汇排泄。整体上看，西边界为流入边界；南、北边界为流出边界；东部边界北部为流出边界，南部为流入边界。流入、流出模型区域的水量，可根据地下水流场估算，地下水力坡度由达西定律计算获得。隧洞涌水实质上是定降深降水问题，随着时间的进行，流量衰减，水位和流量逐渐达到稳定。利用地下水动力学的井流理论，可估算 11 号隧洞降水的影响范围均在 1 km 之内，地下水模拟中认为四周边界上的水头不变。水文调查期间，连续两个月内大部分地下水调查点的水位基本保持不变，因此采用稳定流模拟。

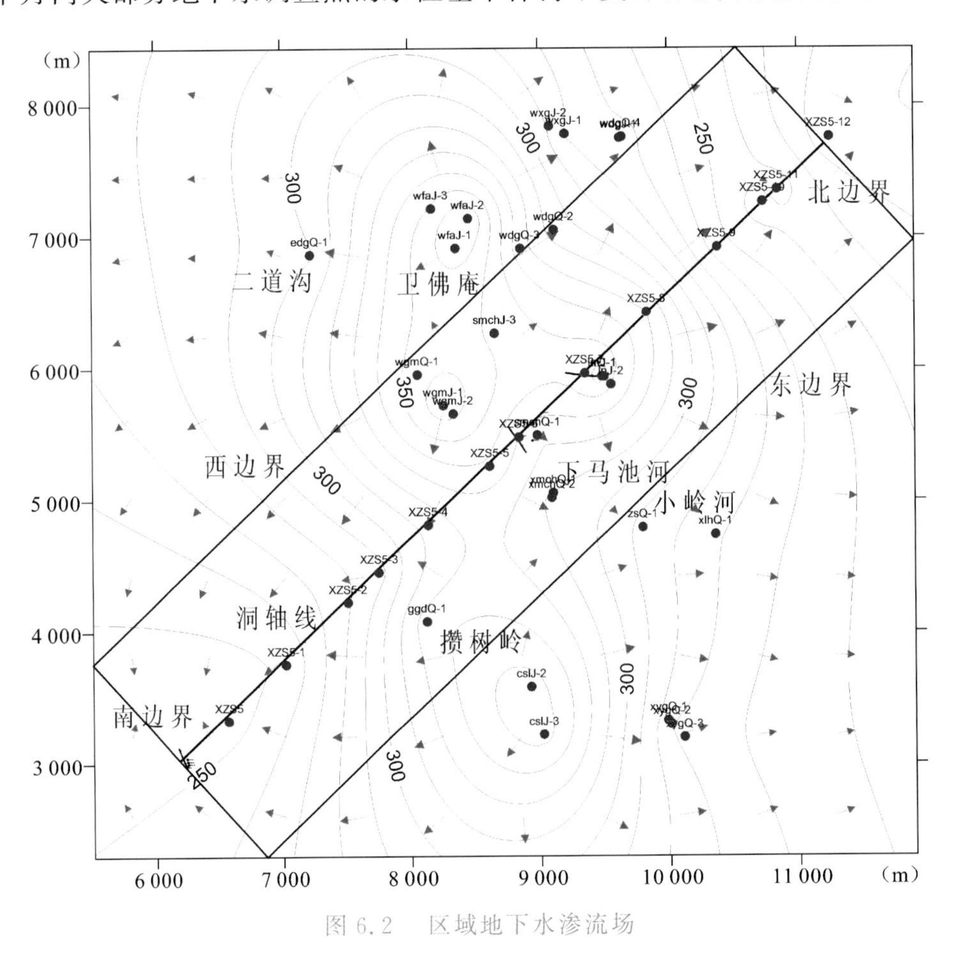

图 6.2　区域地下水渗流场

4. 三维渗流计算模型

根据现场调查范围内地形图绘制三维模型图，鉴于现场地形高程较小，按照计算范围绘制模型地形不明显，将地形高程扩大 10 倍后绘出三维地形模型(图 6.3),从图上可以看出研究区内地形、构造、地层等的分布于切割关系。将断层 F59 和 F54 作为边界并切除后,整个三维计算模型如图 6.4 所示,此处高程按照实际高程进行绘制,隧洞作为内部模型嵌入整体模型中。

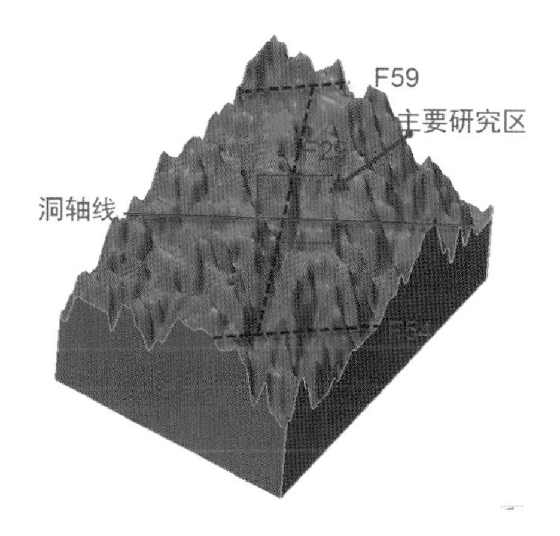

图 6.3　研究区地形及主要构造图(地形高程扩大 10 倍)

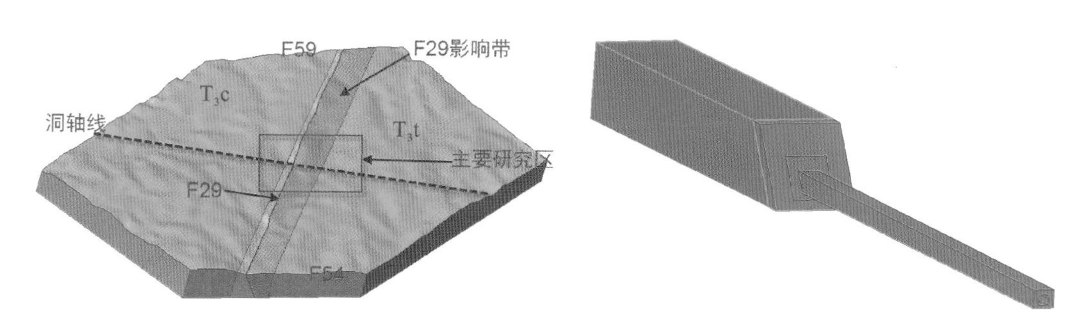

图 6.4　三维渗流计算模型材料图与开挖隧洞图

6.3.4　数学模型

据含水系统的概化,地表以下的所有岩层视为一个含水系统,在排泄处,地下水位接近地表甚至高出地表;而在地下水位埋深较大的地方,地下水具有半承压性或者无压性,因此应该用承压-无压地下水运动联合方程来描述地下水的运动特征,并根据图 6.2 的边界条件写出如下数学模型:

$$
\begin{cases}
\dfrac{\partial}{\partial x}\left(F\dfrac{\partial H}{\partial x}\right)+\dfrac{\partial}{\partial y}\left(F\dfrac{\partial H}{\partial y}\right)+\dfrac{\partial}{\partial z}\left(F\dfrac{\partial H}{\partial z}\right)+w=0 \\
\begin{cases}
F=T=KM \quad (\text{在承压水区}) \\
Kh=K(H-z) \quad (\text{在潜水区}) \\
H(x,y,z)=H_0(x,y,z) \quad (\text{在东、南、西、北边界上})
\end{cases}
\end{cases}
$$

式中：z——隔水层底板；

K，M——含水层的渗透系数和厚度；

h——无压区的含水层厚度。

6.3.5　F29 断层影响带三维渗流场计算工况

根据现场钻探资料，F29 断层宽度 5 m，F29 断层影响带宽度范围不确定，前期勘测资料显示影响带宽度最大为 370 m，作为参考取 200 m 宽度作为参考比较。T_3t 地层计算长度 1 040 m，T_3c 地层计算长度 1 610 m。计算模型剖分图如图 6.5 所示，共剖分单元 258 342 个，节点 58 206 个。

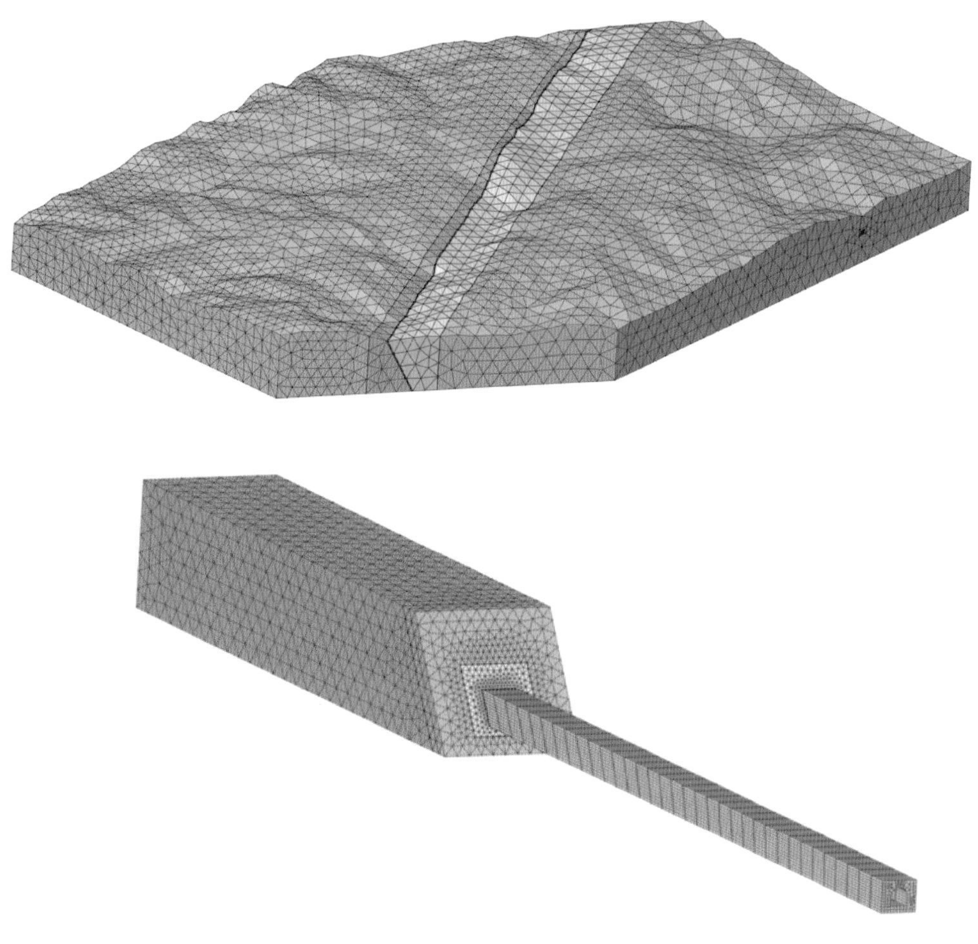

图 6.5　计算模型剖分图

6.3.6　F29断层影响带三维渗流计算参数选取

1. 透水率(Lu)和渗透系数 K 的关系

在水库渗漏计算过程中，渗透系数 K 是一个十分关键的参数，在基岩山区，往往利用压水试验来获取岩层的透水性能。《水利水电工程钻孔压水试验规程》(SL31—2003)的附录中给出了用压水试验成果计算岩体渗透系数的公式，即巴布什金公式，在Lu值小于10并且为层流状态时，可采用式(6.12)对岩体渗透系数进行估算。

$$K=\frac{Q}{2\pi HL}\ln\frac{L}{r_0} \tag{6.12}$$

式中：K——渗透系数，m/d；

Q——压入流量，m/d；

H——实验水头，m；

L——试验段长度，m；

r_0——钻孔半径，m。

其中，式(6.12)右侧的$\frac{Q}{HL}$即为单位吸水率ω，按照单位吸水率ω和透水率q(单位为Lu)的定义，在上述透水性较小和层流条件下，可得出如下关系：

$$1\ \text{Lu}=100\omega\quad(\text{压入流量以 L 为单位}) \tag{6.13}$$

在 $Lu<10$ 时，根据上述定义及其关系式，可以推求吕荣值(Lu)和渗透系数 K 的关系式，即

$$K=\frac{0.007\,2\,Lu}{\pi}\ln\frac{L}{r_0}\ (\text{m/d}) \tag{6.14}$$

当试段长度为5 m、钻孔半径取0.037 5 m时，由式(6.14)可得

$$1\ \text{Lu}=1.3\times10^{-5}\ \text{cm/s}=1.12\times10^{-2}\ \text{m/d}\approx0.01\ \text{m/d}$$

在 $Lu>10$ 时，岩体中地下水流态开始呈现紊流特征，用式(6.13)估算渗透系数就可能发生较大的误差。

张景秀给出了C·库兹纳尔推荐的曲线图(图6.6)，该图给出了不同地方的研究结果，可以提供大致合理的近似值。该图提供的大致情况是：

当 $0<Lu<10$ 时，$K=10^{-7}\sim10^{-6}$ m/s。

当 $10<Lu<30$ 时，$K=1\times10^{-6}\sim1\times10^{-5}$ m/s或者0.086 4～0.864 m/d。

当 $Lu>30$ 相当于 $K>10^{-5}$ m/s或者 $K>0.864$ m/d。

2. F29断层影响带三维渗流计算参数

前期现场钻探和本次研究的钻探钻孔均进行了压水试验，按照钻孔压水试

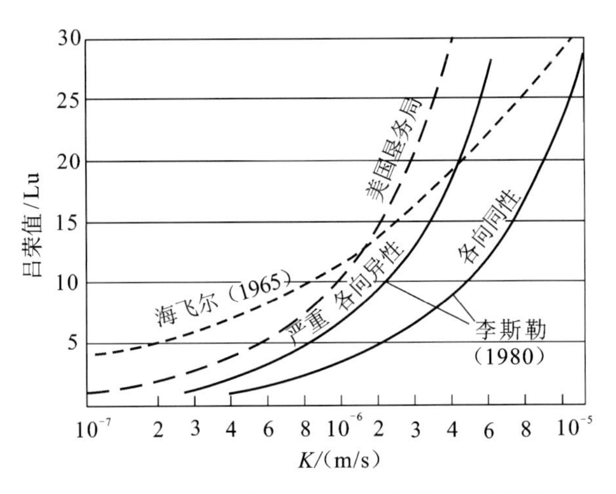

图 6.6　渗透系数 K 与吕荣值的关系曲线

验透水率的最大值、最小值和隧道高程处透水率值进行统计，结果见表 6.2。

表 6.2　压水试验及渗透系数

钻孔编号	透水率最大值		204 m 高程处透水率		透水率最小值		备注
	高程/m	Lu 值	高程/m	Lu 值	高程/m	Lu 值	
XZS5-6-2	205	4.8		无压水资料			前期钻孔
XZS5-6-3	223	7.9	204	5.45	215	2.56	
XZS5-6-4	203	18.9	204	18.9	215	11.2	
F29-1	241	5	210	3.51	327	2.2	
F29-2	238	3.3	204	2.51	216	2.35	
F29-3	227	5.5	204	4.15	224	2.03	
F29-4	240	7.98	204	6.41	234	4.03	
F29-5	224	15	204	12.1	237	5.13	（F52 断层带）
YLK01	224	18	204	16	240	8.6	补充钻孔
YLK02	233	16.2	226	12.6	226	12.6	
YLK03	248	18.2	204	2.26	219	0.08	
YLK04	221	19.4	204	10.6	189	7.4	
平均值		11.68	8.59		5.289		

根据钻孔压水试验统计结果，并参考隧洞开挖施工后现场涌水量统计，计算模型选取参数如表 6.3 所示。

表 6.3 模型计算参数分析及参数取值

材料分区	K 值/(cm/s)			
	A 压水试验结果推求	B 据涌水量公式推求	C 据涌水量数值模型推求	计算参数建议值
F29 断层	5.00×10^{-4}	—	—	5.0×10^{-3}
F29 断层影响带	8.59×10^{-5}	—	—	8.6×10^{-5}
T_3c,T_3t	2.77×10^{-5}	1.66×10^{-5}	2.88×10^{-5}	2.9×10^{-5}
灌浆围岩(结石体)				1.0×10^{-4}

6.3.7 F29 断层及影响带涌水量分析

总干渠 11 号隧洞 F29 断层影响带在取调查水位和计算参数的情况下，按照稳定流进行计算，鉴于目前断层影响带两侧的隧洞基本开挖完毕，本次计算不考虑两侧地层(T_3c 和 T_3t)内隧洞的影响，且断层影响带范围内的隧洞不考虑开挖周期的影响。

根据已经建立的三维数值计算模型，计算 11 号隧洞 F29 断层及断层影响带的涌水量见表 6.4。F29 断层带宽度 5 m 总的涌水量为 1 314.35 m^3/d，单位宽度的涌水量为 262.87 $m^3/(d\cdot m)$，断层影响带范围 370 m 的涌水量为 2 593.70 m^3/d，单位宽度的涌水量为 7.01 $m^3/(d\cdot m)$。

表 6.4 F29 断层及影响带涌水量计算结果

工况	涌水量/(m^3/d)			
	F29 影响带范围 370 m	F29 影响带范围 250 m	F29 影响带范围 200 m	F29 影响带范围 150 m
F29 断层带	1 314.35	1 305.87	1 301.92	1 298.32
F29 影响带(不含 F29 断层带)	2 593.70	1 922.84	1 533.82	1 098.90

不采取防渗措施情况下，研究区范围内的自由水面的基本形态为：断层影响带内不采取处理措施，按照岩体的渗透特性，形成了研究区周边高，隧洞位置段低的降落漏斗形势，表现在总水头上，形成由外到内环形下降，靠近隧洞位置越近，水头越低，如图 6.7 和图 6.8 所示。

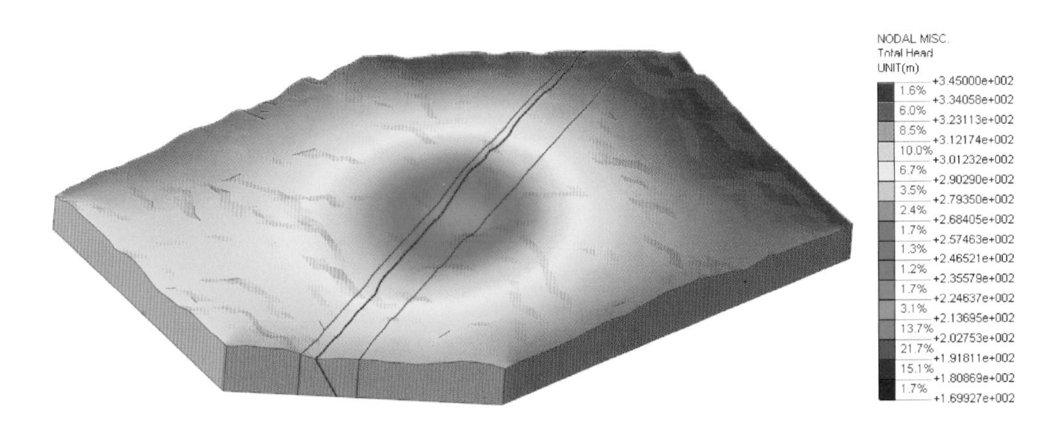

图 6.7　总水头云图(F29 断层影响带宽 370 m)

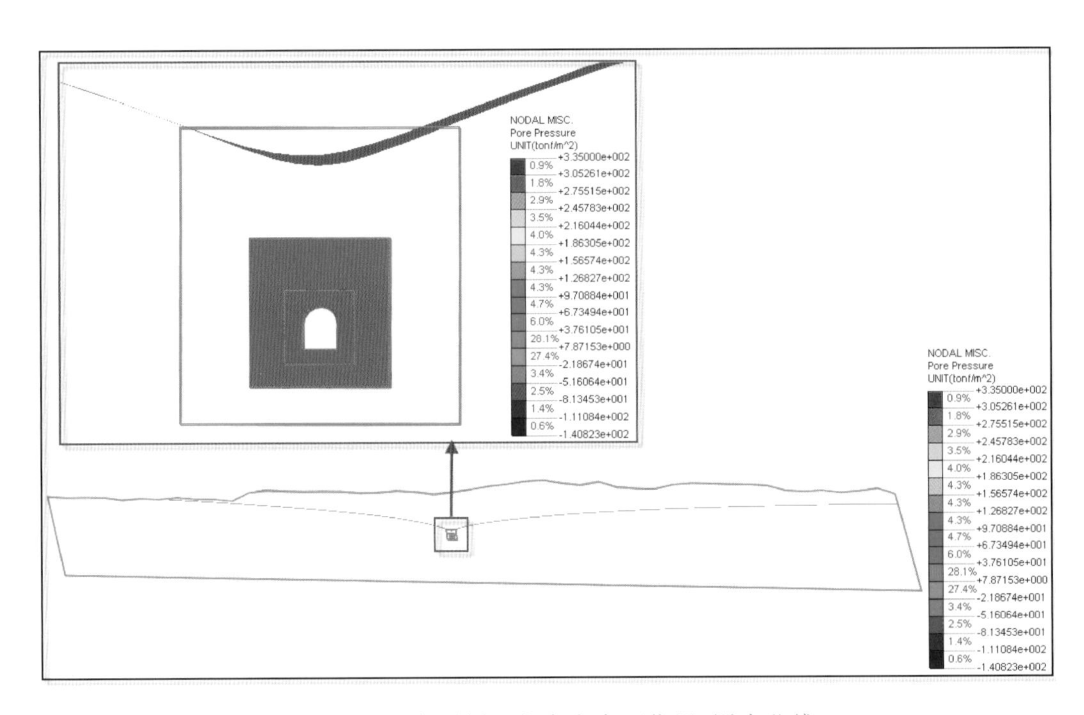

图 6.8　F29 断层剖面的自由水面位置(图中蓝线)

剖开模型,选取隧洞及其周边一带范围内,总水头形成了环绕隧洞断面的同心圆,距离隧洞断面中心点越小,相对应的总水头越小,如图 6.9 和图 6.10所示。

研究区水力坡降集中在隧洞周边一定范围内,靠近隧洞距离越近,水力坡降越大。图 6.11 中的(a)为水力梯度 1.72 的等值面图,(b)为水力梯度 2.75的等值面图,(b)的范围明显比(a)要小很多,且水力坡降数值大,最大的

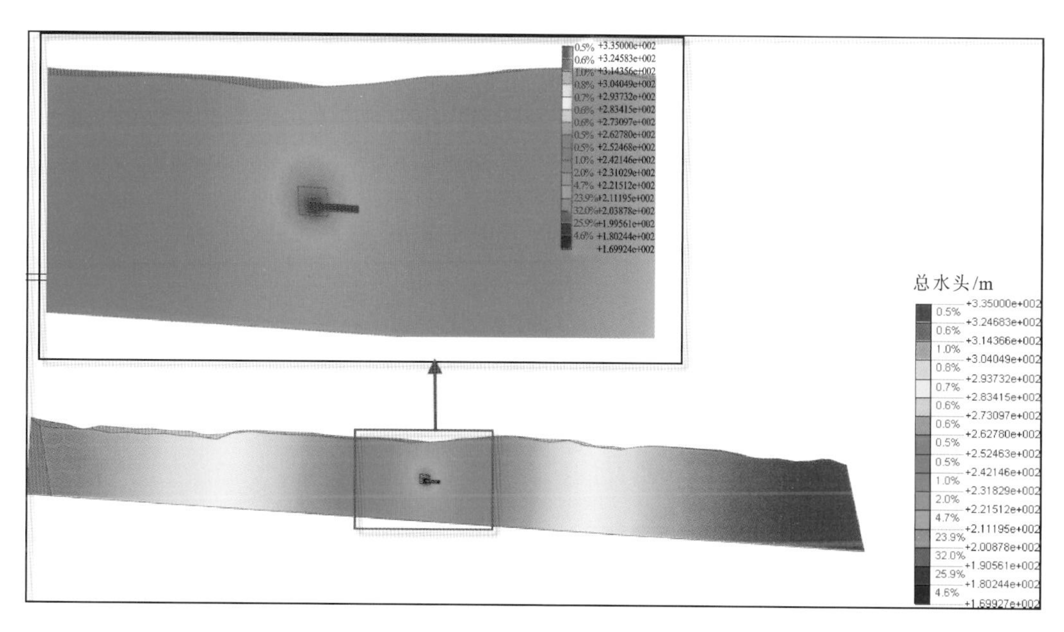

图 6.9　隧洞周边的总水头云图

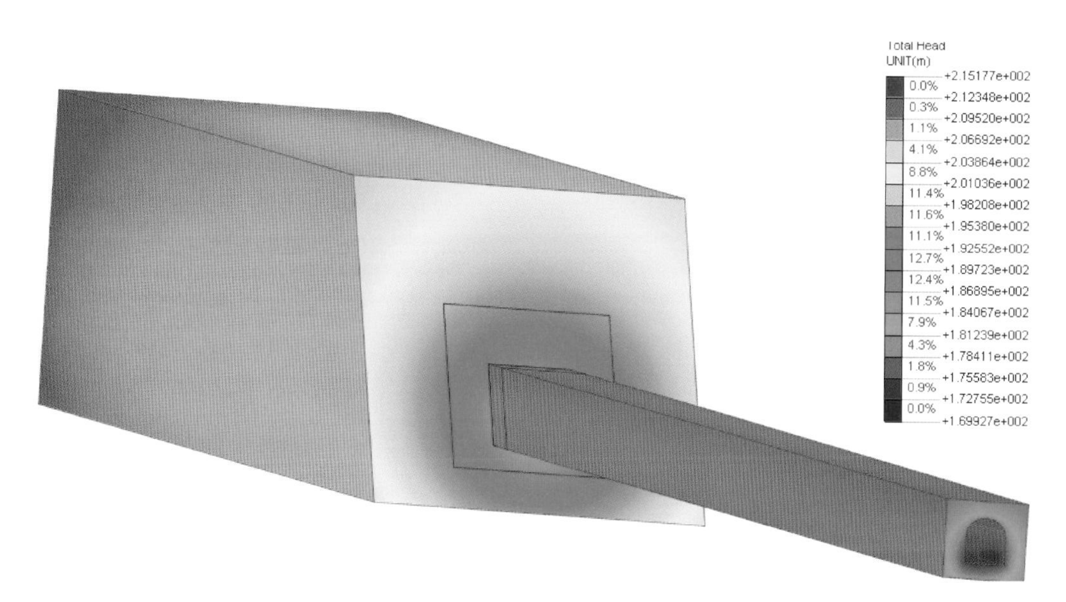

图 6.10　开挖隧洞一定范围内的总水头云图

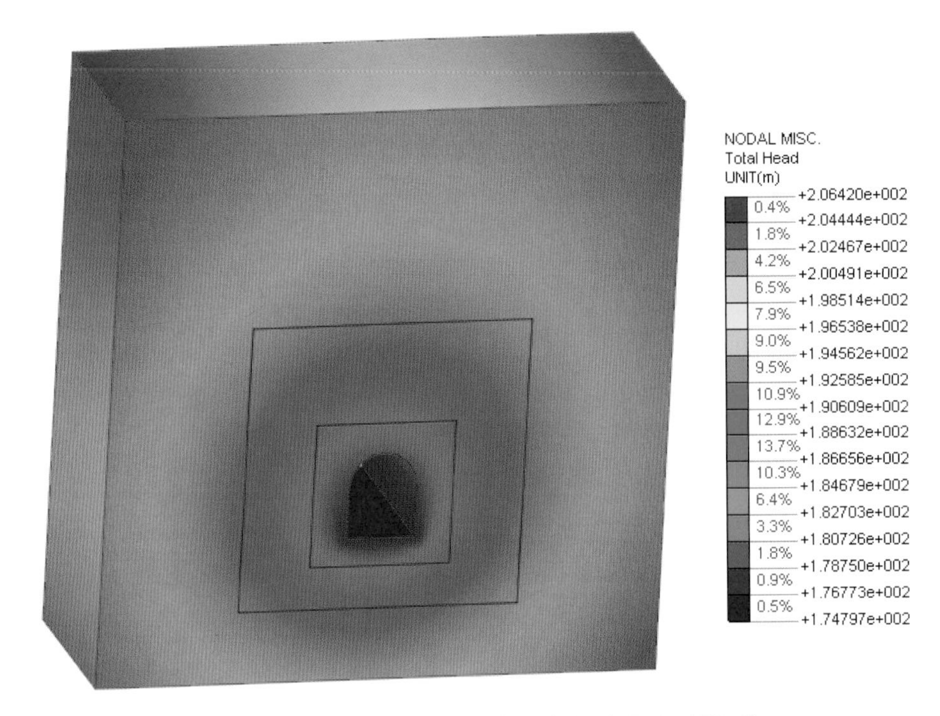

图 6.10　开挖隧洞一定范围内的总水头云图(续)

水力坡降为 5.94,集中在马蹄形隧洞的洞底脚部分,范围较小,隧洞周边大部分范围内的最大水力坡降在 3 左右,形成的最大动水压力 59.4 kPa 远低于岩体的抗拉强度,不会产生岩体整体破坏。断层和裂隙岩体中存在一定的泥化夹层,可能发生管涌破坏。

研究区流速分布情况如图 6.12 所示,流速较大部位分布在断层带内,且主要集中在隧洞周边一定范围,最大流速集中在 F29 内的隧洞截面上,图 6.12中的浅绿色等值面流速为 0.389 m/d。计算结果表明,水流动的方向为从隧洞四周流向隧洞中心线。

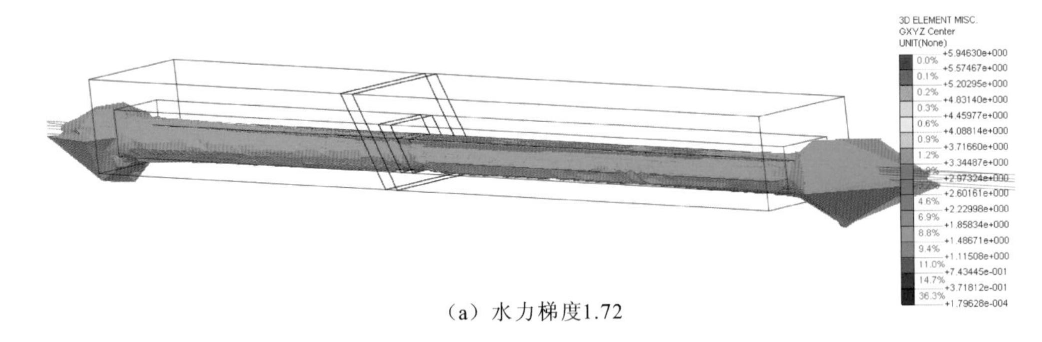

(a) 水力梯度1.72

图 6.11　环绕隧洞周边的水力梯度坡脚等值面图

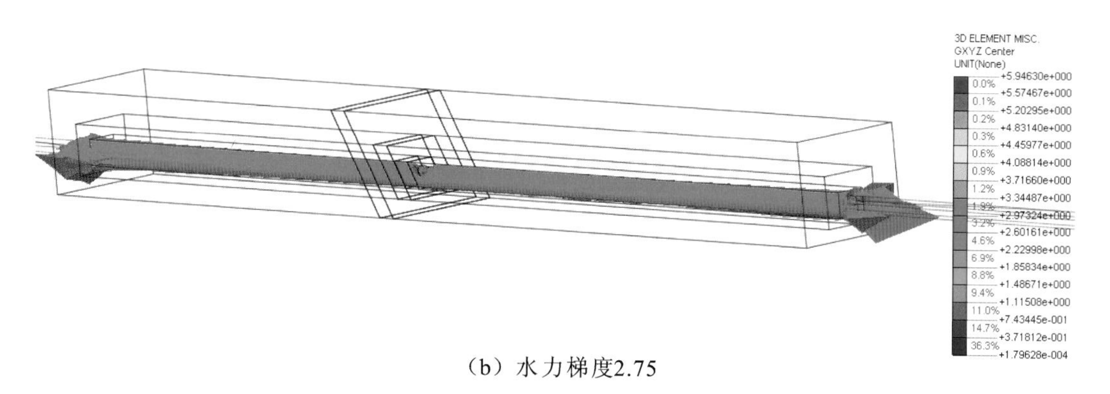

（b）水力梯度2.75

图 6.11　环绕隧洞周边的水力梯度坡脚等值面图(续)

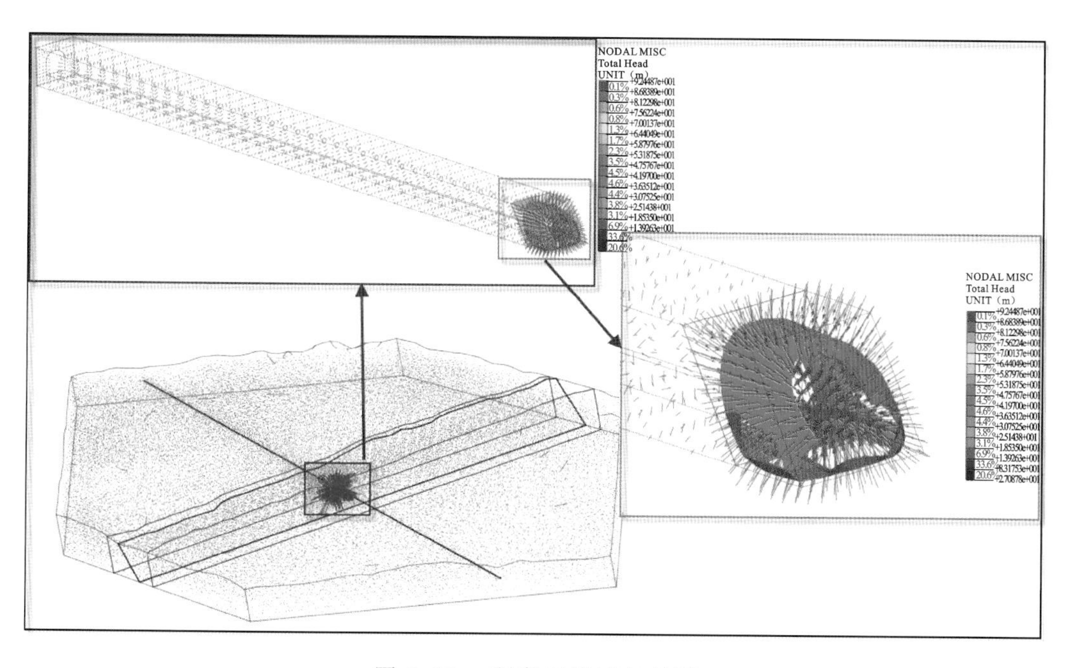

图 6.12　研究区流速矢量图

6.3.8　F29 断层影响带宽度为 200 m 涌水情况分析

当断层影响带范围为 200 m 宽时，涌水量变小，渗流场形态与 370 m 宽度范围时基本一致，如图 6.13 所示。

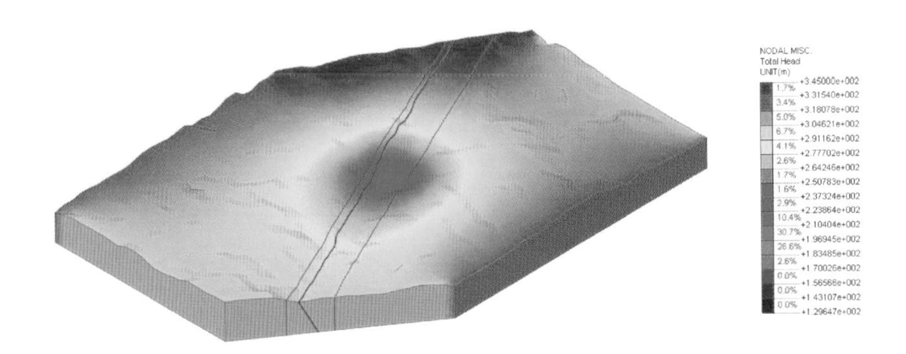

图 6.13　总水头云图(F29 断层影响带宽 200 m)

6.3.9　MODFLOW 模型及计算结果

1. 模型离散

模拟范围，*X* 方向：495 505.03～501 893.91 m；*Y* 方向：3 872 294.34～3 878 429.69 m。将其剖分为 166 行，154 列，其中有效单元格 12 468 个，无效单元格 13 096 个，如图 6.14 和图 6.15 所示。

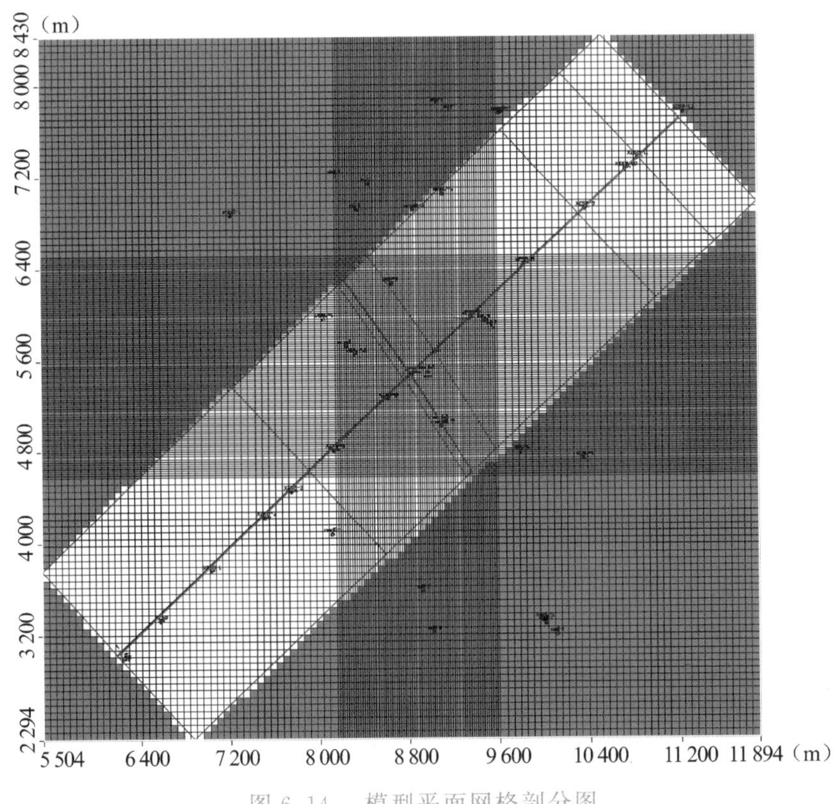

图 6.14　模型平面网格剖分图

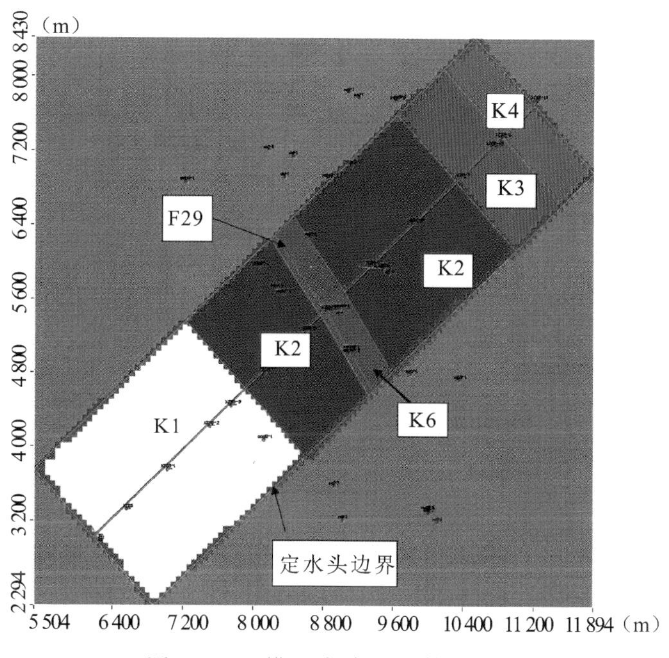

图 6.15　模型中渗透系数分区图

2. 模型的识别和校正

以 14 个钻孔观测孔的水位作为拟合目标，经模型识别，模拟结果如图 6.16所示。

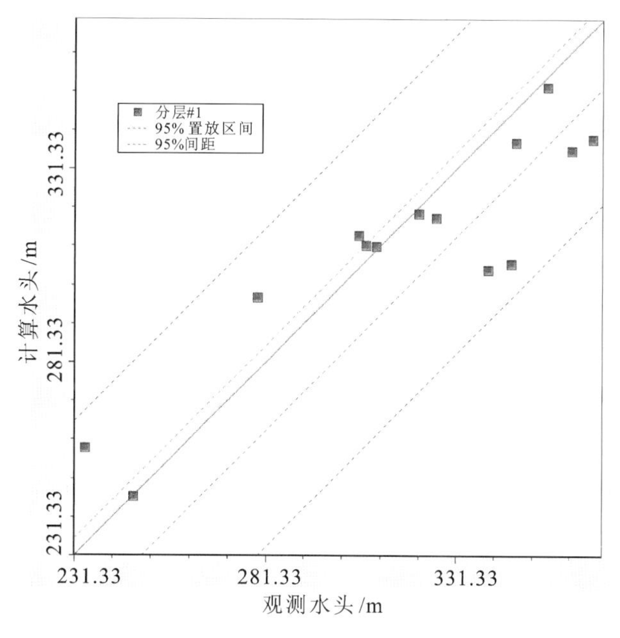

图 6.16　观测孔实际水位与计算模拟水位比较

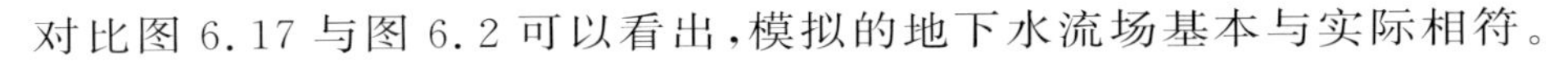
对比图 6.17 与图 6.2 可以看出，模拟的地下水流场基本与实际相符。

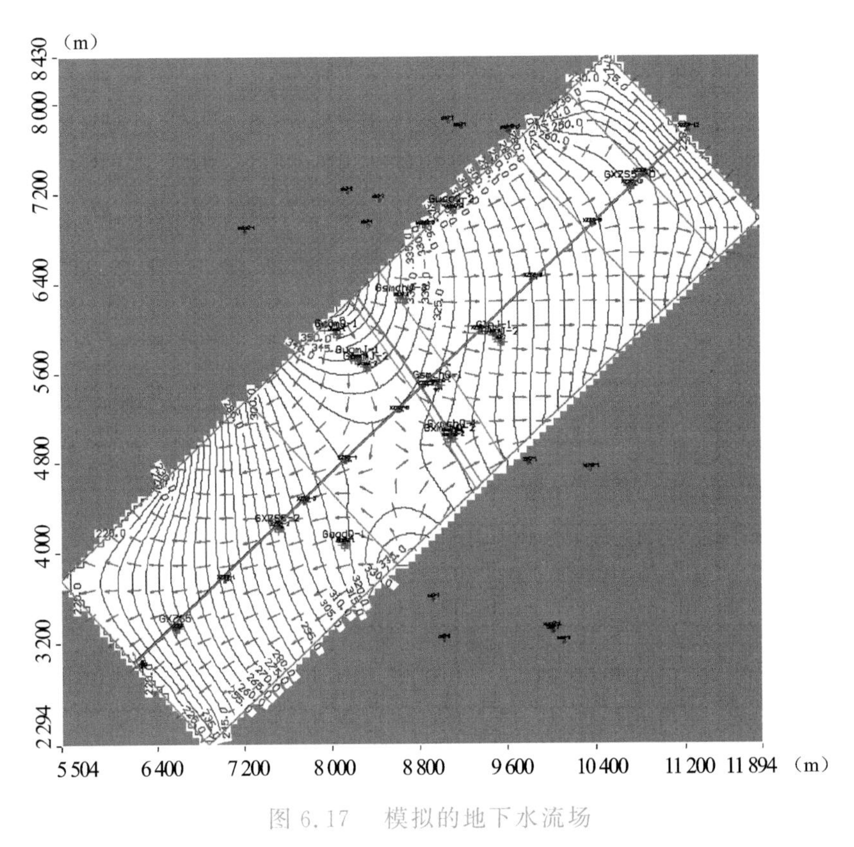

图 6.17　模拟的地下水流场

6.3.10　F29 断层影响带涌水量预测

隧洞涌水量预测可调用 MODFLOW 的 Drain(排水沟渠)子程序包模拟。Drain 的控制参数为其底板高程，当排水沟渠附近的地下水高于该固定高程时，Drain 就从含水层中排泄地下水；反之，Drain 失效。11 号隧洞开挖的最低底板高程是 199.9 m，因此将 Drain 的底板高程固定为 200 m，需要模型识别的是 Drain 的另一个控制参数排水系数，它表示单位时间、单位水头差作用下由含水层进入 Drain 的流量。Drain 的流量即隧洞的涌水量，由下式计算得到：

$$Q_D = C_D(H_D - h_{i,j,k}) \quad (h_{i,j,k} > H_D)$$

$$Q_D = 0 \quad (h_{i,j,k} \leqslant H_D)$$

式中：Q_D——从含水层进入 Drain 的流量；

C_D——排水系数；

H_D——Drain 的高程；

$h_{i,j,k}$——Drain 所在单元的计算水头。

排水系数的识别需要实测的隧洞涌水量来佐证。2013 年 11 月 20 日至 12 月 8 日期间，据第四标段 16＋040～15＋668 抽排水量记录，平均流量为 753.84 m^3/d，以该流量作为拟合目标，识别排水系数为 0.61 m^2/d。在 MODFLOW 中，根据模型分区，沿着洞轴线设置了几条 Drain 边界，并设置相应的水均衡分区，用来确定各标段和断层影响带的涌水量(图 6.18)。从表6.5 可以看出，桩号 16＋040～15＋668 段模拟得出的涌水量和实际施工记录涌水量一致。F29 断层影响带 14＋690～15＋060 段的涌水量为 1 967.97 m^3/d。

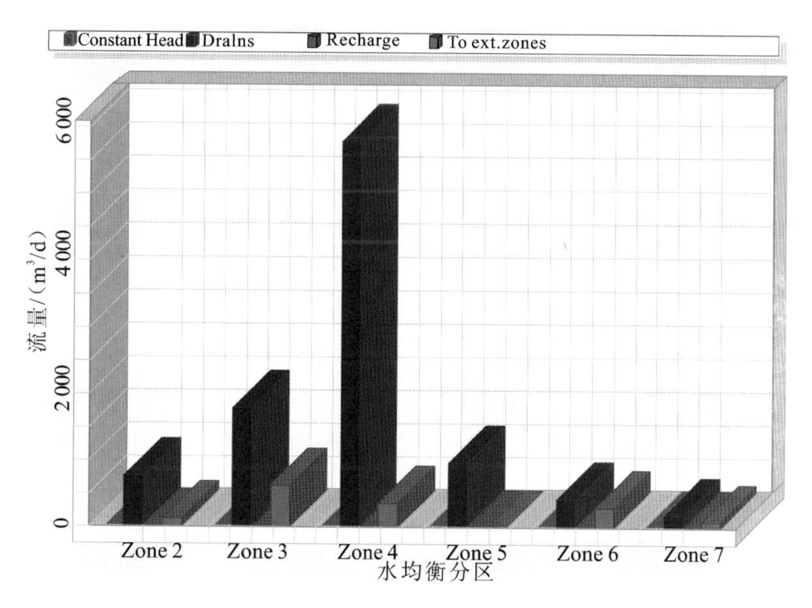

图 6.18　MODFLOW 软件 Drain 流量模拟结果

表 6.5　各标段的隧洞涌水量预测

桩号	Drain 编号	对应的均衡区编号	Drain 流量/(m^3/d)
16＋040～15＋688	Drian1	zone2	757.59
11＋163.5～13＋523.1	Drian2	zone3	1 785.44
13＋523.1～14＋690	Drian3	zone4	5 795.90
15＋060～16＋803.5	Drian4		
14＋690～15＋060	Drian5	zone5	1 967.97
16＋803.5～17＋527.5	Drian6	zone6	431.68
17＋527.5～18＋025.6	Drian7	zone7	188.17

6.3.11　涌水对洞室围岩应力的耦合分析

1. 模型的概化

隧道开挖的为一马蹄形隧洞，截面尺寸为 4.9 m×5.9 m，隧洞贯穿模型整个地层，根据前期勘测结果，断层与断层影响带的存在以及存在的高承压水是导致该处施工地质问题复杂的主要原因，基于此，将模型的范围定位 200 m×700 m×250 m，模型宽度 200 m，长度 700 m，并包含断层影响带以外 420 m 区域，高程范围为 100～350 m，共 250 m。

模型计算范围内的地层单元有断层 F29、断层 F29 影响带、T_3t 地层、T_3c 地层。

模型底部为固定约束，模型四个周边为水平约束。

上述模型材料分区的计算参数，综合考虑参考前期勘测试验结果和本次补充试验成果，计算参数表见表 6.6。

表 6.6　模型材料分区参数取值

材料分区	剪切模量/Pa	体积模量/Pa	C(Pa)	内摩擦角/(°)	密度/(kg/m³)	抗拉强度/Pa	孔隙率
F29	1.81×10^9	5.0×10^9	0.6×10^6	26	2 300	4.0×10^6	0.35
F29 影响带	2.03×10^9	5.5×10^9	7.0×10^6	28	2 400	8.0×10^6	0.30
T_3c/T_3地层	2.03×10^9	6.0×10^9	8.0×10^6	30	2 510	1.3×10^7	0.16

基于现场的实际情况，选取以下计算工况：

工况 A：天然工况，隧洞不开挖，地下水位为初始地下水位。

工况 B：隧洞开挖完成，地下水位未大幅度降落(不考虑隧洞的分步开挖)。

工况 C：隧洞开挖完成，地下水位受施工影响并且水位降落稳定(不考虑隧洞的分步开挖)。

计算模型共剖分 76 831 个单元，节点 34 012 个，如图 6.19 所示。

2. 工况 A 计算结果分析

工况 A 为模拟未在地表灌浆作业，也未进行隧洞开挖的情况，主要为后

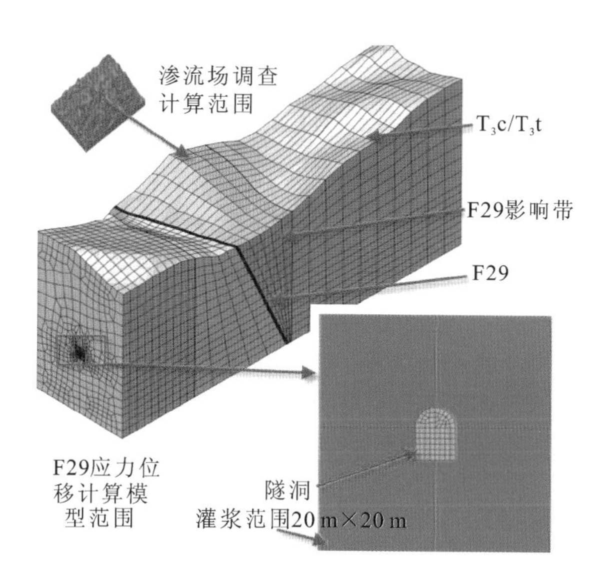

图 6.19　模型材料及剖分图

续其他工况分析作为基础工况，该工况下未灌浆，隧洞不开挖，地下水位没有受到施工影响，为初始地下水位。

从计算结果看出，位移和应力受地形影响明显，位移受断层和断层影响带的影响较小，地表和内部断层没有明显的位移不连续；应力受断层和断层影响带明显，在 F29 断层处，应力出现不连续[图 6.20 中(d)、(f)]，且这种不连续穿过隧洞洞轴线，但没有出现塑性区。

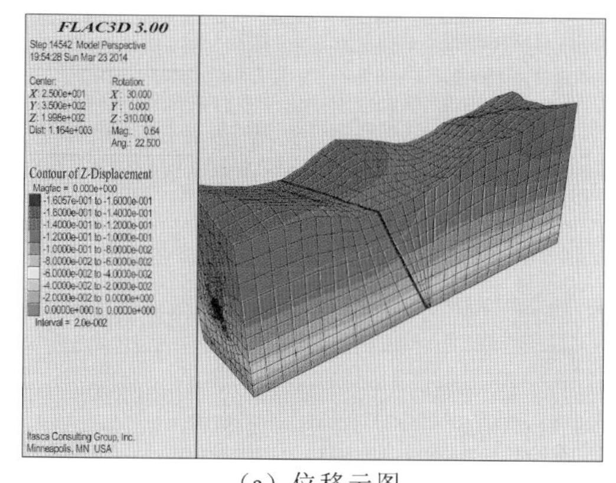

(a) 位移云图

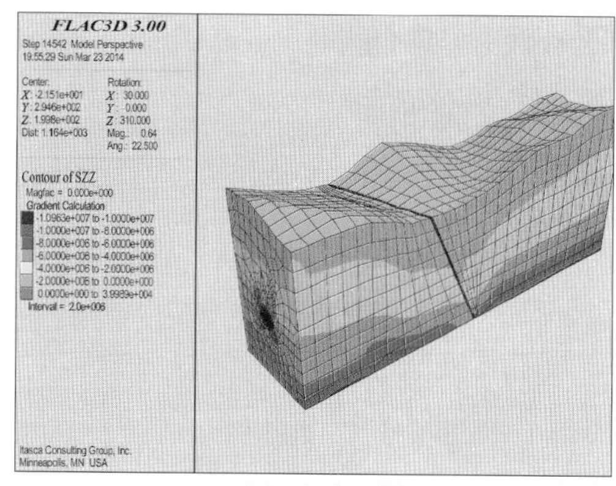

(b) 应力云图

图 6.20　工况 A 计算云图

剖面为模型内部洞轴线位置，模型框线为外部，(e)和(f)存在空间错位

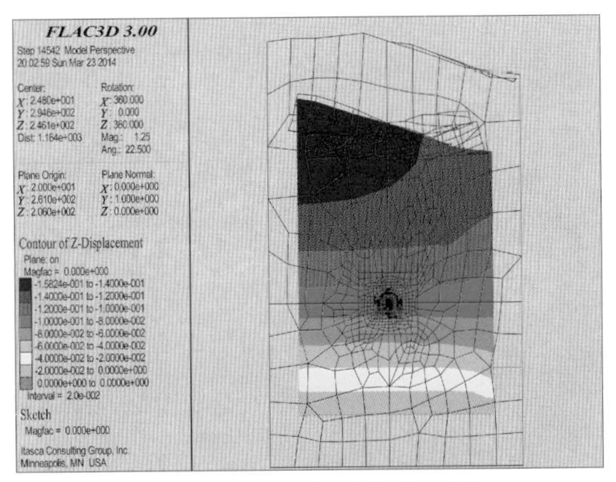

(c) F29断层剖面位移云图

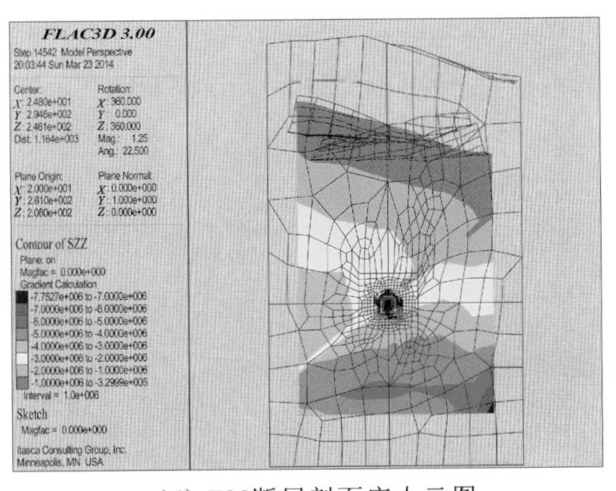

(d) F29断层剖面应力云图

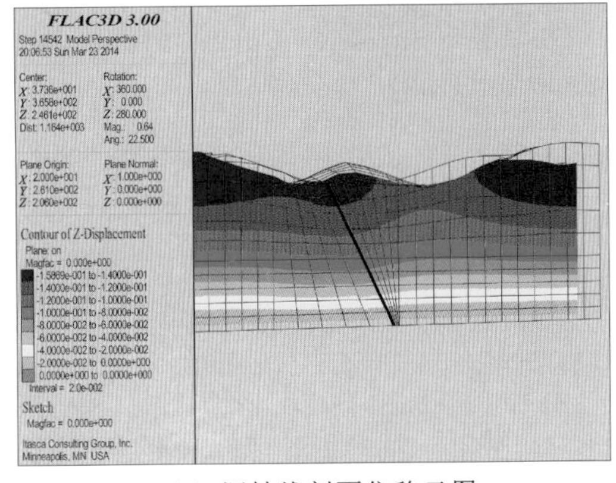

(e) 洞轴线剖面位移云图

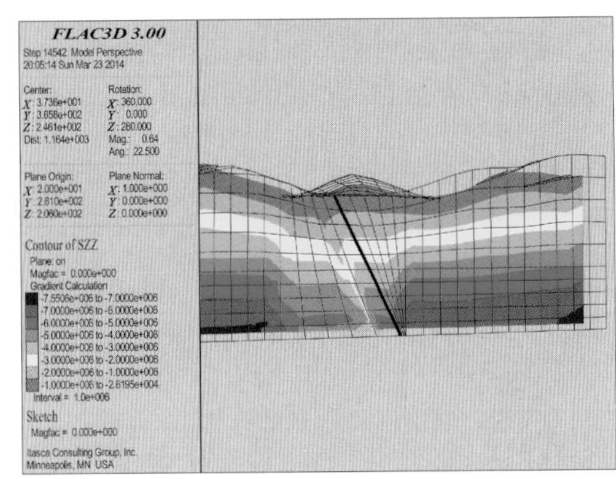

(f) 洞轴线剖面应力云图

图 6.20　工况 A 计算云图(续)

剖面为模型内部洞轴线位置,模型框线为外部,(e)和(f)存在空间错位

3. 工况 B 计算结果分析

工况 B 模拟未进行灌浆处理作业,隧洞开挖完成,地下水水位不变的情况下,地应力场和位移场的变化,主要作为后续其他工况分析的比较工况,该工况下隧洞完成开挖,地下水水位没有受到施工影响,为初始地下水位。

从计算结果看出,在工况 B 中,隧洞的开挖对整个计算范围内的位移总体影响不明显,地表基本不会受到隧洞开挖的影响。隧洞的开挖会影响隧洞周边一定范围内的位移场的变化,但总体改变较小;隧洞上方最大位移在 F29 内的隧洞顶端为 3.5 mm,影响范围超过洞顶上部 5 m 的距离;隧洞底部最大位移 4.14 mm,底部位移影响范围较大,如图 6.21(i)所示,位移变化趋势沿着隧洞轴线方向在断层影响带范围内的变化不明显,在断层影响带外部,位移明显变小。

应力场的改变较明显,主要集中在 F29 和影响带内,但改变数值的绝对值较小,地表应力场没有受到隧洞开挖的影响;隧洞开挖对 F29 断层处的应力出现不连续有一定加剧，如图 6.21(g)和(h)，且这种不连续穿过隧洞洞轴线。

在整个计算范围内，塑性区只出现在隧洞与断层交汇处，基本位于两侧墙和底脚处且范围较小，说明隧洞开挖不会引起隧洞周边大范围的岩体变形破坏。

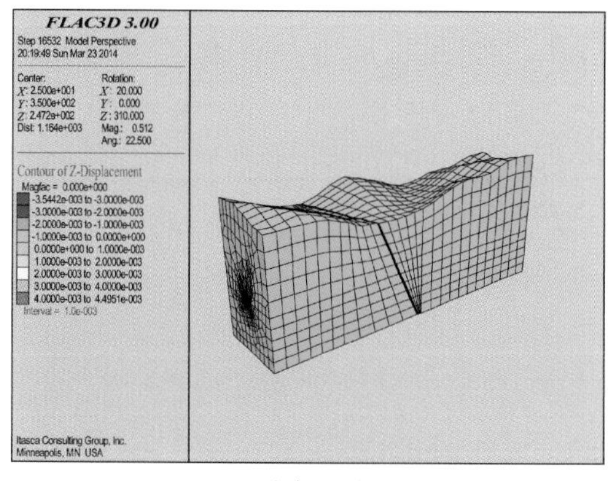

(a) 垂直位移云图

(b) 水平位移云图

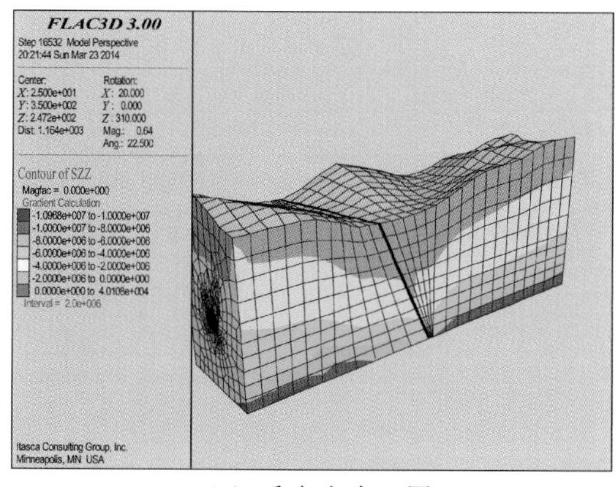

(c) 垂直应力云图

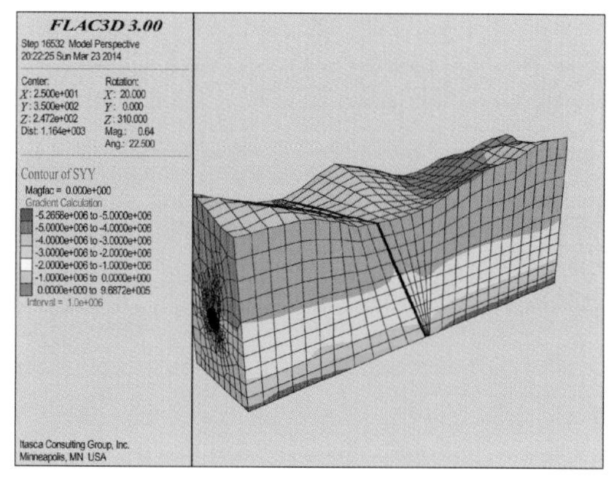

(d) 水平应力云图

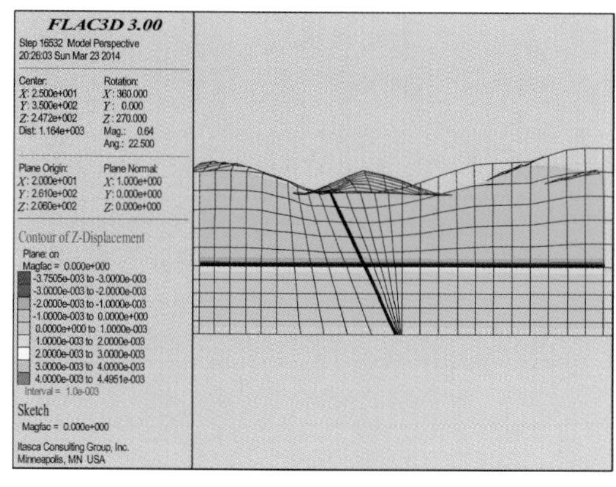

(e) 洞轴线截面垂直位移云图

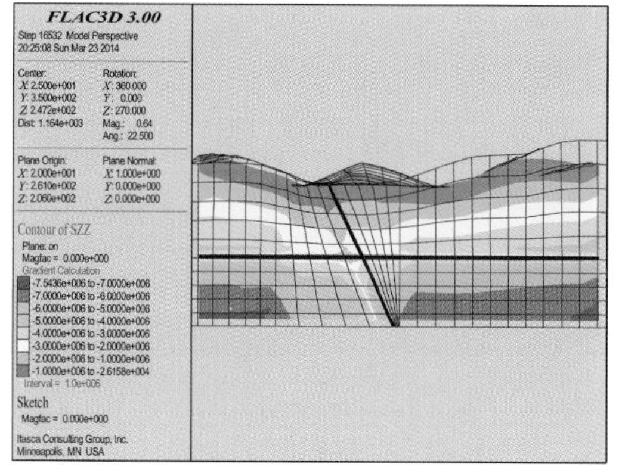

(f) 洞轴线截面垂直应力云图

图 6.21　工况 B 计算云图

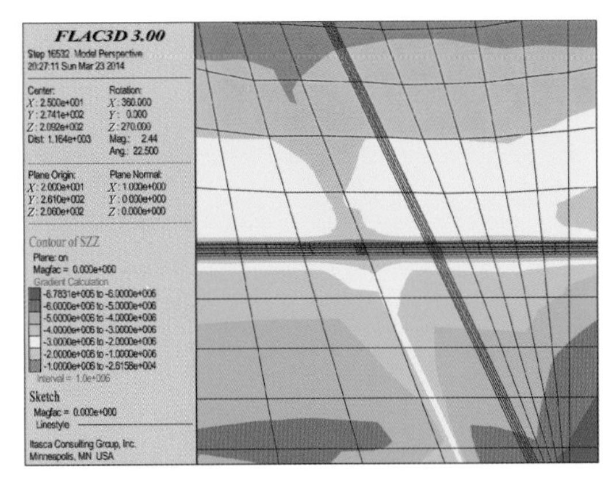

（g）洞轴线截面垂直应力云图（F29处）

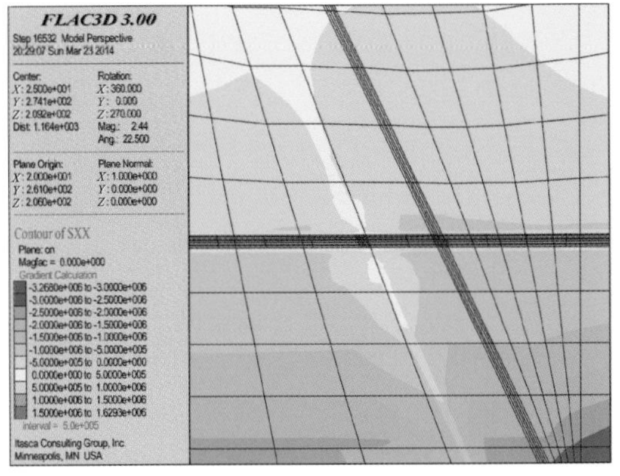

（h）洞轴线截面水平应力云图（F29处）

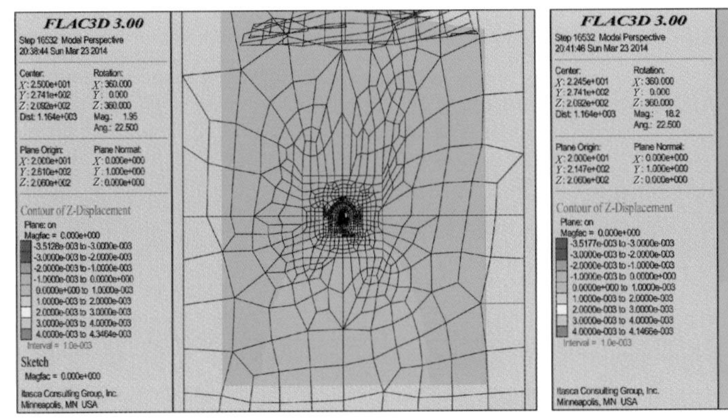

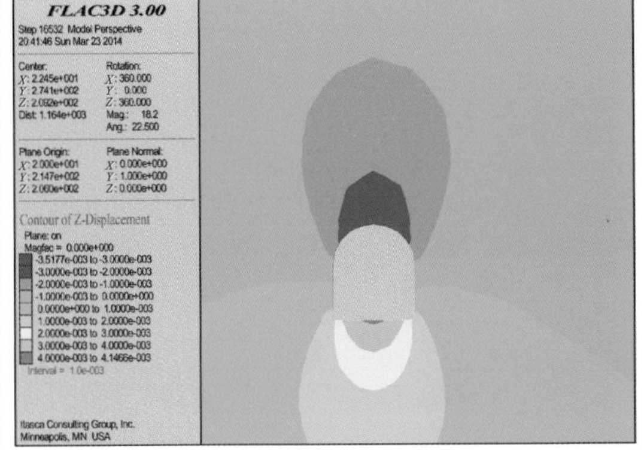

（i）F29断层剖面位移云图

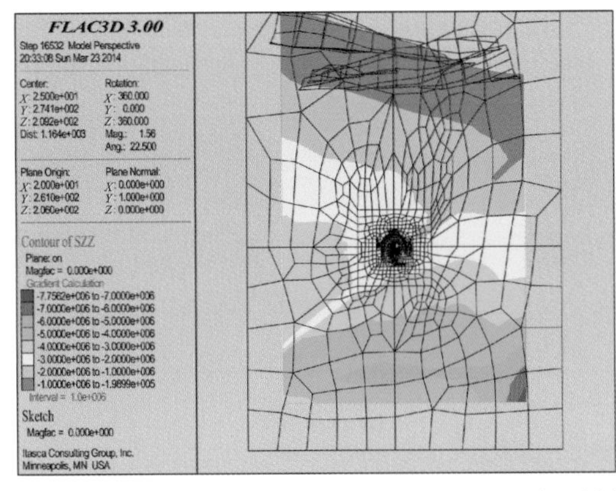

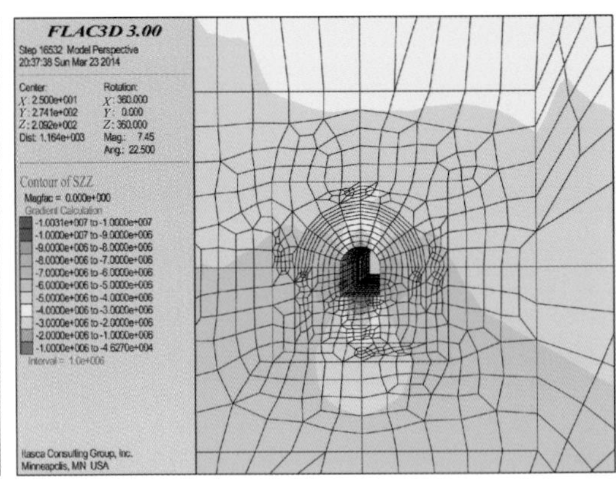

（j）F29断层剖面垂直应力云图

图 6.21　工况 B 计算云图(续)

4.　工况 C 计算结果分析

工况 C 为模拟隧洞开挖，地下水下降并基本稳定的情况下，地应力场和位移场的变化，主要作为分析工况，该工况下隧洞完成开挖，地下水位受到施工影响并下降稳定，计算水位采取前面渗流计算结果进行耦合叠加分析。

从计算结果看出，在工况 C 中，隧洞的开挖对整个计算范围内的位移和应力总体影响不明显，地表基本不会受到隧洞开挖的影响。隧洞的开挖会影响隧洞周边一定范围内的应力场和位移场的变化，但总体改变较小，最大位移在 F29 内的隧洞顶端为 3.1 mm，总体的变化趋势向隧洞轴线方向有移动趋势，影响带和其他地层内位移会逐步变小。

应力场的改变也较小，主要集中在 F29 和影响带内，但改变数值的绝对值较小，地表应力场没有受到隧洞开挖的影响；隧洞开挖对 F29 断层处的应力出现不连续，有一定加剧，且这种不连续穿过隧洞洞轴线。

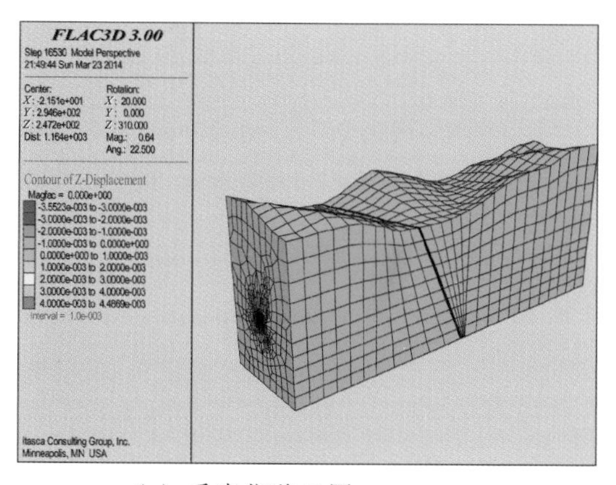

(a) 垂直位移云图

(b) 水平位移云图

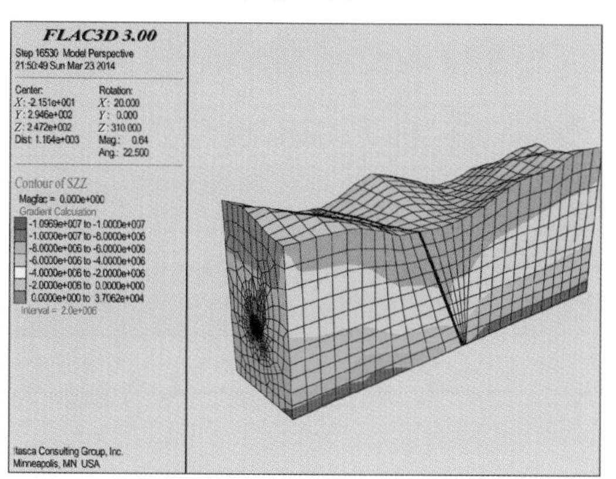

(c) 垂直应力云图

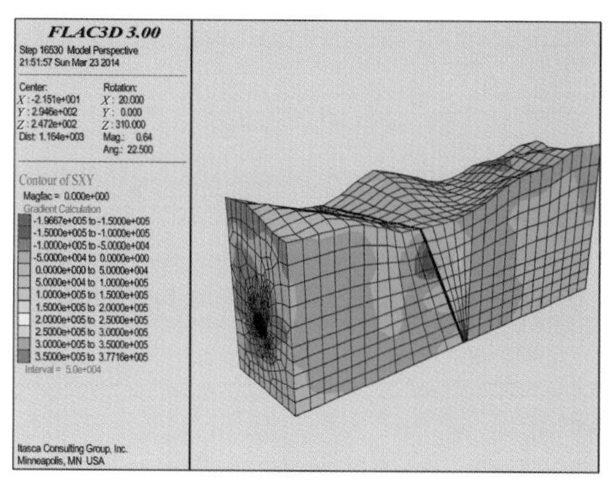

(d) 水平应力云图

图 6.22　工况 C 计算云图

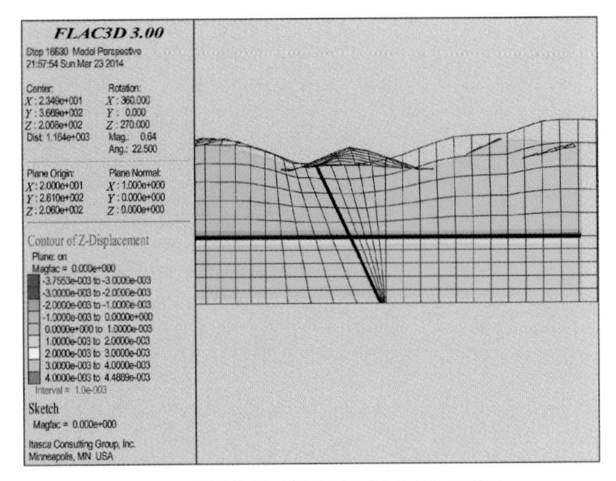

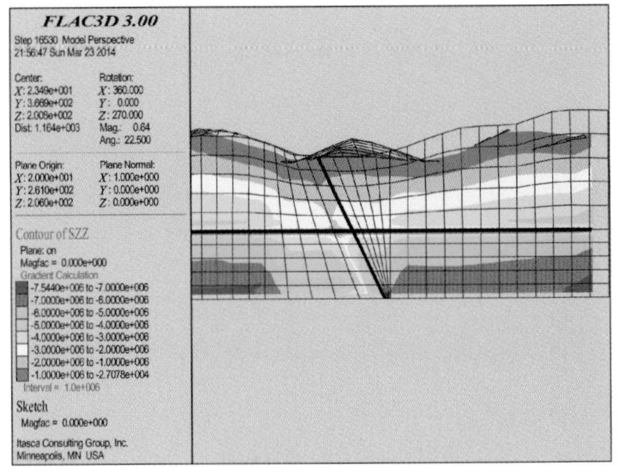

(e) 洞轴线截面垂直位移云图　　(f) 洞轴线截面垂直应力云图

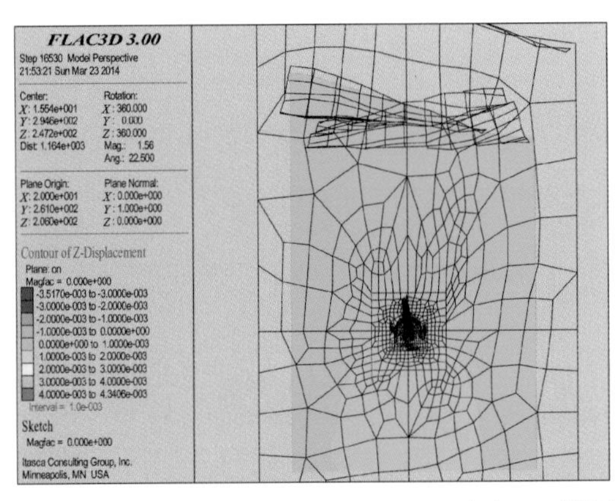

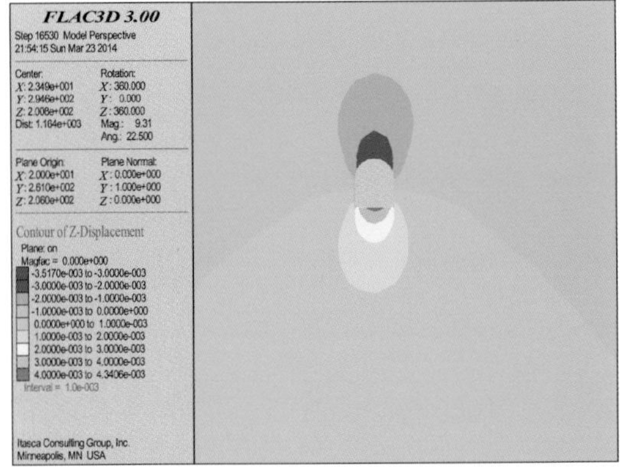

(g) F29断层剖面位移云图

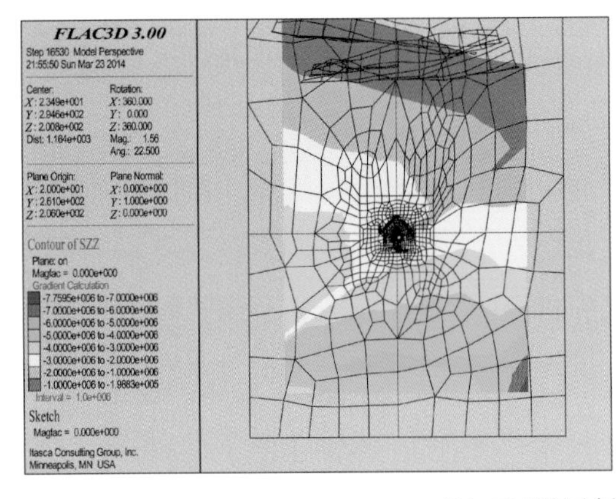

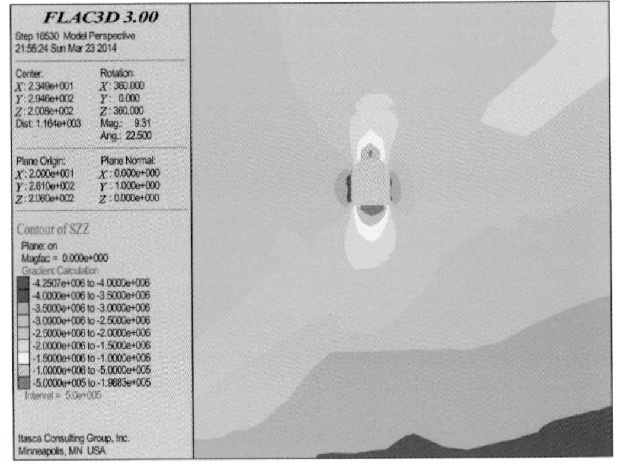

(h) F29断层剖面垂直应力云图

图 6.22　工况 C 计算云图(续)

第 7 章　F29 断层高承压水处理方案

7.1　F29 断层高承压水施工处理原则

针对 11 号隧洞 F29 断层高承压水段地质构造复杂、地下水压力高、涌水量大、存在突水等地质灾害问题。在经济合理、安全可行的前提下，地下水涌突水灾害处理采取“先探后掘，以堵为主，排堵结合，平行施工”的原则。F29 断层段高承压水处理方案采用高压水泥注浆施工处理。

随着地下工程建设与环境保护相互协调新理念的发展，以堵为主，排堵结合的隧洞施工涌水处理原则已占主导地位。止水法主要有注浆法、压气法和冻结法。针对 11 号隧洞 F29 断层段施工存在的涌突水特征和水文地质条件，难以采用压气法，也无必要使用冻结法。注浆法具有独特的优势，既经济又合理，具有广泛的应用价值。

7.2　F29 断层段帷幕注浆范围三维数值分析及方案优化

7.2.1　各种注浆方案三维数值分析

为了优化设计地表帷幕注浆范围，选取 F29 断层带宽 5 m，断层影响带宽分别选取 370 m，250 m，200 m，150 m 和洞室断面注浆范围选取 40 m×40 m,20 m×20 m,10 m×10 m 共 12 种工况。F29 断层带地表帷幕注浆计算模型如图 7.1 所示。计算模型共剖分单元258 342个,节点 58 206 个,计算模型剖分图参见图 6.5。

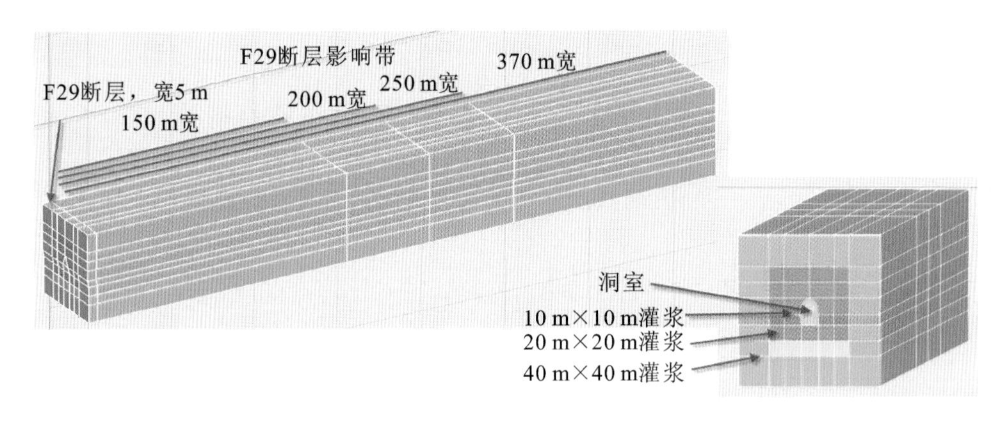

图 7.1　F29 断层带地表帷幕注浆计算模型

采用 FLAC3D 进行三维数值计算分析,计算结果列于表 7.1。

表 7.1　地表帷幕注浆不同范围涌水量计算结果

工况		涌水量/(m^3/d)			
		F29 影响带范围 370 m	F29 影响带范围 250 m	F29 影响带范围 200 m	F29 影响带范围 150 m
不灌浆	F29 断层	1 314.35	1 305.87	1 301.92	1 298.32
	F29 影响带	2 593.70	1 922.84	1 533.82	1 098.90
10 m×10 m 范围灌浆	F29 断层	75.25	68.14	63.84	64.18
	F29 影响带	2 343.91	1 593.48	1 227.10	1 078.08
20 m×20 m 范围灌浆	F29 断层	47.68	49.84	51.93	52.85
	F29 影响带	1 933.88	1 284.29	971.98	966.17
40 m×40 m 范围灌浆	F29 断层	34.53	37.41	38.34	39.02
	F29 影响带	1 652.85	1 093.82	833.78	908.98

各种工况下的计算结果表明:采取不同处理范围的处理方案,会减少隧洞的涌水量。

从同一宽度的断层影响带的防渗效果看,在同一宽度的影响范围内,防渗截面面积的大小直接影响涌水量的大小,灌浆截面越大,涌水量越小。例如,370 m 宽的断层影响带,断层的涌水量受灌浆处理截面面积大小影响明显，最大减少量超过55%；而断层带灌浆处理截面面积大小影响而产生的减少量超过35%。

7.2.2　注浆范围20 m×20 m，断层影响带370 m时分析结果

采取截面尺寸为20 m×20 m，长度370 m的灌浆处理措施情况下，研究区范围内的自由水面的基本形态为：在研究区内，按照岩体的渗透特性，形成了研究区周边高，隧洞位置段稍低的降落漏斗形态，但比没采取灌浆处理措施的水头要高，表现在总水头上，形成由外到内环形下降，靠近隧洞位置越近，水头越低，如图7.2和图7.3所示。

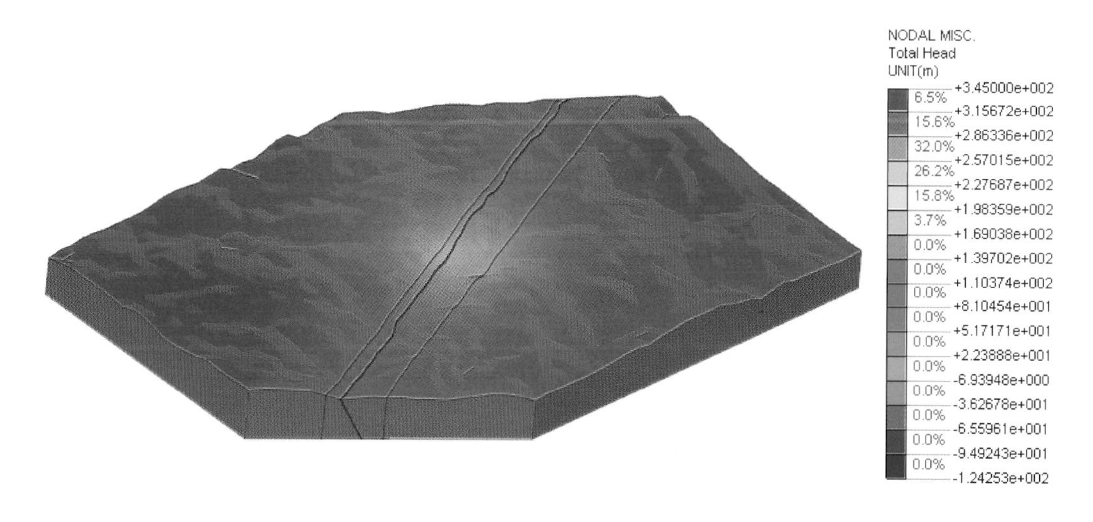

图7.2　总水头云图(F29断层影响带宽370 m)

剖开模型，选取隧洞及其周边一带范围内，总水头形成了环绕隧洞断面的同心圆，距离隧洞断面中心点越小，相对应的总水头越小，如图7.4所示。图7.5为隧洞附近的压水水头云图。

研究区水力坡降集中在隧洞周边一定范围内，靠近隧洞距离越近，水力坡降越大。图7.6中的(a)为水力梯度10.96的等值面图，(b)为水力梯度19.12的等值面图，(b)的范围明显比(a)要小很多，且水力坡降数值大，最大的水力坡降为272，集中在马蹄形隧洞的洞底脚部分，范围较小，隧洞周边大部分范围内的最大水力坡降在20左右，如图7.6(c)所示。

研究区流速分布情况如图7.7所示，流速较大部位分布在断层带内，且主要集中在隧洞周边一定范围，最大流速集中在F29内的隧洞截面上，图7.7中的浅绿色等值面流速为0.121 m/d。计算结果表明，水流动的方向为从隧洞四周流向隧洞中心线。

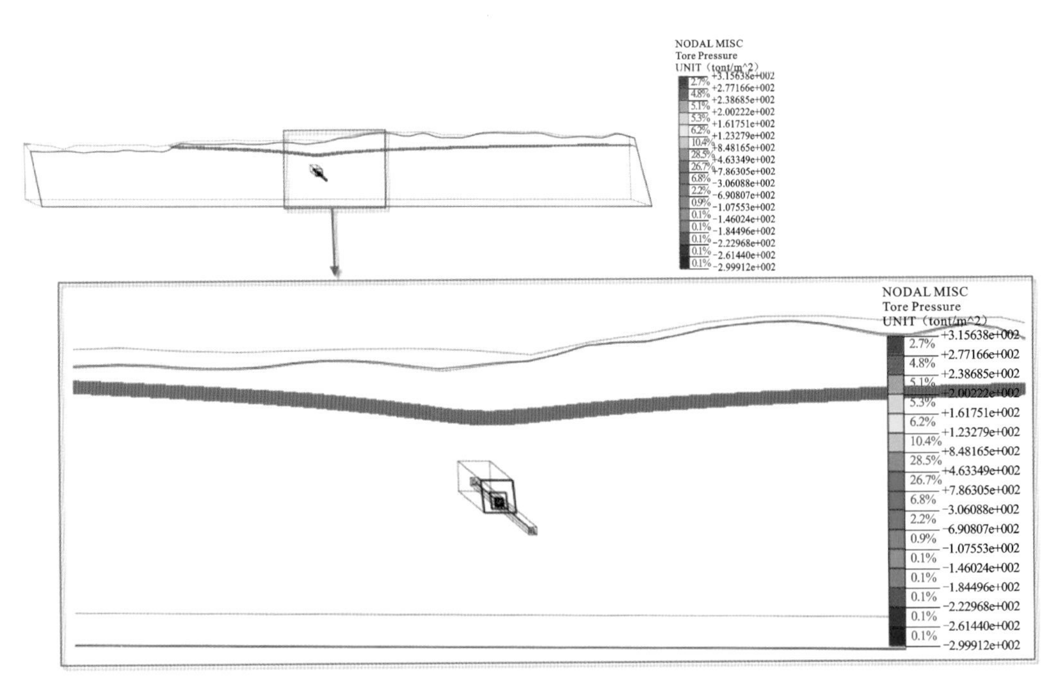

图 7.3　F29 断层带沿洞室轴线自由水面线(图中绿线)

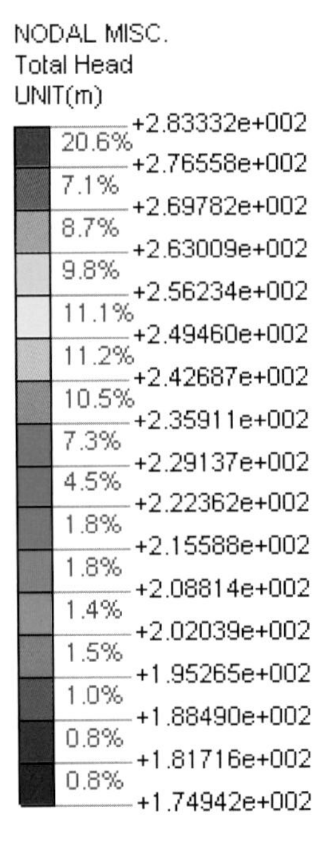

图 7.4　隧洞周边的总水头云图

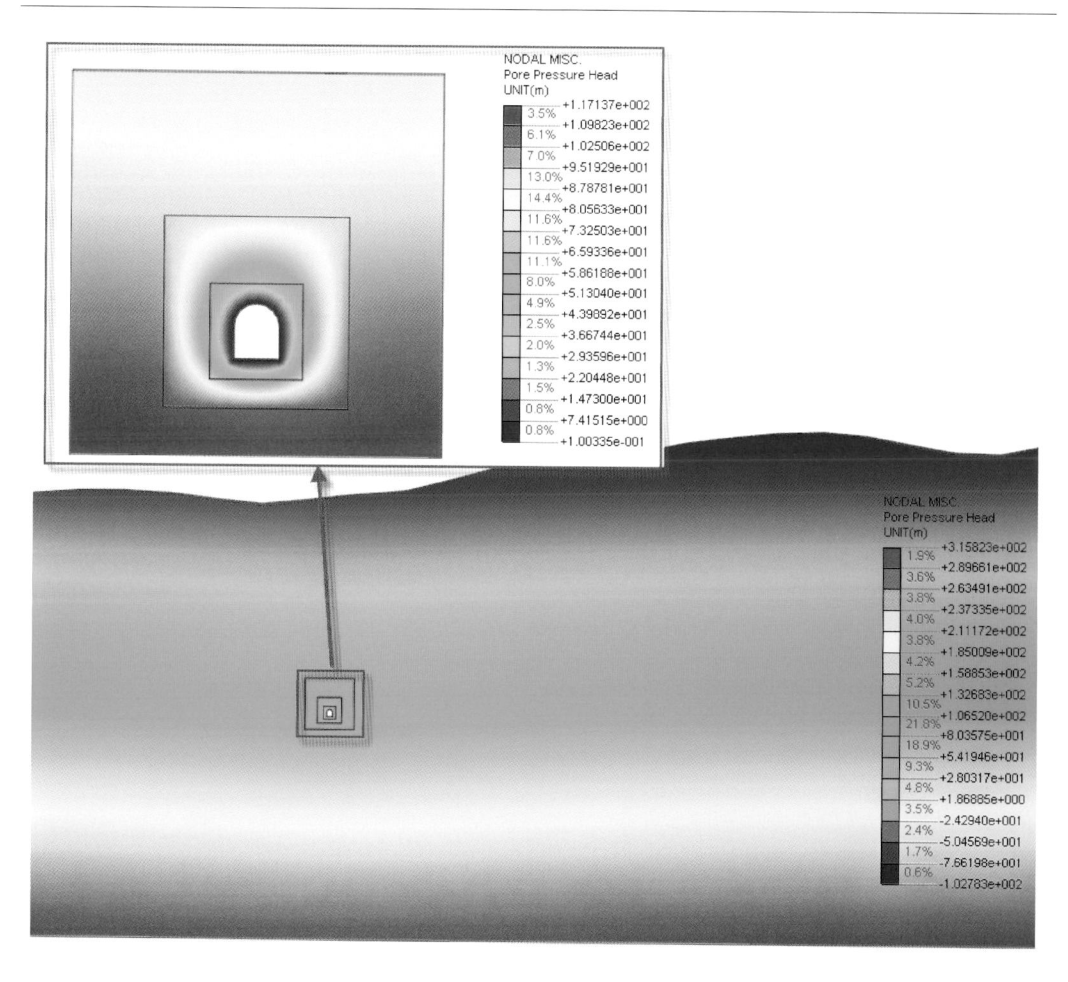

图 7.5　开挖隧洞一定范围内的压力水头云图

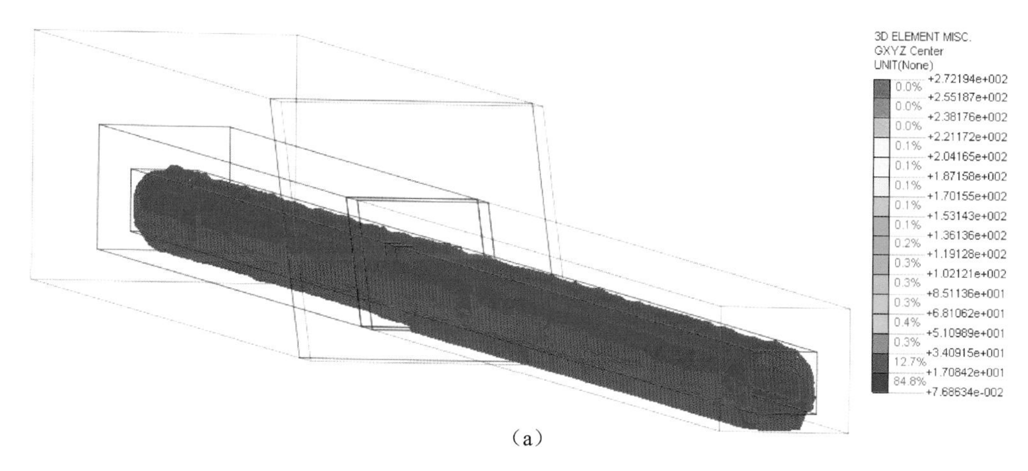

(a)

图 7.6　环绕隧洞周边的水力梯度坡脚等值面图

(a 为 10.96，b 为 19.12)

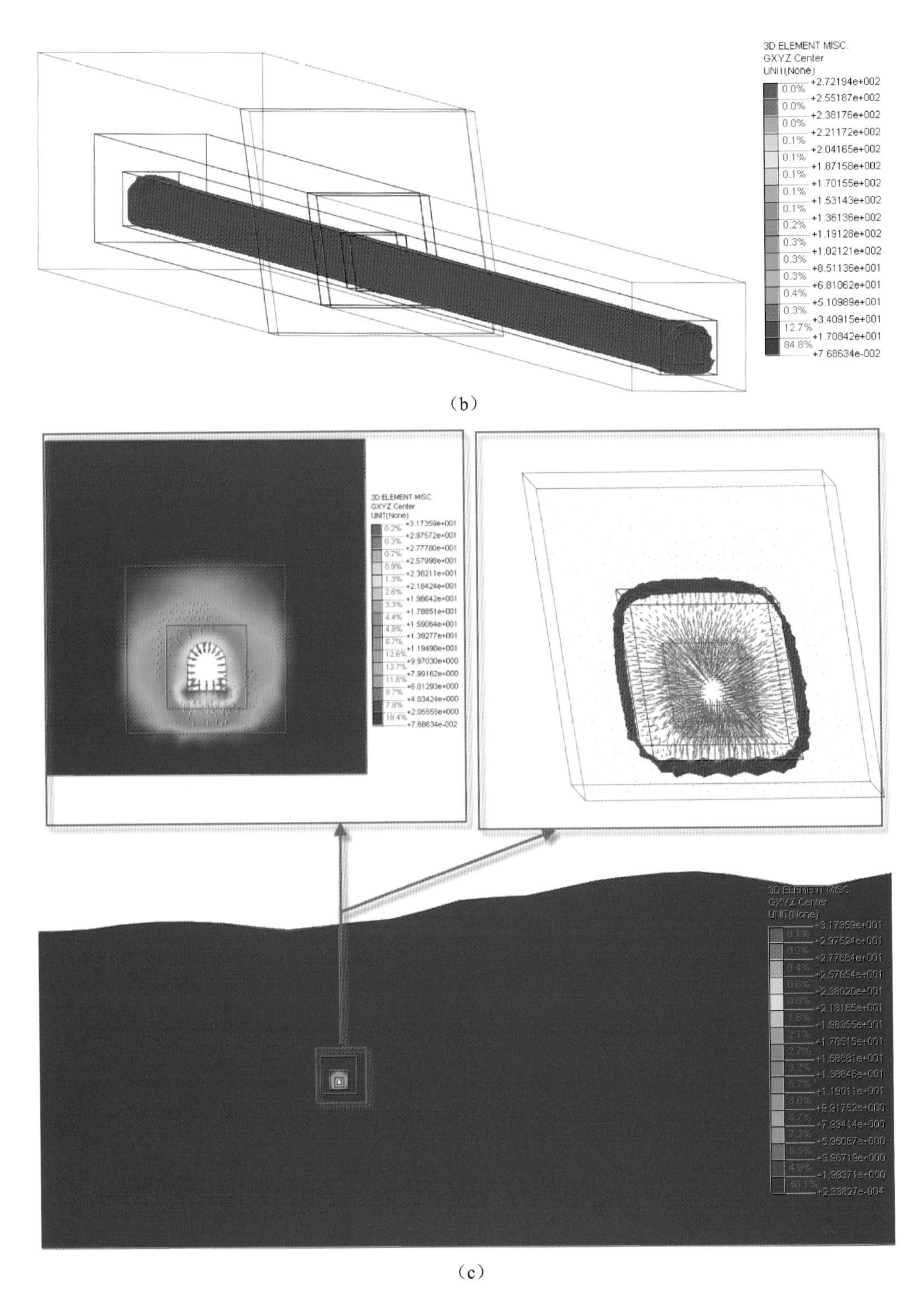

图 7.6　环绕隧洞周边的水力梯度坡脚等值面图(续)

(a 为 10.96,b 为 19.12)

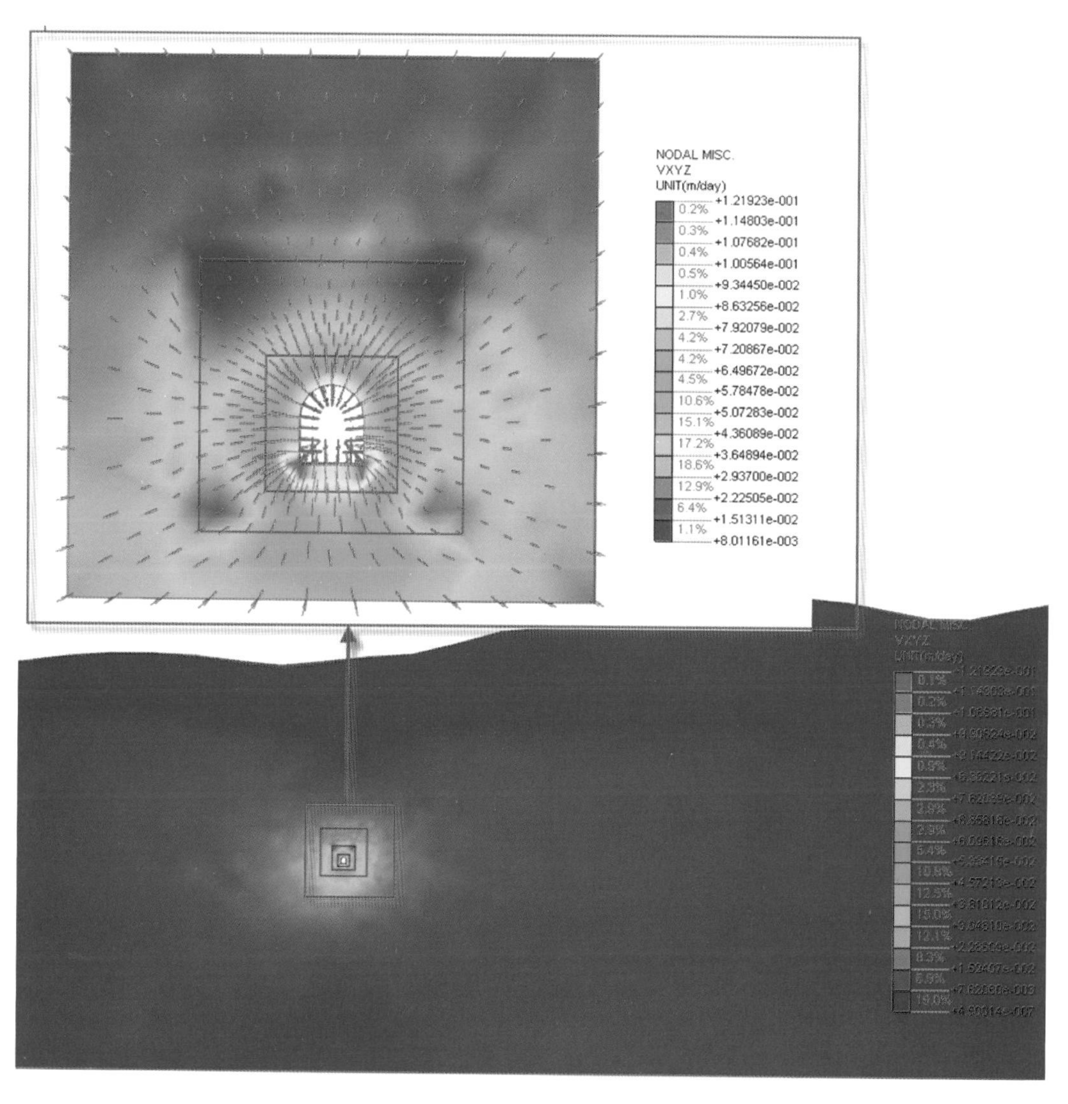

图 7.7　研究区流速矢量图

当断层影响带范围为 200 m 宽时，涌水量减小，渗流场形态基本一致，如图 7.8 所示。

7.2.3　隧洞涌水影响洞室围岩应力场的耦合分析

1. 模型的概化

隧道开挖的为一马蹄形隧洞，截面尺寸为 4.9 m×5.9 m，隧洞贯穿模型整

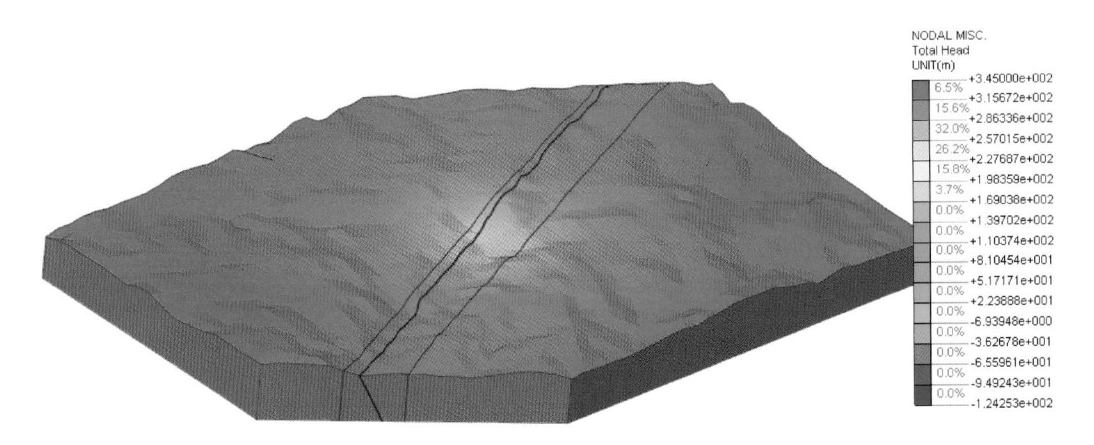

图 7.8　总水头云图(F29 断层影响带宽 200 m)

个地层，根据前期勘测结果，断层与断层影响带的存在以及存在的高承压水是导致该处施工地质问题复杂的主要原因，基于此，将模型的范围定位 200 m×700 m×250 m，模型宽度 200 m，长度 700 m，并包含断层影响带以外 420 m 区域，高程范围为 100～350 m，共 250 m。

模型计算范围内的地层单元有断层 F29、断层 F29 影响带、T_3t 地层，T_3c 地层。

模型计算范围内的其他材料分区有：隧洞，注浆范围 40 m×40 m，20 m×20 m，5 m 超前灌浆、3 m 超前灌浆、0.5 m 或 0.7 m 衬砌。

模型底部为固定约束，模型四个周边为水平约束。

上述模型材料分区的计算参数，综合考虑参考前期勘测试验结果和本次补充试验结果，计算参数表见表 7.2。

表 7.2　模型材料分区参数取值

材料分区	剪切模量/Pa	体积模量/Pa	C/Pa	内摩擦角/(°)	密度/(kg/m³)	抗拉强度/Pa	孔隙率
F29	1.81×10^9	5.0×10^9	0.6×10^6	26	2 300	4.0×10^6	0.35
F29 影响带	2.03×10^9	5.5×10^9	7.0×10^6	28	2 400	8.0×10^6	0.30
T_3c/T_3t 地层	2.03×10^9	6.0×10^9	8.0×10^6	30	2 510	1.3×10^7	0.16
结石体	2.17×10^9	6.0×10^9	7.5×10^6	29	2 500	1.0×10^7	0.15

基于现场的实际情况，并考虑处理措施等情况，选取以下计算工况。

(1) 开挖前工况。灌浆完成，隧洞不开挖，地下水位为初始地下水位。

(2) 开挖工况。灌浆完成，隧洞开挖完成，地下水位受施工影响并且水位降落稳定(不考虑隧洞的分步开挖)。

如图 7.9 所示。模型共剖分 76 831 个单元,节点 34 012 个。

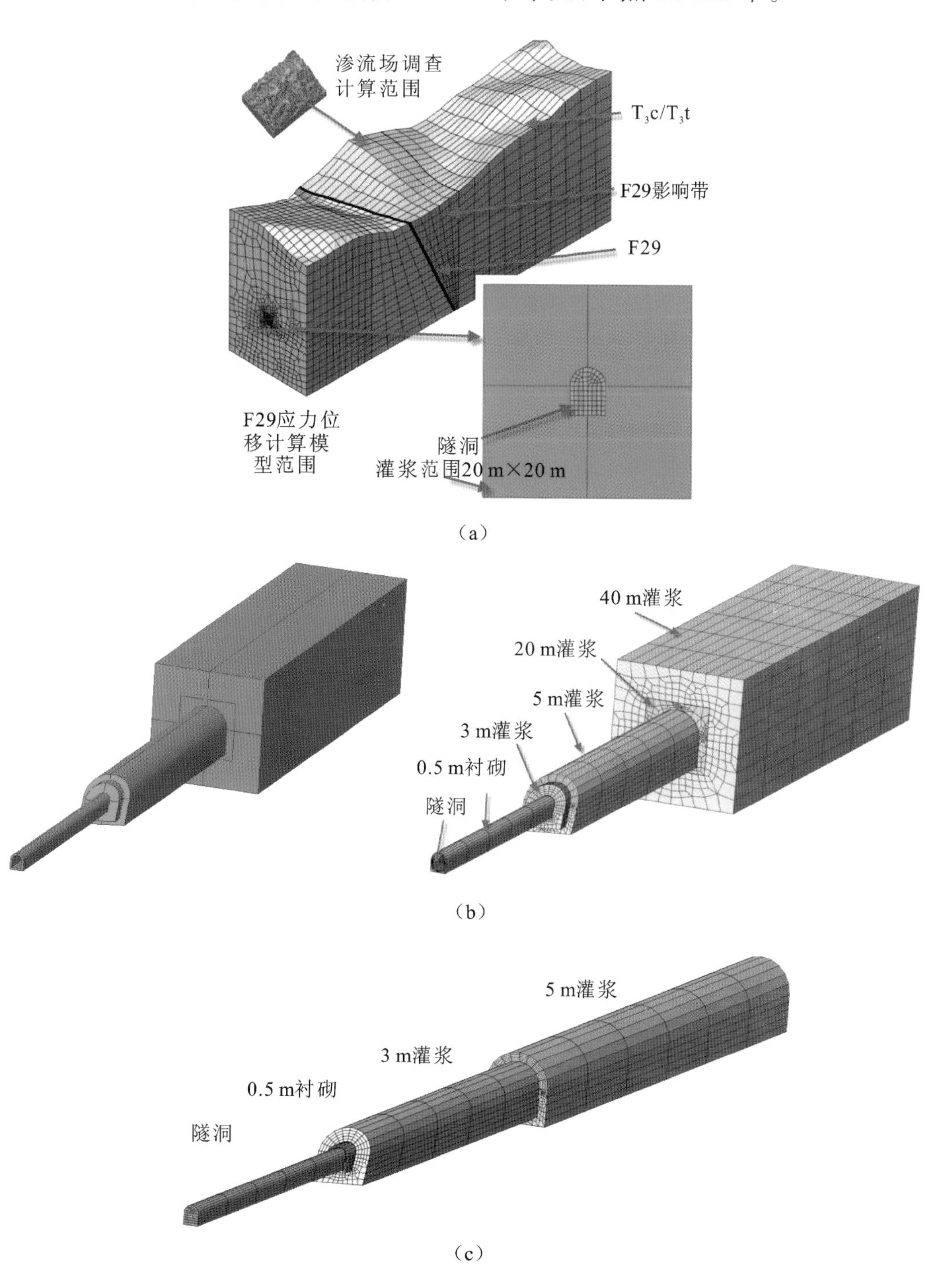

图 7.9　模型材料及剖分图

2. 隧洞 3 m 超前灌浆

1）灌浆后隧洞未开挖情况

开挖前工况为模拟在隧洞内进行超前灌浆作业完成，但未进行隧洞开挖的情况，主要为后续其他工况分析作为基础工况，该工况下灌浆完毕，隧洞不开挖，地下水位没有受到施工影响，为初始地下水位。

从计算结果图 7.10 看出，位移和应力仍然受到地形的明显影响，位移受断层、断层影响带和 3 m 超前灌浆的影响较小，地表和内部断层没有明显的位移不连续；应力受断层和断层影响带明显，在 F29 断层处，应力出现不连续，且这种不连续也受到了 3 m 超前灌浆的影响，形成了加固区范围内的应力区，计算范围内没有出现塑性区。

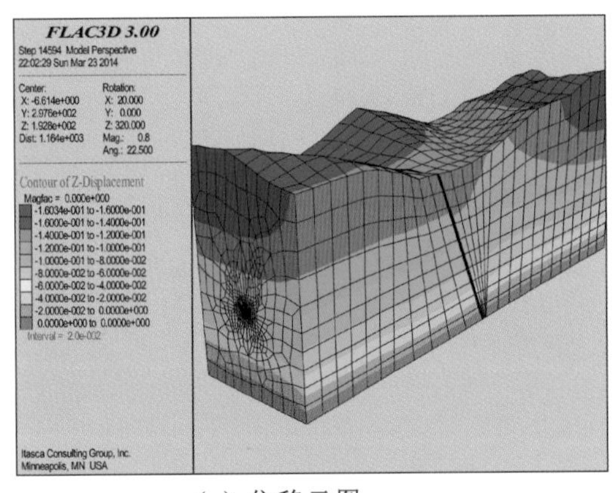

（a）位移云图

（b）应力云图

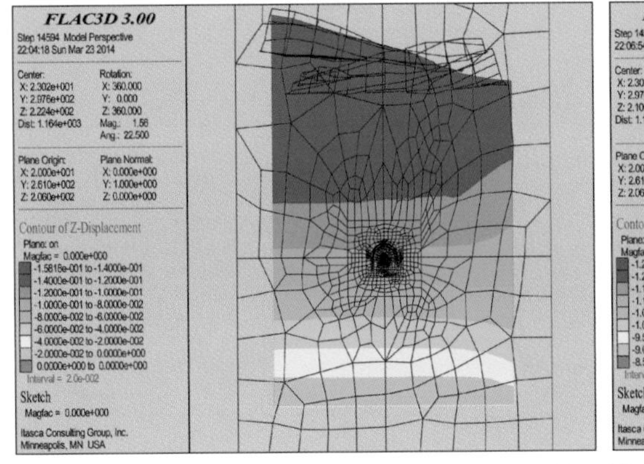

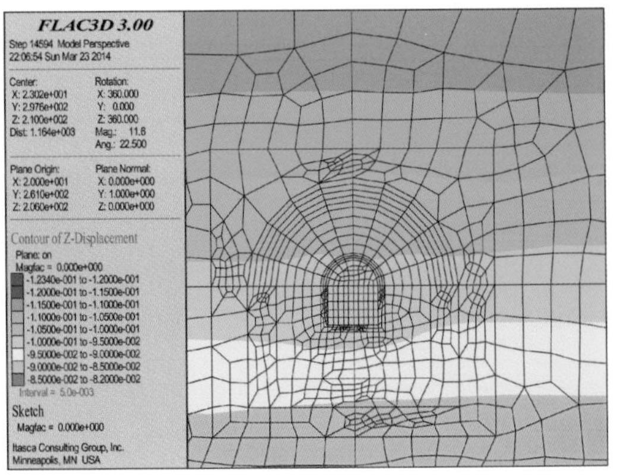

（c）F29断层剖面位移云图

图 7.10　隧洞 3 m 超前灌浆未开挖工况计算云图

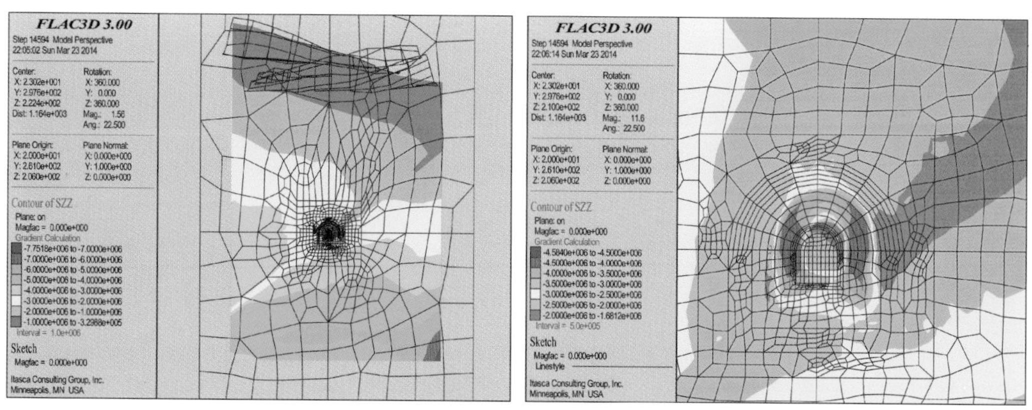

（d）F29断层剖面应力云图

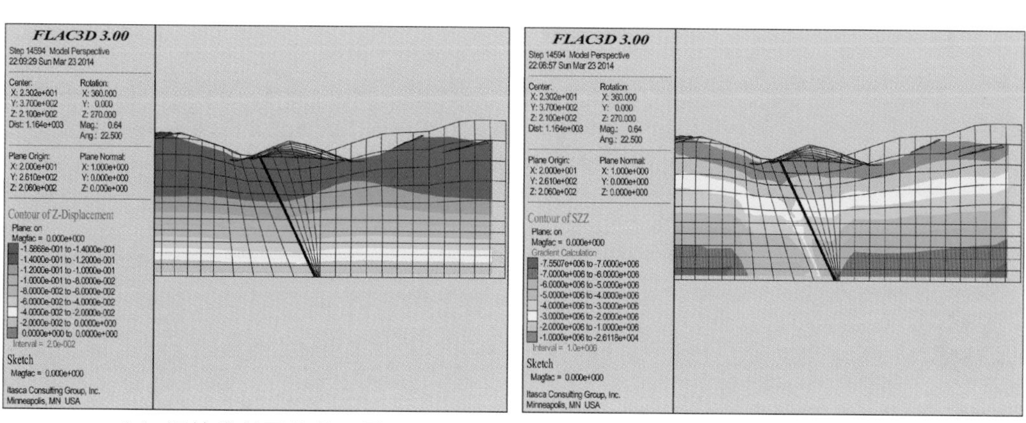

（e）洞轴线剖面位移云图　（f）洞轴线剖面应力云图

图 7.10　隧洞 3 m 超前灌浆未开挖工况计算云图(续)

2）灌浆后隧洞开挖

开挖前工况为模拟在隧洞中超前灌浆作业完成，已经完成隧洞开挖，地下水位为降落稳定。

从计算结果图 7.11 看出，位移场和应力场的总体变化情况与没进行超前灌浆开挖的基本类似。主要的差别在于在隧洞周边由于进行了 3 m 范围的超前灌浆，减小了隧洞顶部和底部的位移变化量，减少为 2.9 mm，且影响范围也有了一定程度的减少。

应力场差别最显著，3 m 的超前灌浆使得洞室周边形成了一个加固圈，图 7.11(h)说明隧洞进行的 3 m 超前灌浆使得洞室周边应力场发生了较大变化，由于加固区的存在，隧洞开挖引起的应力场集中在了加固区，加固区外受应力重分布影响较小。计算范围内在洞室与 F29 断层交汇处产生了剪应力区。

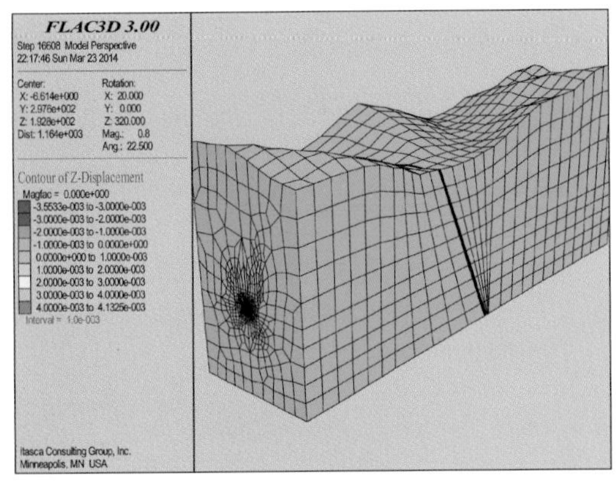

（a）垂直位移云图

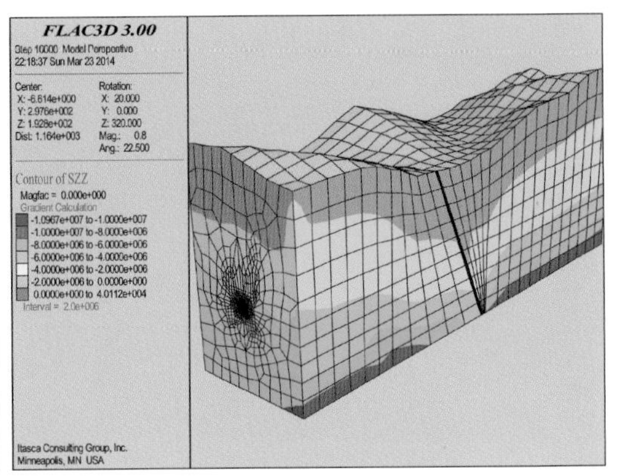

（b）垂直应力云图

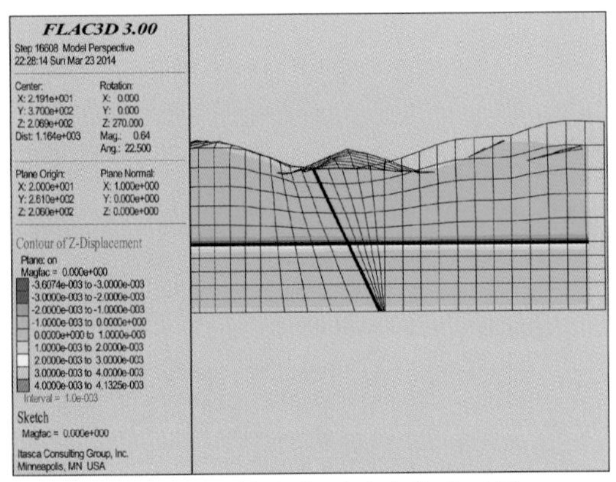

（c）沿洞轴线截面垂直位移云图

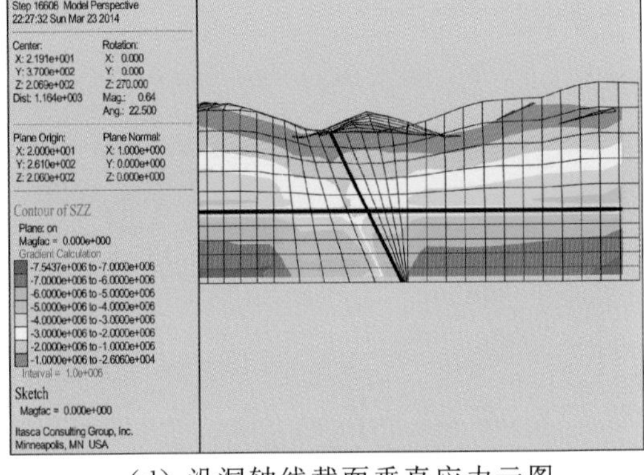

（d）沿洞轴线截面垂直应力云图

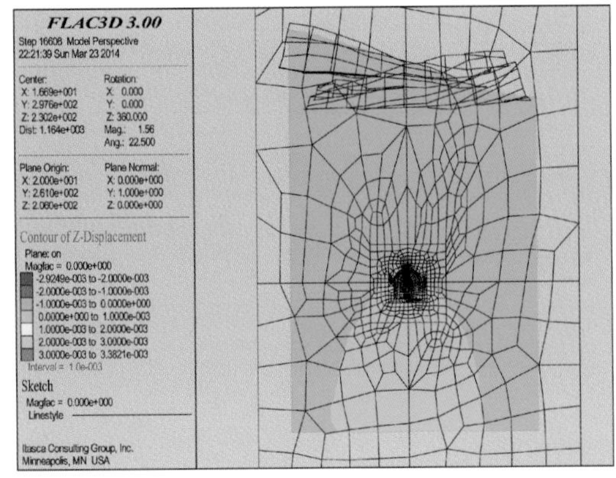

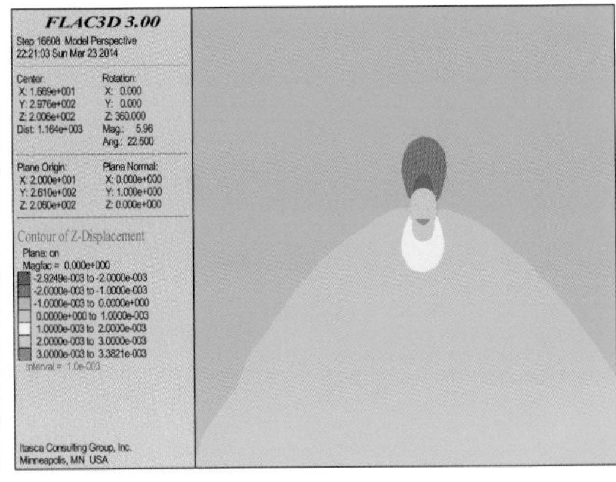

（e）隧洞剖面垂直位移云图

图 7.11　隧洞 3 m 超前灌浆开挖工况计算云图

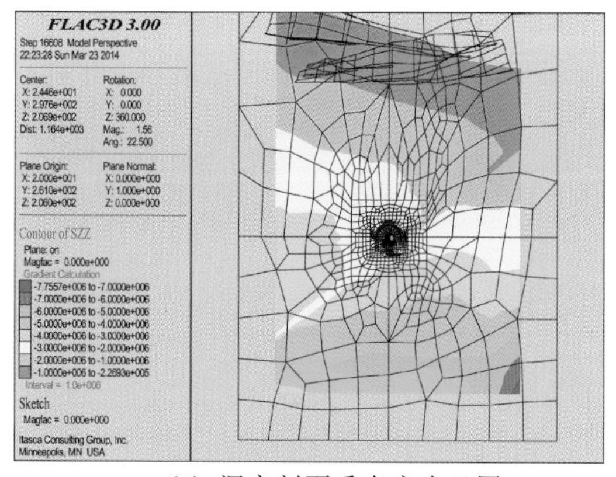

（f）洞室剖面垂直应力云图

（g）剪应力区

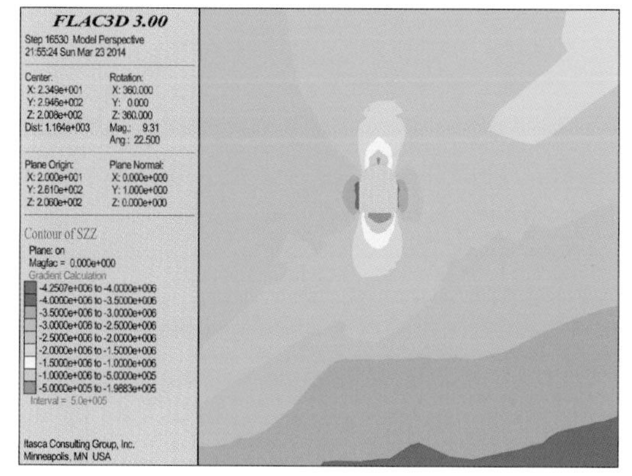

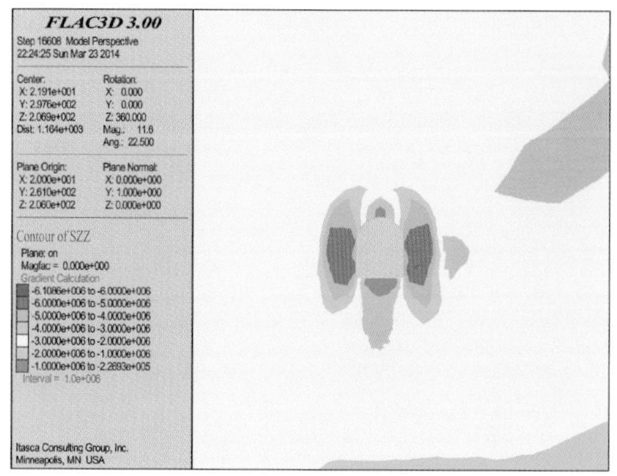

（h）洞室剖面垂直应力云图（左：没有超前灌浆；右：3 m 超前灌浆）

图 7.11　隧洞 3 m 超前灌浆开挖工况计算云图(续)

3. 隧洞 20 m 地表灌浆

1）隧洞灌浆完成未开挖

开挖前工况为模拟在地表进行灌浆作业完成，但未进行隧洞开挖的情况，主要为后续其他工况分析作为基础工况，该工况下灌浆完毕，隧洞不开挖，地下水位没有受到施工影响，为初始地下水位。

从计算结果图 7.12 看出，隧洞进行 20 m 提前灌浆与隧洞进行 3 m 的超前灌浆引起的应力场和位移场的变化趋势基本相同。两种灌浆方法产生的相同结果是在加固区这一小范围内应力场发生集中，范围和数值与加固区的影响明显，隧洞进行 20 m 提前灌浆产生的较大范围的加固区使得应力集中区域较大，而数值偏小。计算范围内没有出现塑性区。

2）灌浆完成隧洞开挖

该工况为模拟在地表灌浆作业完成，已经完成隧洞开挖，地下水位为降落稳定的情况。

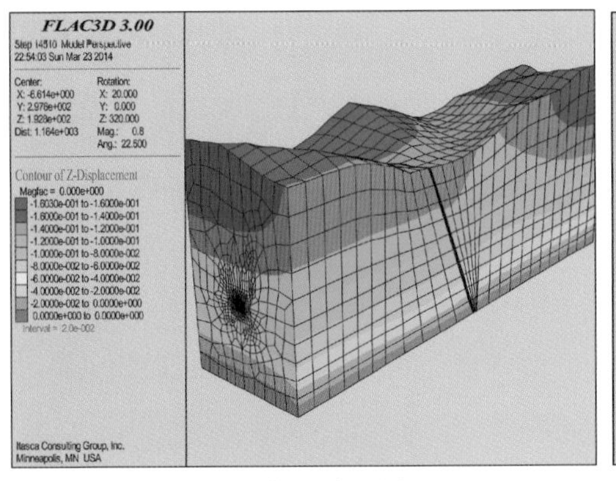

（a）垂直位移云图

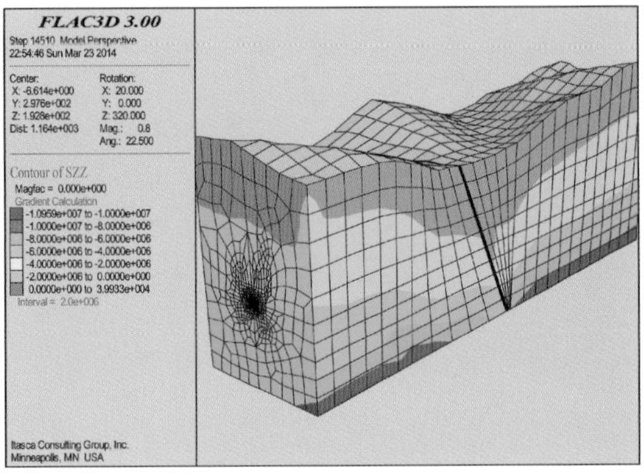

（b）垂直应力云图

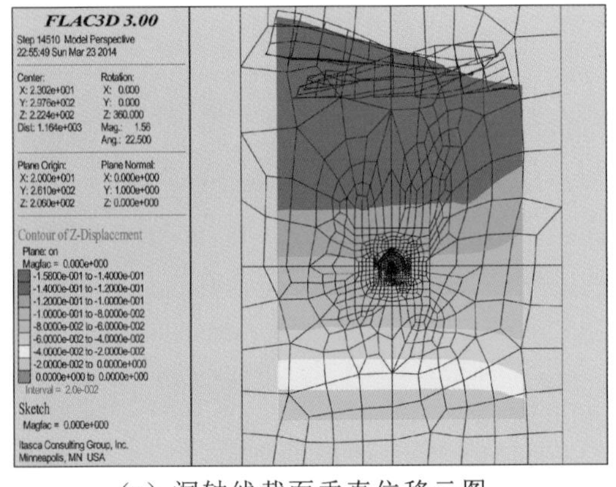

（c）洞轴线截面垂直位移云图

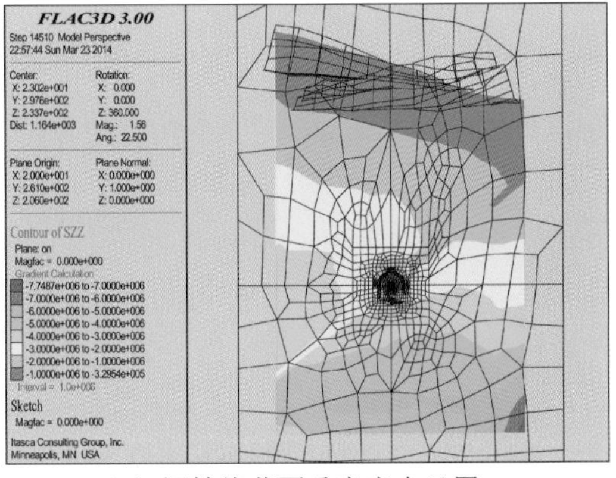

（d）洞轴线截面垂直应力云图

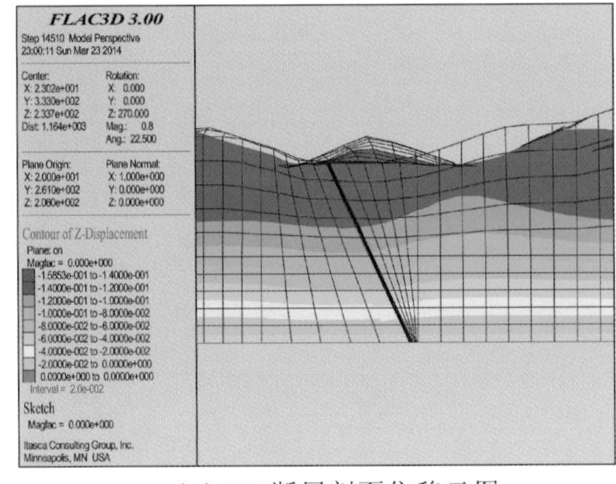

（e）F29断层剖面位移云图

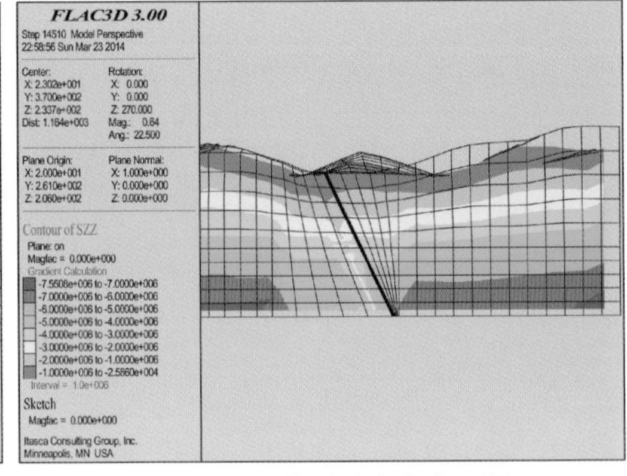

（f）F29断层截面垂直应力云图

图 7.12　隧洞 20 m 地表灌浆未开挖工况计算云图

从计算结果图 7.13 看出,隧洞 20 m 提前地表灌浆开挖后引起的应力场和位移场的总体变化情况与隧洞 3 m 超前灌浆开挖的基本类似。主要的差别在于由于在隧洞周边进行了 20 m 范围的提前灌浆,进一步减小了隧洞顶部和底部的位移变化量,减少为 2.6 mm,且影响范围也有了一定程度的减少。

应力场差别显著,20 m 范围的提前灌浆使得洞室周边形成了一个更大的加固圈,图 7.13(h)说明隧洞进行的 20 m 范围的提前灌浆使得洞室周边应力场发生了较大变化,由于加固区的存在,隧洞开挖引起的应力场集中在了加固区,加固区外受应力重分布影响较小。隧洞开挖引起在加固区内应力集中,其数值的大小相对于 3 m 超前灌浆引起的应力集中数值偏小,而应力集中的范围偏大。

计算范围内在洞室与 F29 断层交汇处产生了剪应力区。

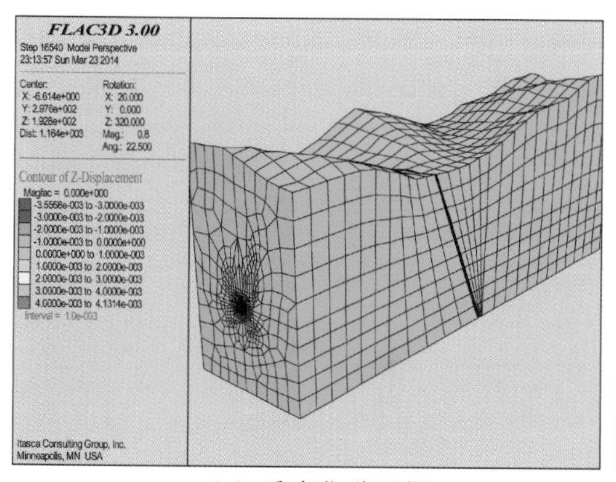

(a) 垂直位移云图

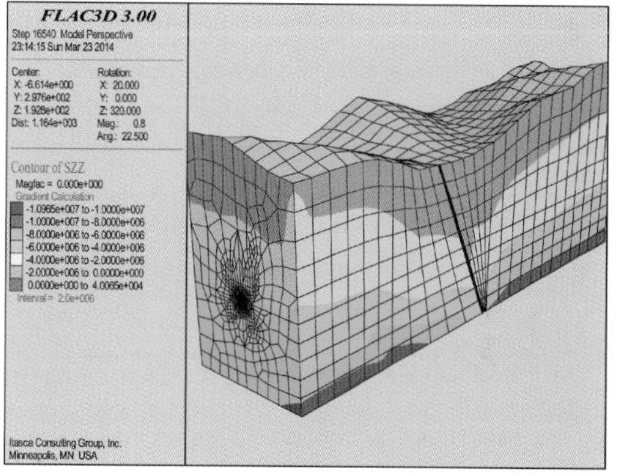

(b) 垂直应力云图

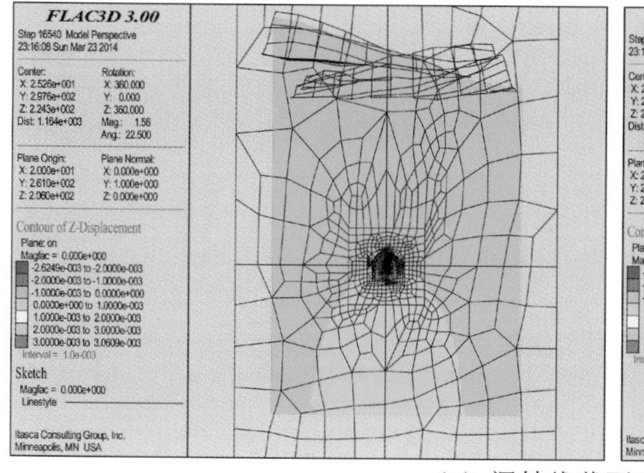

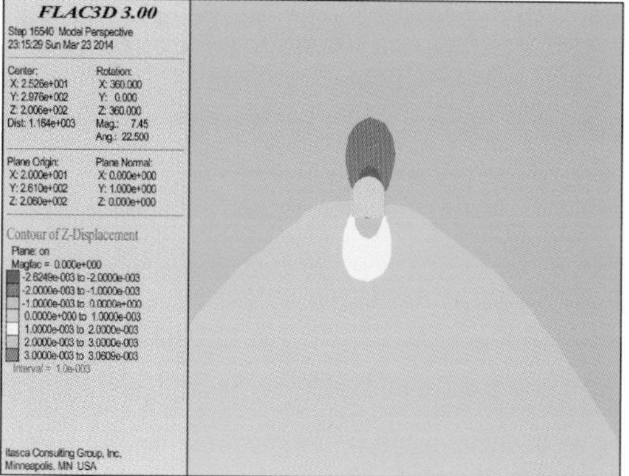

(c) 洞轴线截面垂直位移云图

图 7.13　隧洞 20 m 地表灌浆开挖工况计算云图

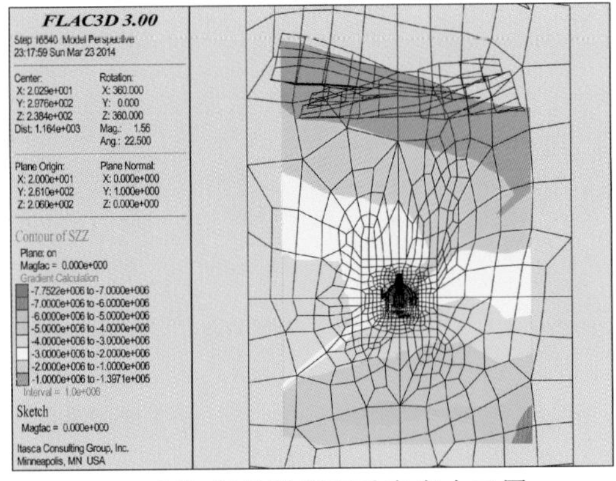

（d）洞轴线截面垂直应力云图

（e）剪应力区

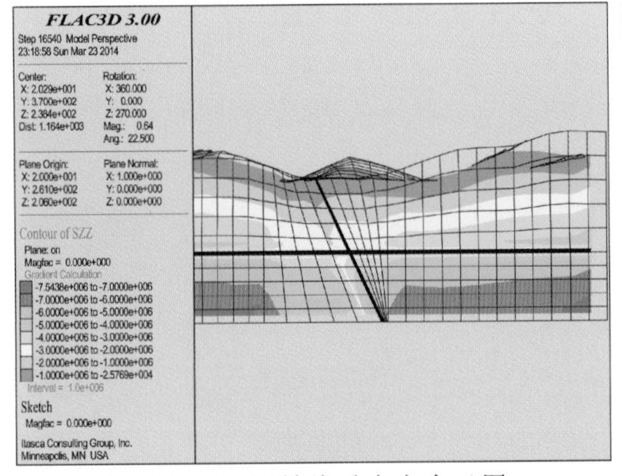

（f）F29断层洞轴线垂直应力云图

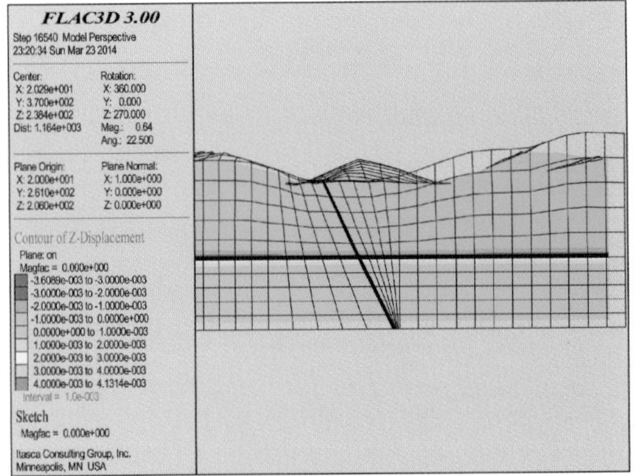

（g）F29断层洞轴线垂直位移云图

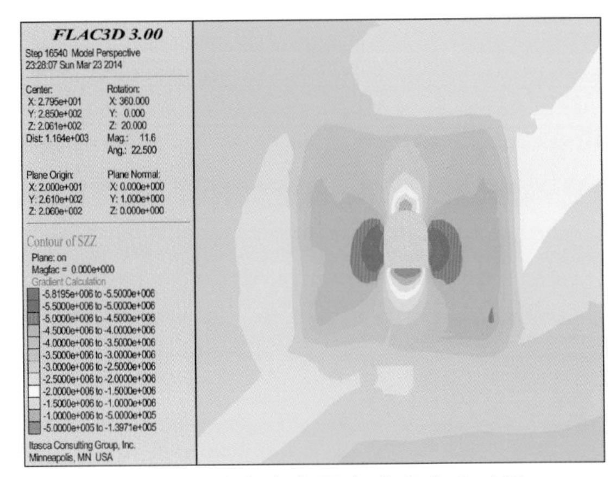

（h）20 m地表注浆洞室垂直应力云图

图 7.13　隧洞 20 m 地表灌浆开挖工况计算云图（续）

4. 隧洞 5 m 超前灌浆

开挖前工况为模拟在隧洞内超前 5 m 灌浆作业完成，已经完成隧洞开挖，地下水位为降落稳定。

从计算结果图 7.14 看出，位移场和应力场的总体变化情况与隧洞 3 m 超前灌浆开挖的基本类似。主要的差别在于隧洞周边由于进行了 5 m 范围的超前灌浆，减小了隧洞顶部和底部的位移变化量，减少为 2.76 mm，且影响范围也有了一定程度的减少。

应力场差别显著，5 m 范围的超前灌浆使得洞室周边形成了一个加固圈，图 7.14(h)说明隧洞进行的 5 m 范围的超前灌浆使得洞室周边应力场发生了较大变化，由于加固区的存在，隧洞开挖引起的应力场集中在了加固区，加固区外受应力重分布影响较小。隧洞开挖引起在加固区内应力集中，其数值的大小相对于 3 m 超前灌浆引起的应力集中数值偏小，而应力集中的范围偏大，相对于 20 m 提前灌浆引起的应力集中数值偏大，而应力集中的范围偏小。

计算范围内在洞室与 F29 断层交汇处产生了剪应力区。

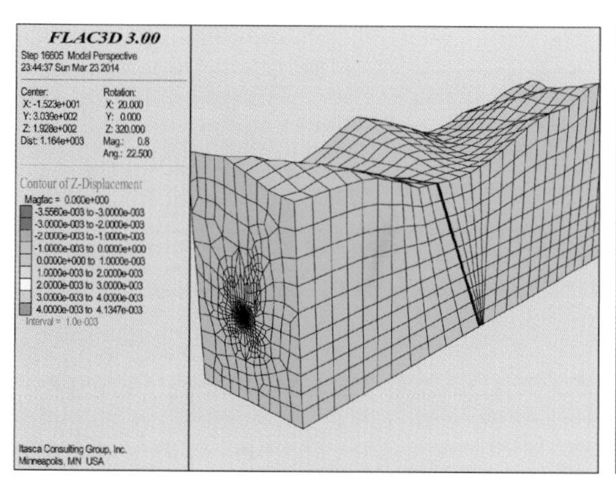

(a) 垂直位移云图

(b) 垂直应力云图

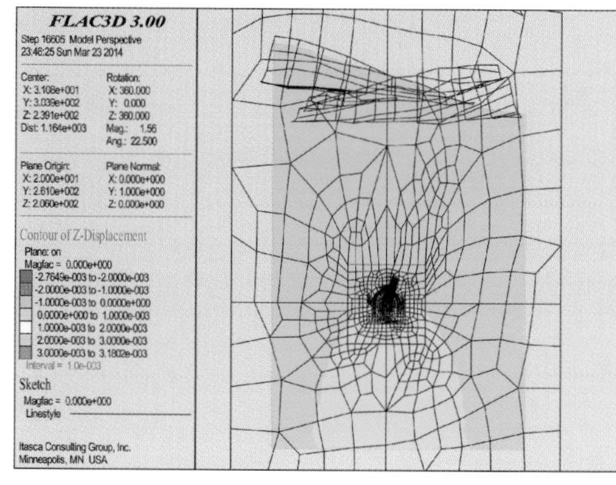

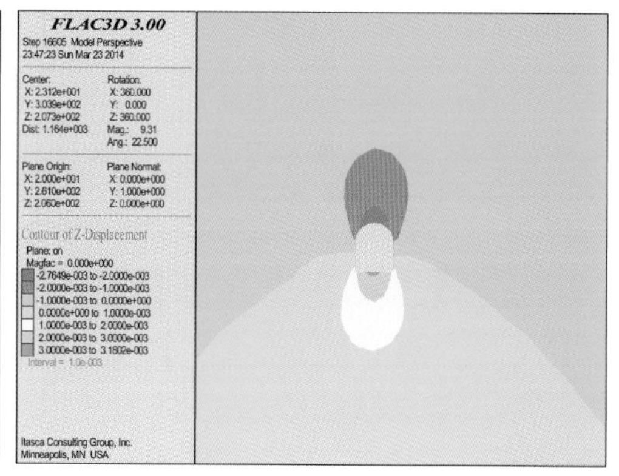

(c) 洞轴线截面垂直位移云图

图 7.14　隧洞 5 m 超前灌浆开挖工况计算云图

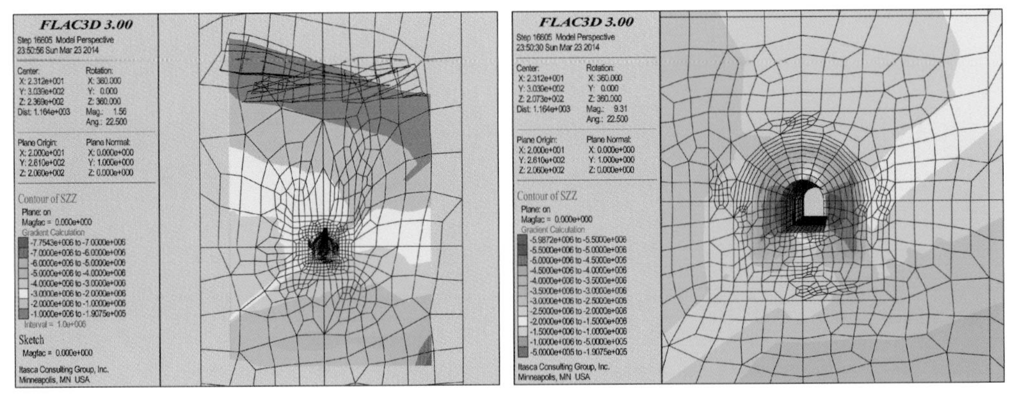

(d) 洞轴线截面垂直应力云图

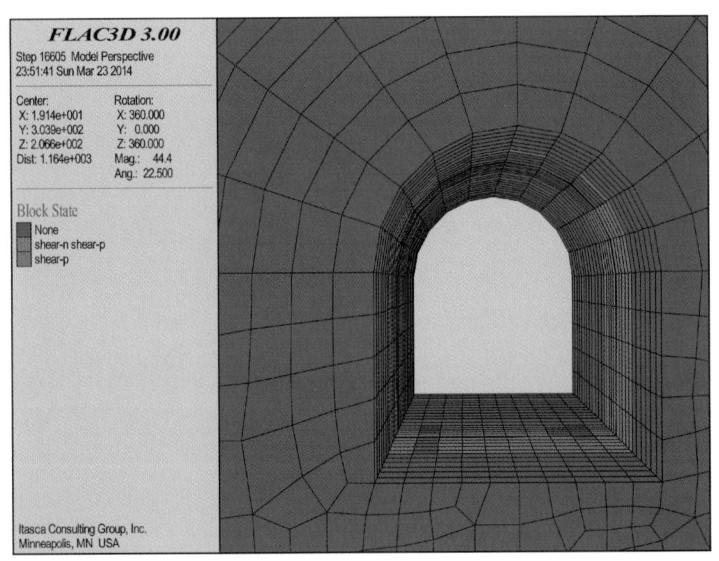

(e) 剪应力区

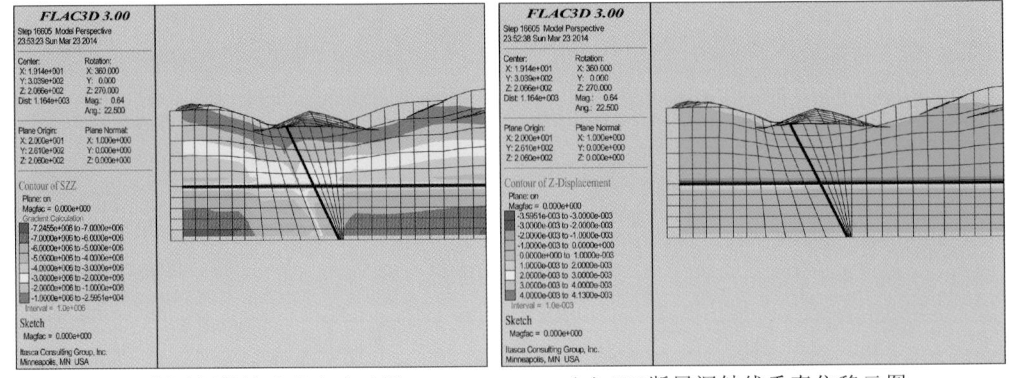

(f) F29断层洞轴线垂直应力云图　　(g) F29断层洞轴线垂直位移云图

图 7.14　隧洞 5 m 超前灌浆开挖工况计算云图(续)

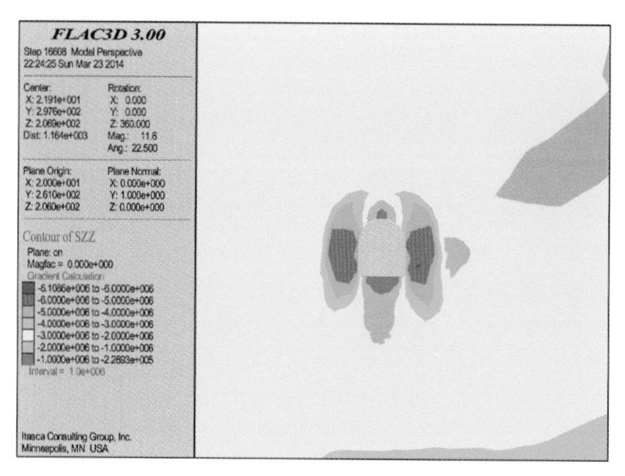

(h) 5 m超前注浆洞室垂直应力云图

图7.14　隧洞 5 m 超前灌浆开挖工况计算云图(续)

5. 隧洞 40 m 地表灌浆

该工况为模拟在地表灌浆作业完成,已经完成隧洞开挖,地下水位为降落稳定的情况。

从图 7.15 计算结果看出,隧洞 40 m 提前地表灌浆开挖后引起的应力场和位移场的总体变化情况与隧洞 20 m 范围的提前灌浆开挖的基本类似。主要的差别在于隧洞周边由于进行了 40 m 范围的提前灌浆,进一步减小了隧洞顶部和底部的位移变化量,减少为 2.57 mm,且影响范围也有了一定程度的减少。

应力场差别显著,40 m 范围的提前灌浆使得洞室周边形成了一个更大的加固圈,图 7.15(h)说明隧洞进行的 40 m 范围的提前灌浆使得洞室周边应力场发生了较大变化,由于加固区的存在,隧洞开挖引起的应力场集中在了加固区,加固区外受应力重分布影响较小。隧洞开挖引起在加固区内应力集中,其数值的大小相对于 20 m 提前灌浆引起的应力集中数值偏小,而应力集中的范围偏大。

计算范围内在洞室与 F29 断层交汇处产生了剪应力区。

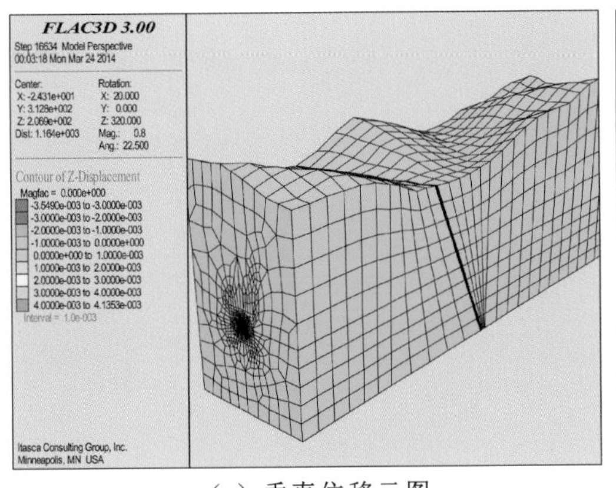

（a）垂直位移云图

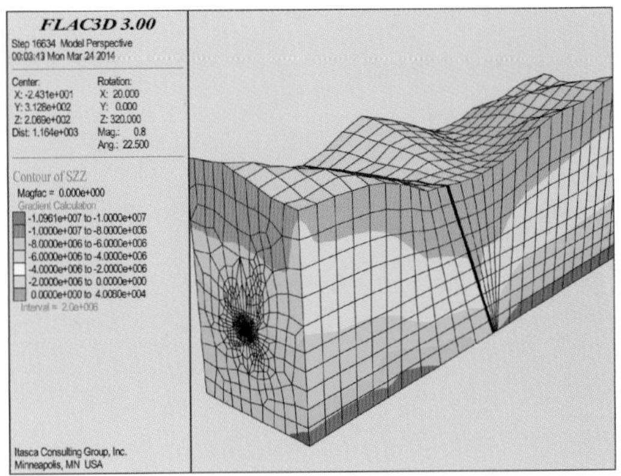

（b）垂直应力云图

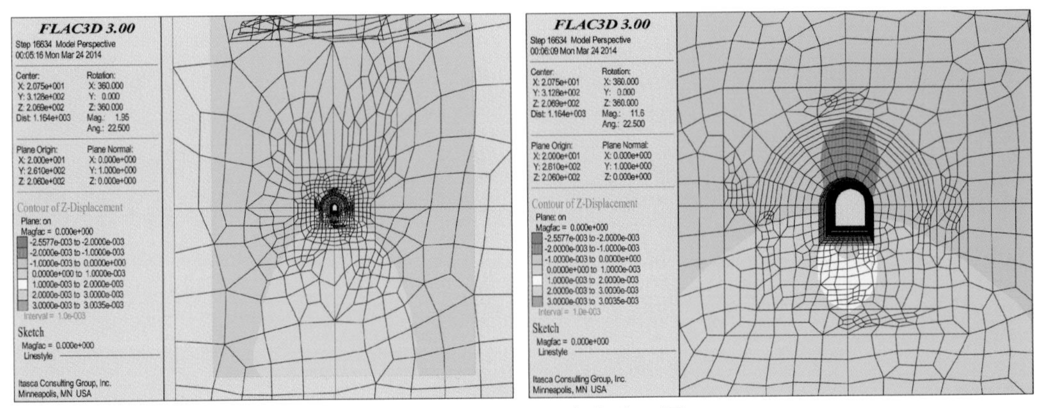

（c）洞轴线截面垂直位移云图

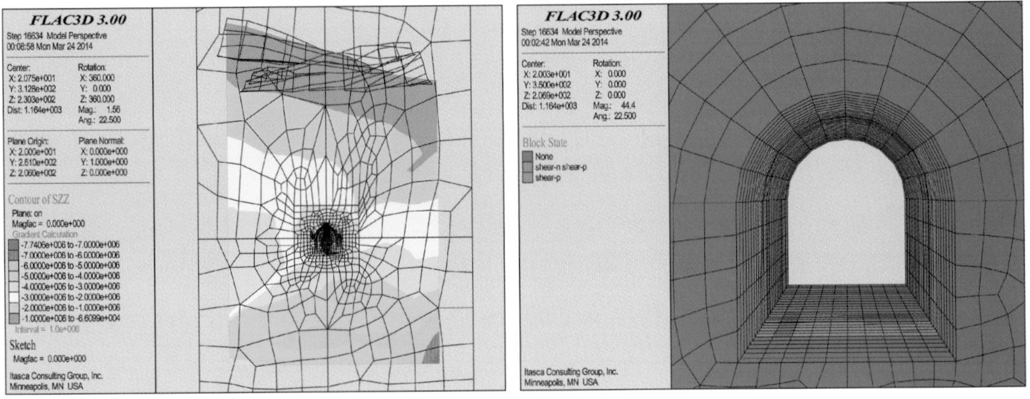

（d）洞轴线截面垂直应力云图　　（e）剪应力区

图 7.15　隧洞 40 m 地表灌浆开挖工况计算云图

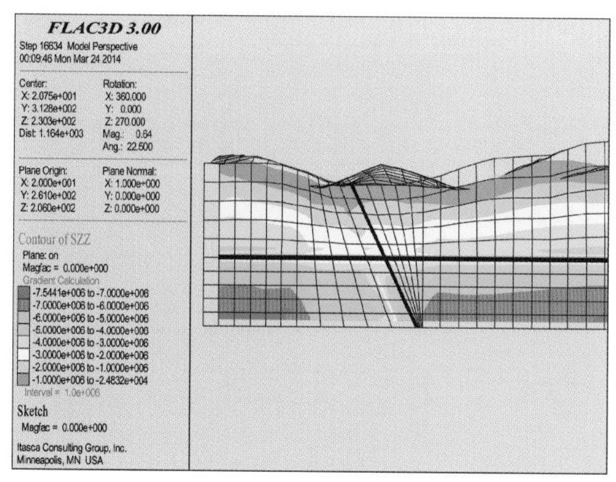

(f) F29断层洞轴线截面垂直应力云图

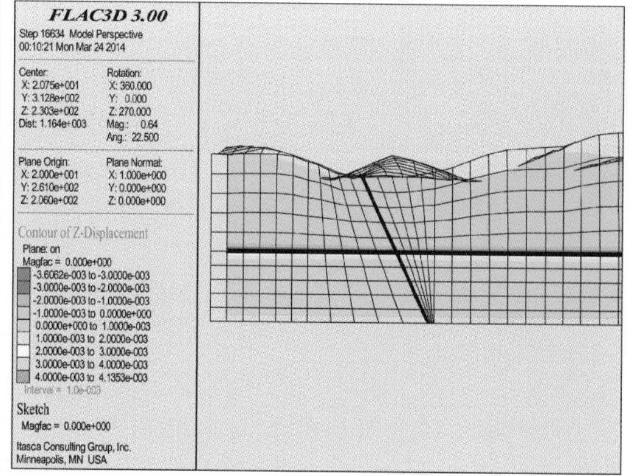

(g) F29断层洞轴线截面垂直位移云图

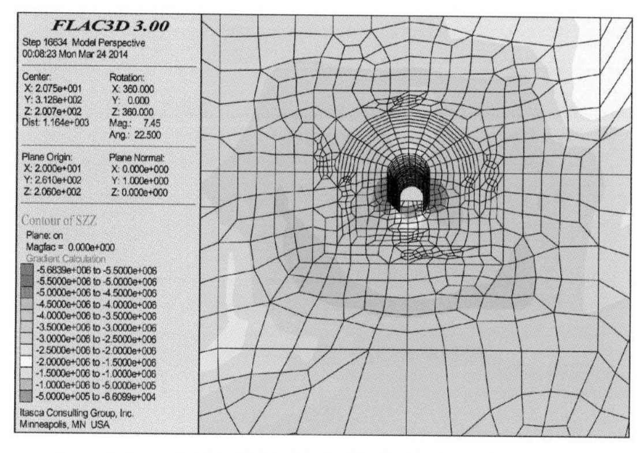

(h) 40 m 地表灌浆洞轴线截面垂直应力云图

图 7.15　隧洞 40 m 地表灌浆开挖工况计算云图(续)

6. 隧洞 3 m 超前灌浆后进行 0.5 m 与 0.7 m 厚度的衬砌

开挖前工况为模拟在隧洞中超前灌浆作业，且已经完成隧洞开挖和 0.5 m厚的衬砌，地下水位为降落稳定。

从计算结果看出，位移场和应力场的总体变化情况与隧洞 3 m 超前灌浆没衬砌的基本类似。主要的差别在于在隧洞周边由于进行了 0.5 m 厚的衬砌，进一步减小了隧洞顶部和底部的位移变化量，减少为 1.4 mm，且影响范围也有了一定程度的减少。

应力场差别最显著，0.5 m 厚的衬砌使得洞室周边形成了一个强度更高的加固圈，图 7.16 说明隧洞进行的 3 m 超前灌浆外加 0.5 m 的衬砌使得洞室周边应力场发生了较大变化，由于衬砌层和加固区的存在，隧洞开挖引起的应力场集中在了衬砌层，加固区外受应力重分布影响较小。计算范围内在洞室与 F29 断层交汇处没有产生剪应力区。

图 7.17 表明 0.7 m 厚度衬砌的情况与 0.5 m 厚度衬砌的情况基本类似。

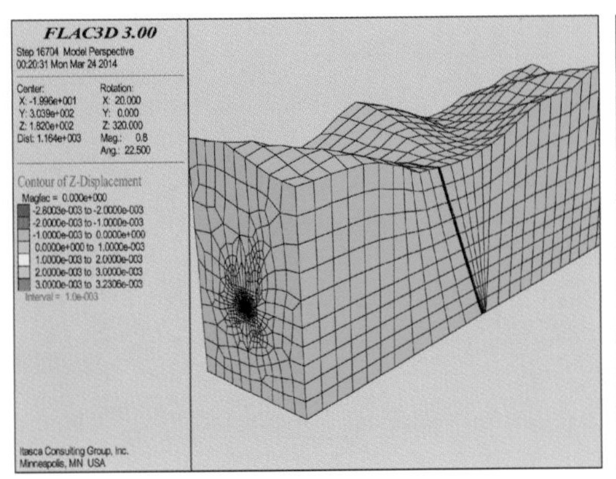

（a）垂直位移云图

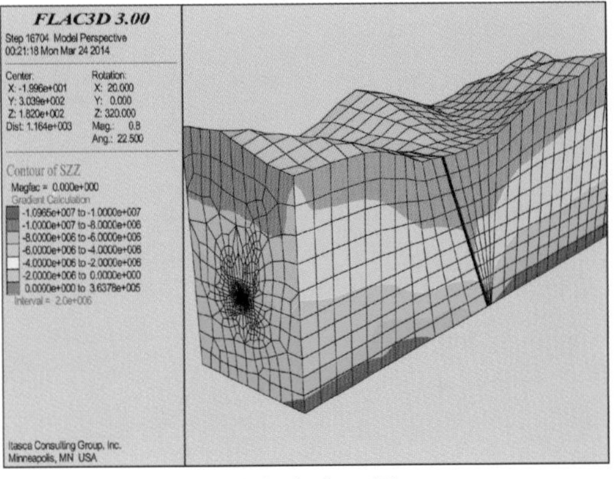

（b）垂直应力云图

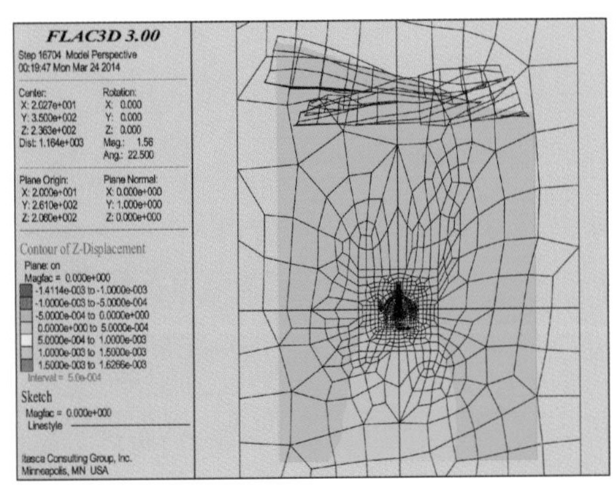

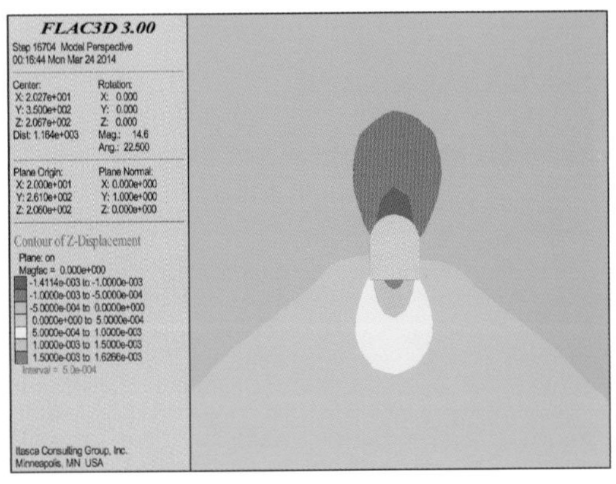

（c）洞轴线截面垂直位移云图

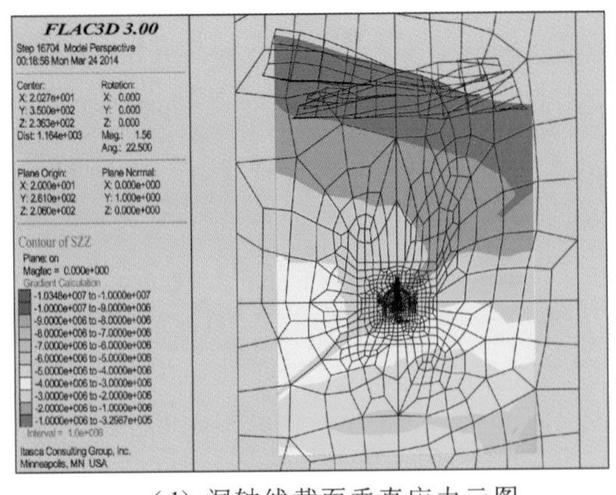

（d）洞轴线截面垂直应力云图

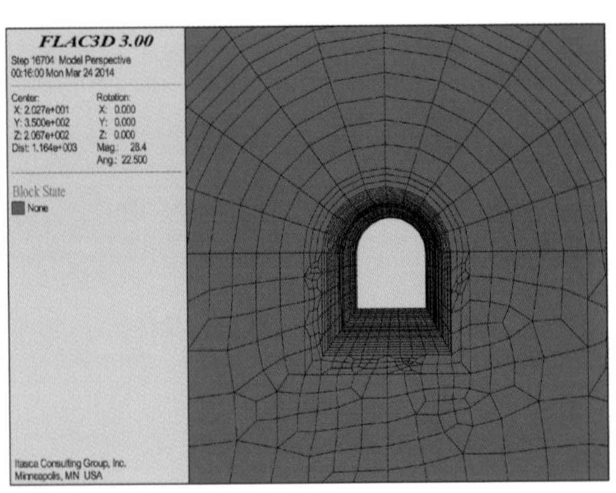

（e）剪应力区

图 7.16　隧洞 3 m 超前灌浆 0.5 m 厚衬砌开挖工况计算云图

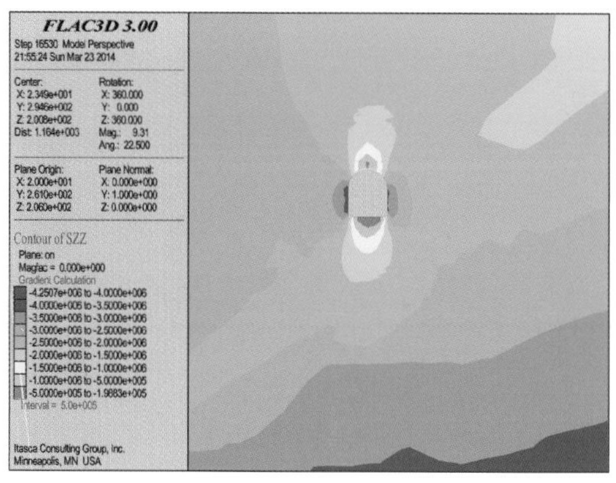

（a）没有灌浆

（b）3 m超前灌浆

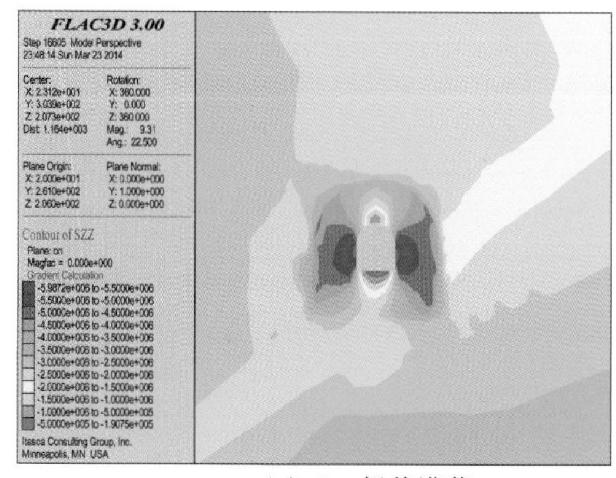

（c）5 m超前灌浆

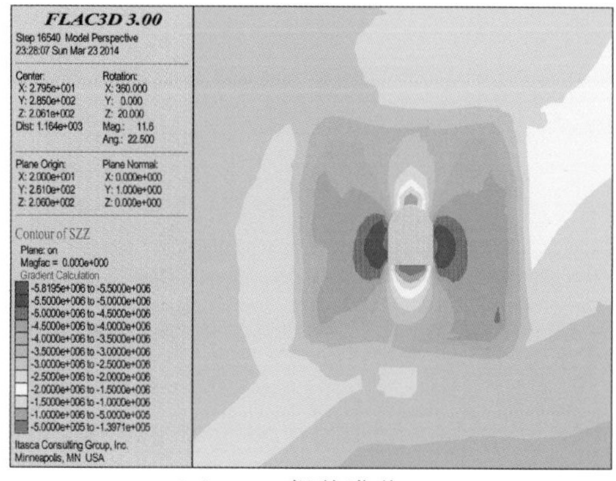

（d）20 m提前灌浆

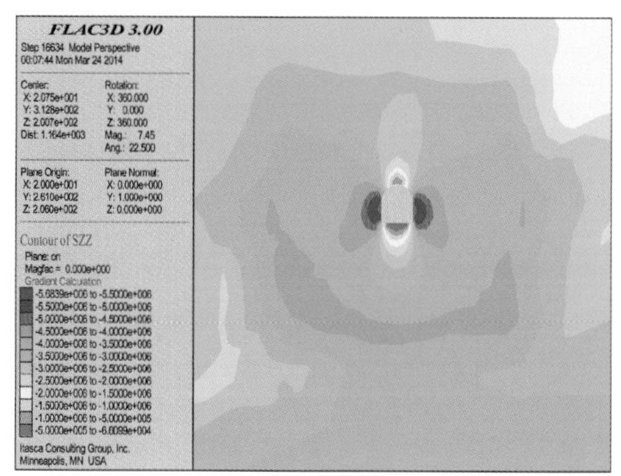

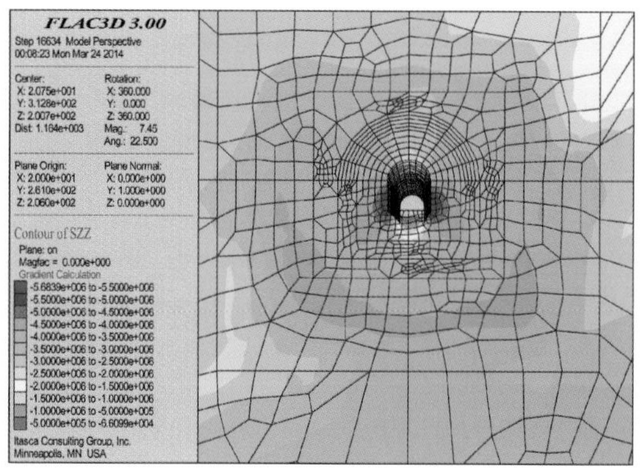

（e）40 m提前灌浆

图7.17　不同注浆方案洞轴线截面垂直应力云图

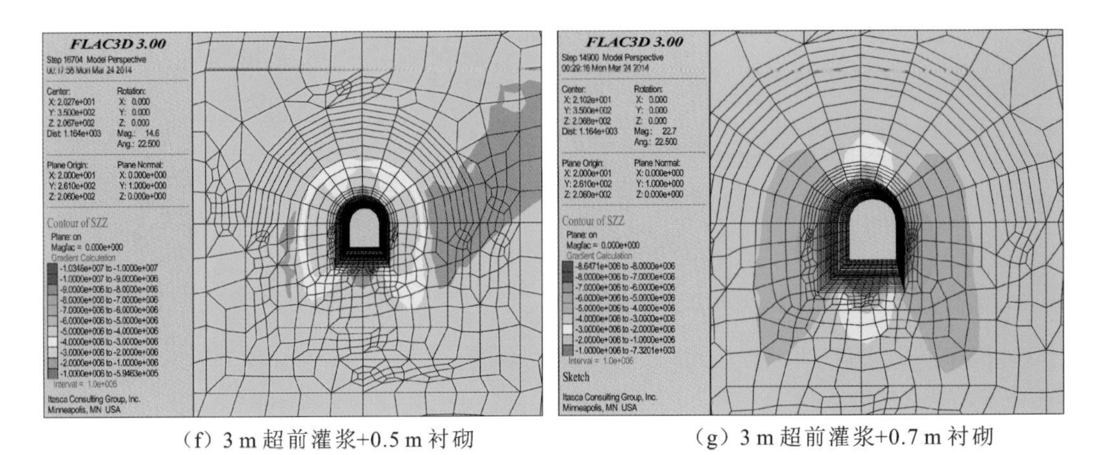

(f) 3 m 超前灌浆+0.5 m 衬砌　　(g) 3 m 超前灌浆+0.7 m 衬砌

图 7.17　不同注浆方案洞轴线截面垂直应力云图(续)

7.3　F29 断层带高承压水处理方案

7.3.1　注浆的目的

防止隧洞涌突水灾害。F29 断层影响带受降水和地下水径流的影响，隧洞施工渗透水的补给量稳定、充足，局部地下水还具有承压性。据该段岩性特点，地表水与地下水有较强的水力联系，有较完整的地下水系统，隧洞施工中易发生涌突水。F29 断层影响带基岩节理、裂隙发育，纵横贯通性好，隧洞开挖后将形成较大的集水廊道，具备了发生涌突水的水源和通道。发生涌突水灾害时，施工机械和人员根本无法及时撤退，造成无法估计的财产损失和人员伤亡。为防止涌水事故的发生，需要进行地表注浆堵水。

保护水环境和生态环境。F29 断层影响带为砂岩、泥岩地层，裂隙较发育，围岩破碎，隧洞开挖后，地表水易漏失，发生各种隧洞涌突水现象。地下水排泄引起水位下降，将可能造成附近居民无生活用水和生产用水，地表水可能枯竭，造成不良的社会影响。为实现环境保护的需要，进行地表堵水，防止地表水漏失，保护水环境和生态环境。

加固围岩，防止塌方。F29 断层影响带多为砂岩、泥岩、夹少量煤层和断层角砾岩等，岩层破碎，岩体完整性差，易坍塌失稳。因岩层节理、裂隙发育，该段又位于沟谷底部，地下水来源较丰富，泥岩在开挖过程中，在地下水的作用下，易崩解、软化，强度明显降低，围岩易失稳。多种不利地质条件组合，隧洞施工易发生塌方甚至冒顶。注浆加固围岩，可防止围岩塌方，确保施工安全。

缩短施工工期，节省工程投资。F29 断层段存在涌突水地质灾害，采用地表注浆方式处理涌水不仅效果好，而且便于施工组织，地表注浆与洞内施工平行作业，也不影响洞内施工。通过地表注浆加固，提高了围岩的自稳能力，减少了洞内超挖数量，提高了掘进速度，保证了工期，使 F29 断层段不再成为 11 隧洞工期控制工程。

7.3.2　止水注浆施工方案

1. 地表等间距全面注浆方案(方案 1)

平整场地。施工场地范围：根据地层产状的控制作用，选择四标桩号 14＋730～14＋910 段，11 号隧洞轴线左右各 12 m。场地范围内的树木、灌木进行砍伐，并按规定妥善处理。场地范围内原地面高低不平，需移挖作填，使场地大致平整，树根应全部挖除并将坑穴填平夯实，平整施工场地。

测量放线。先计算各点坐标并对各点进行编号，编号以排为单元，每排在其单元内以从左到右的顺序排列编号。用全站仪测量孔位，使用水准仪测量孔顶高程并计算各孔底设计标高，得出钻孔深度，在钻孔位置处用红油漆标示编号和钻孔。

注浆范围。通过三维数值分析，结合地质钻探、井下声波成像、地球物理勘探、同位素试验、断层底板突水理论和 11 号隧洞施工实际情况，确定地表帷幕注浆范围纵向方向：14＋730～14＋910，长 180 m；横向方向：隧洞轴线左、右两侧各 10 m；竖向方向：注浆底板高程 195 m，顶板高程 215 m，钻孔深度 125～165 m，注浆厚度 20 m。

注浆施工顺序。单个区域内按照围、挤、压的原则进行，施工时先注周边孔，中间插孔注浆，实行隔孔注浆，钻 1 孔，注 1 孔，严禁钻完后再注浆。

钻孔。①采用液压地质或潜孔钻机钻孔，钻孔间距为 4.0 m×4.0 m 梅花布置，浆液扩散半径为 2.0 m。在实际注浆中根据浆液渗透量决定是否加密布设注浆孔注浆，以确保堵水效果。②钻孔过程密切观察钻进速度、涌水、岩层等情况，及时做好记录。如在钻进过程中出现大涌水、涌沙等特殊情况，必须停止钻进，先采取注浆封堵止水等技术措施进行处理。在确定已完成止水后方可停止注浆，继续钻进。③钻孔终孔孔径不小于 91 mm。④钻至设计深度后，用高压风清洗孔内残渣，确保注浆通道顺畅。⑤钻孔过程中，记录并分析钻孔的推进压力、钻孔速度以及不同孔深时的涌水量的大小，以此判断地质构造、岩性、水源位置及水量大小。⑥钻孔操作工艺流程：开孔→接杆→钻孔→清孔→卸杆。

注浆作业。①注浆液用量：根据注浆用量公式计算，每孔注浆量为 17.29 m^3。②浆液配制：选用 P.O 42.5 普通硅酸盐水泥，水灰比控制为(0.8～1)∶1，每个注浆孔需水泥约 12 t。浆液配制采用双层搅拌机拌制，上层为搅拌桶，下层为蓄浆桶。配制时，把水加入搅拌桶内，根据设计水灰比，倒入水泥，搅拌均匀后放入蓄浆桶备用，蓄浆桶的叶轮不停旋转，确保浆液不沉淀。浆液拌制时间为 3～5 min，存储时间不超过 30 min。③止浆塞的安装：分段位置处，为防止钻孔向上跑浆，合理运用注浆压力和控制注浆范围，确保注浆质量，需在分段位置设置止浆塞。④注浆压力：最大注浆压力控制在 3.0～4.0 MPa，施工中应根据实际情况调整注浆压力和配合比，确保浆液扩散半径不小于 1.0 m。⑤注浆结束标准：本区段由多孔组成，结束标准不以单孔控制，以设计区段控制，当最后一个孔的末次注浆压力达到设计值，并且该区段注浆总量接近设计值时，即可结束注浆。单孔注浆，以注浆压力的终值控制，当注浆压力由小增大，注浆量由大到小，当注浆压力达到设计终压时，稳定注浆约 30 min 即可结束。遇到断层带或较大裂隙时，压力上不去，进浆量很大的情况下，经过浆液浓度的变换，仍达不到终压与注浆流量的标准时，采取间歇注浆，待养护 24 h后复注，以控制设计的注浆量和达到设计终压。

注浆效果检查。利用后序注浆孔检查前序孔浆液充填情况，单个注浆区域的注浆孔全部注完后，在怀疑注浆薄弱的地方钻孔取芯检查(沿隧洞纵向上每 10 m 不少于 1 个)，观察浆液充填情况，要求浆液充填饱满，测试固结体抗压强度，同时进行压水试验，在 1.0 MPa 压力下检查孔应小于 2 Lu。否则应加密钻孔注浆。

2. 地表非等间距注浆方案(方案 2)

根据勘察、试验和数值分析研究，考虑 F29 断层及其影响带的范围，在地表等间距全面注浆方案基础上，分段设计注浆孔间距：

桩号 14＋730～14＋850，长 120 m，纵横向方向注浆孔钻孔间距均为 4.0 m×4.0 m，梅花状布置。

桩号 14＋850～14＋910，长 60 m，纵横向方向注浆孔钻孔间距均为 6.0 m×6.0 m，梅花状布置。

除注浆孔间距变化外，其他均按照地表等间距全面注浆方案进行。

3. 隧洞超前固结灌浆方案(方案 3)

设计单位根据工程地质勘察报告和水工隧洞设计等相关规范,对 F29 断层承压水影响范围 370 m(桩号 14+690~15+060)提出了超前固结灌浆施工方案。

原施工方案灌浆设计最大压力为 3.8 MPa。采用化学灌浆止水,灌浆孔间距 2 m,灌浆深度 3 m,范围顶拱 180°及侧墙。

根据补充地质钻探、地球物理勘探、同位素试验、三维数值分析研究成果和 11 号隧洞施工实际情况,F29 断层承压水影响范围有所减小,高密度电法和激发极化法确定断层带富水体宽度约 60 m,考虑断层底板突水理论和地层产状的控制作用,可在桩号 14+730~14+910,长 180 m 的区域,实施超前固结灌浆原施工方案。

洞室衬砌厚度可由原设计的 700 mm,考虑优化衬砌厚度为 500 mm。

当突水量在 50 m^3/h 以内、探测孔出水标准喷距少于 5 m 的条件下,建议原设计方案中化学灌浆止水改为水泥注浆止水,可以降低成本,减少水体被污染的可能性;根据补充勘察和研究结果,也可直接将原设计方案中化学灌浆止水改为水泥注浆止水。

4. 超前地质预报,必要时进行隧洞超前固结灌浆(方案 4)

依据研究成果和四标段施工实际,经过 2 年多隧洞开挖和涌水排放,地下水位已下降 17 m 多,且没有发生较大的涌突水和突泥灾害。

因此,在隧洞施工过程,加强超前地质预报工作,尤其在桩号 14+730~14+910,F29 断层影响强烈的部位,进行 10~30 m 超前探孔作业。预测预报可能发生突水等地质灾害突发事件时,实施超前固结灌浆方案和突水灾害防治预案。

7.3.3　隧洞施工掘进地质预报

超前地质预报是不良地质洞段施工的一项重要工序,14+730~14+910 段隧洞可能涌突水点多,施工风险较大,应坚持短期超前地质预报。根据预报成果确定施工方案,防患于未然。采用超前水平探孔、隧洞地质编录和炮眼水喷射距法,预测前方 10~30 m 的涌突水情况。

1. 水平钻孔探测预报

在隧洞内安放水平钻机进行水平钻进，根据钻孔资料推断隧洞前方的地质情况。钻孔数量、角度及钻孔深度可人为设计和控制。由钻进速度的变化、钻孔取芯鉴定、钻孔冲洗液颜色、气味、岩粉及遇到的其他情况来预报，方法比较直观，施工人员可根据实际地质情况进行下一步施工组织。

水平钻孔主要布置在开挖面及其附近，既可在超前导洞内布置钻孔，也可在主洞工作面上进行钻探，用以获得准确可靠的地质资料，确保施工组织。该法可获得工作面前方一定距离的岩芯，也可由钻孔出水情况判断前方有无地下水和前方何处有地下水，从而可以得到开挖面前方的地质情况。

水平钻孔探测可采用短距离预报，钻孔深度 10～30 m。根据四标段目前钻爆法施工水平，一个循环进尺 2～3 m，两个循环是 4～6 m，三个循环是 6～9 m。实践表明，预报三个循环的前方地质条件，即能满足安全施工要求。钻孔探测可与施工同步进行。对成灾预报而言，短距离预报相当于临灾预报或防灾处理阶段。

水平钻孔探测法是施工预报最有效方法之一，但也存在不足之处：①对垂直隧洞轴线的地质结构面预报效果较好，与隧洞轴线平行的结构面预报较差；②需占用较长的施工作业时间，费用较高。

2. 隧洞地质编录预报

隧洞施工过程中，及时对其开挖面（掌子面、边墙面和拱顶面）上的各种地质现象进行测绘和记录，利用已挖洞段地质情况预报前方可能出现的不良地质现象。①岩层岩性和层位预测法：在开挖面揭露岩层与地表某段岩层为同层和确认标志层的前提下，用地表岩层的层序预测掌子面前方将要出现的岩层；②地质体延伸预测法：在长期预报得出不良地质体厚度的基础上，依据开挖面不良地质体的产状和单壁始见位置，经过一系列的三角函数运算，求得条带状不良地质体在隧洞掌子面前方消失的距离。

该方法是对开挖面地质情况如实而准确的反映。其主要内容包括地层岩性、构造和节理裂隙发育情况、地下水状态、围岩稳定性及初期支护采用方法等。其优点是占用施工时间很短，设备简单，不干扰施工，成果快速，预报效果较好，而且为整个隧洞提供了完整的地质资料；缺点是与隧洞夹角较大而又向前倾的结构面容易产生漏报。

3. 隧洞钻孔水喷距涌水量预测

水平探测孔和炮眼钻孔水喷距与隧洞涌水量具有一定的相关性，用喷距的大小来预测开挖后的涌水量，具体方法是：①暂时封闭水量较小的炮眼，只留一个喷距最远的测量其喷距（如完全封闭有困难，可尽量堵塞，减小其流量）。②把实测喷距换算成标准条件下的喷距，即高出水平面1 m时的喷距。③根据换算后的喷距，对涌水量进行预报。根据4标段15+660～15+420段施工实际情况，一般喷距小于1 m时，为裂隙渗水和中、小股涌水，流量小于20 m^3/h；喷距2～3 m时，为小型突水，流量30～50 m^3/h，应停止施工，查明情况；喷距5 m以上，为中型突水，流量100 m^3/h以上，应立即停止施工，分析原因，按照处理预案进行注浆止水。

7.4　F29断层高地下水原施工处理方案

7.4.1　F29断层高地下水原处理方案

设计单位依据工程地质报告、隧洞地质纵剖面图和相关规范，提出了11号隧洞F29断层高地下水原处理方案。

11号隧洞洞线上有F29断裂带和F30断裂带，地质报告对F29断裂带提出承压水最大水位高程为330～331 m，高出洞底约126 m，2010年11月测得钻孔出水量约120 L/min。预测隧洞洞室最大涌水量为0.41 m^3/s。预测F29断层带宽5 m，承压水影响范围370 m（桩号14+690～15+060）。

对于富水洞段的开挖及地下水处理应遵循“先探后掘，以堵为主，堵排结合，可控排放，择机封堵”的原则。

富水洞段开挖前采用超前孔探明掌子面前方地下水的活动规律，测定漏水量、压力，防治突然涌水。若预测前方可能出现大涌水，按以下程序执行：

（1）探明前方涌水的补给水源，将其截断，利用集水坑、排水沟抽排地下水，降低地下水位及封堵难度；集水坑深3.0 m、长5.0 m、宽2.0 m。

考虑水头损失选配16SAP-10型水泵3台（扬程77 m，流量1 680 m^3/h，功率500 kW的离心泵），一台抽水，一台备用，一台应急。

（2）采用超前固结灌浆等手段降低其渗透性或形成帷幕阻水。

防渗固结灌浆的目的是通过灌浆在隧洞周边形成一定深度的灌浆加固圈，使其成为隧洞承载和防渗阻水的主要结构。为了给隧洞喷砼和衬砌施工创造条件，以及最大程度减小隧洞施工、运行对工程区域水文地质环境的影响，在隧洞施工期封堵主要的集中出水点后，还需对沿线的出水带和出水点洞段进行固结灌浆，采用高压灌浆把水泥浆液充填到隧洞周边岩体裂隙中，通过浆液的凝固结石，减小裂隙的宽度，增加裂隙的粗糙度，使裂隙面受到灌浆压力作用而被压紧，成为闭合状态，从而达到减小围岩渗透系数，降低围岩渗透性的作用，以达到防渗效果，同时防渗固结灌浆圈又是隧洞高外水压力的主要承载结构，必须具有一定的厚度和耐久性。

超前灌浆(防渗固结灌浆)压力值应大于地下水压力值 2～3 倍，设计最大压力值为(3×1.26) MPa＝3.8 MPa。采用化学灌浆止水，灌浆孔间距 2 m，灌浆深度单次 30 m，范围顶拱 180°及侧墙。

灌浆后的开挖间隔时间应根通过试验确定。灌浆后的开挖，采取短进尺、弱爆破、快支护的原则。

7.4.2　F29 断层带高地下水原施工方案

根据进度要求及地形条件，设置施工支洞 2 条，1# 施工支洞长 680 m，2# 施工支洞长 870 m，断面尺寸与主洞相同。

1. 洞身石方开挖

洞身采用全断面开挖，首先钻孔爆破，装药量应控制。每次进尺 0.8～1.5 m，每日进行两循环，日进尺 1.5～2.5 m。采用人工装机动翻斗车将石渣运至弃渣场。

高地下水段施工程序如图 7.18 所示。

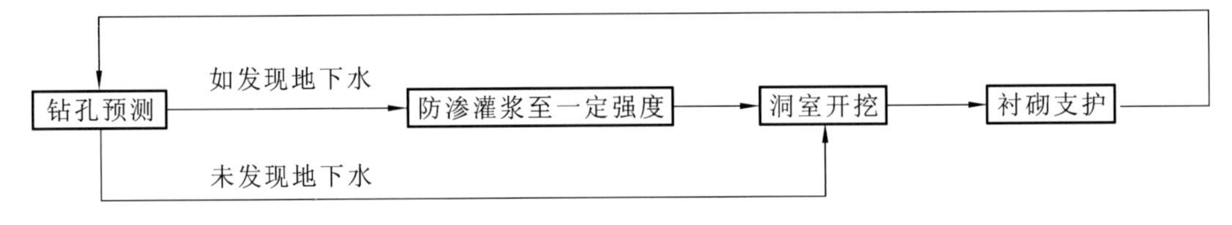

图 7.18　高地下水段石方开挖工序图

2. 施工期排水

本工程隧洞开挖基本为岩体，施工期排水主要为岩体裂隙水及潜水，施工中应随开挖配备水泵及时抽排。其中上马池河村北钻孔XZS5-6发现F29断层，呈北西向，钻孔中揭露有承压水，承压水头高程为330 m，钻孔出水量约120 L/min，补给源位于西部山区。预测断层附近隧洞洞室最大涌水量$Q=3.5\times10^4\ m^3/d$，存在洞室涌水问题。选16SAP-10型离心泵抽排。

3. 施工期通风

本工程隧洞开挖基本为石方，断面尺寸较小，污染源主要为钻爆石方产生的高温，装渣、运渣等产生的粉尘，内燃机车排放的废气（烟尘），作业人员呼吸排出的气体等。通风措施采用压入式轴流通风机，风管选用高强度、低摩阻的软风管，根据隧洞长度选择通风机功率，设计线路配置500 kW通风机6台。

4. 施工总进度

初设批复工期主体工程施工期为32个月，总工期36个月。

由于设计线路增加高地下水处理措施，因此需调整工期。高地下水段处理工期将增加6个月，总工期为42个月。

7.5　F29断层高承压水施工处理方案与原方案比较

7.5.1　注浆处理范围与施工工期比较

原方案高承压水段处理范围：桩号14+690～15+060，长约370 m。完成钻孔预测—防渗灌浆至一定强度—洞室开挖—衬砌支护一个循环进尺30 m，需时1个月，高地下水段共需12个月，而不处理此段按每日进尺2 m计算，共需180 d（6个月），因此工期将增加6个月。

地表帷幕注浆方案。注浆范围纵向方向：14+730～14+910，长180 m；横向方向：隧洞轴线左、右两侧各10 m；竖向方向：注浆底板高程195 m，顶板高程215 m，钻孔深度125～165 m，注浆厚度20 m。由于采用平行施工作业，隧洞掘进与地表帷幕注浆施工互相不受干扰，可以节省工期。

超前固结灌浆方案（方案3）。根据研究成果，F29断层高位承压水影响范围有所减少，高密度电法和激发极化法确定断层带富水体宽度约60 m。在桩号 14＋730～14＋910 段，长 180 m，实施超前固结灌浆施工方案。与原高地下水段设计方案 370 m 减少 190 m 工程量，可节省工期约 3 个月。

7.5.2　典型方案工程量及工程投资比较

原方案高地下水处理措施主要为洞室内帷幕注浆及固结灌浆，增加结构尺寸，根据增加的工程量计算投资增加 4 332.97 万元。

地表注浆方案(方案 1)。工程量较大，按照 400 个注浆孔计，钻孔深度平均约 150 m，总进尺约 60 000 m；每孔注浆段长度按 20 m 计，注浆段总长度 8 000 m。注浆浆液为水灰比 1∶1的 425 普通硅酸盐水泥，理论估计每个注浆孔水泥需用量 12 t，总计 4 800 t，但实际工程施工中难以控制水泥用量。工程预算与原设计方案相当。

超前固结灌浆方案(方案 3)。在桩号 14＋730～14＋910 段实施超前固结灌浆，与原设计方案灌浆长度 370 m 比较，减少了 190 m 工程量，可节省投资约 2 200 万元。如果洞室衬砌厚度由原设计的 700 mm 优化为 500 mm，原设计方案中化学灌浆止水改为水泥注浆止水，还可以节省一定的工程投资，且减少水体被污染的可能性。

参 考 文 献

蔡磊. 2011. 水库蓄水对库区地下水渗流的影响三维数值模拟:以拟建的犍为水电站为例. 成都:成都理工大学.

曹吉胜. 2006. 高承压水作用下工作面突水机理数值模拟研究. 青岛:山东科技大学.

陈建生,董海洲,陈亮. 2005. 用环境氢氧同位素示踪方法研究新安江大坝渗漏. 核技术,28(3): 239-242.

陈建生,王缓,赵维炳. 1999. 孔中同位素示踪方法研究裂隙岩体渗流. 水利学报(11):20-24.

陈金祥,陈明样. 2004. 高压下水泥灌浆材料的性能研究. 武汉理工大学学报,26(6):11-14.

陈丽华. 2012. 微隙地层注浆技术及适用浆材的试验研究. 合肥:安徽理工大学.

陈炜韬,王明年,魏龙海. 2008. 厦门海底隧道陆域段涌水原因分析. 岩土工程学报,30(30): 457-461.

陈忠辉,胡正平,李辉. 2011. 煤矿隐伏断层突水的断裂力学模型及力学判据. 中国矿业大学学报,40(5): 667-673.

程良奎,张作媚,杨志银. 1994. 岩土加固实用技术. 北京:地震出版社.

崔浩东,张家发,邬爱清,等. 2011. 雅砻江锦屏二级深埋隧洞围岩渗流特性初步研究. 铁道工程学报(7):83-87.

代承勇. 2013. 富水区大埋深高渗压隧洞涌水预测技术研究. 成都:西南交通大学.

邓百洪,方建勤. 2005. 隧道涌水预测方法的研究. 公路交通技术(3):161-163.

邓仁青. 2006. 高压富水隧道注浆堵水施工技术及应用. 地下工程与工程学报,2(2):263-267.
董亚宁,陈珂,孙茂贵. 2010. 断层突水定向造斜注浆技术的应用. 现代矿业(5): 118-212.
董艳辉,马致远. 2012. 环境同位素方法对平凉隐伏岩溶水运移分析. 科技资讯,2012(3):135-137.
杜红梅. 2004. 水中氚测试在秦岭隧道涌水量预测中的应用. 铁道工程学报(1):69-72.
冯鸿干. 2013. 高速铁路隧道岩溶涌水区地表注浆加固施工关键技术. 铁路建筑技术(7):32-36.
高飞. 2013. 天坪寨隧道地下水动态监测信息的应用研究. 成都:西南交通大学.
高翔. 2010. 综合物探在隧洞穿越断裂带施工中的应用. 水电站设计,26(2):52-55.
龚习炜. 2007. 铜锣山隧道岩溶浅埋段地表注浆试验研究. 成都:成都理工大学.
管学茂. 2002. 超细高性能灌浆水泥研究. 武汉:武汉理工大学.
郭纯青,胡君春,李庆松. 2010. 特长隧道岩溶涌水量预测方法分析. 煤田地质与勘探,38(6): 43-47.
郭晓东,田辉,张梅桂,等. 2010. 我国地下水数值模拟软件应用进展. 地下水,32(4):5-7.
韩美清. 2011. 龙厦铁路象山隧道岩溶突水生态环境影响分析及环保措施. 中国铁路(6):50-54.
郝永真. 2000. 小浪底工程 4 号洞 GIN 法灌浆施工,西北水电(2):31-33.
郝哲,王来贵,刘斌,等. 2006. 岩体注浆理论与应用. 北京:地质出版社.
郝治福,康绍忠. 2006. 地下水系统数值模拟的研究现状和发展趋势. 水利水电科技进展,26(1):77-81.
何发亮,李苍松,陈成宗. 2001. 岩溶地区长大隧道涌水灾害预测预报技术. 水文地质与工程地质,28(5):21-23.
河南省水利勘测设计研究有限公司. 2011. 小浪底北岸灌区一期工程初步设计报告.
河南省水利勘测设计研究有限公司. 2011. 小浪底北岸灌区一期工程总干渠 11 号隧洞专题报告.
河南省水利勘测有限公司. 2011. 小浪底北岸灌区一期工程初步设计阶段工程地质勘察报告.
河南省水利勘测有限公司. 2011. 小浪底北岸灌区一期工程总干渠 11 号洞线地质比选工程地质勘察报告.

胡伟伟,马致远,曹海东,等.2010.同位素与水文地球化学方法在矿井突水水源判别中的应用.地球科学与环境学报(9):268-271.

虎维岳.2005.矿山水害防治理论与方法.北京:煤炭工业出版社.

黄戡.2011.裂隙岩体中隧道注浆加固理论研究及工程应用.长沙:中南大学.

黄涛,杨立中.1999.渗流与应力耦合环境下裂隙围岩隧道涌水量的预测研究.铁道学报,21(6):75-80.

黄存捍,冯涛,王卫军.2010.断层影响下底板隔水层的破坏机理研究.采矿与安全工程学报,27(2):219-222.

姬永红,项彦勇.2005.水底隧道涌水量预测方法的应用分析.水文地质与工程地质(4):84-87.

蒋欢欢.2012.锦屏二级水电站隧道涌水三维数值模拟研究.成都:成都理工大学.

金圣杰.2012.三都隧道施工涌水量的动态预测研究.成都:成都理工大学.

黎良杰,钱鸣高,李树刚.1996.断层突水机理分析.煤炭学报,21(2):119-223.

李付法.2006.锦屏水电站辅助洞突水、突泥机理及预测预报研究.成都:西南交通大学.

李华晔,刘汉东.1999.地下洞室围岩稳定性分析.北京:中国水利水电出版社.

李建平,刘汉熊.2009.某铁路隧道涌水预测与分析.中国煤炭地质,21(7):34-37.

李连崇,唐春安,梁正召.2009.含断层煤层底板突水通道形成过程的仿真分析.岩石力学与工程学报,28(2):290-297.

李鹏飞,张顶立,周桦.2010.隧道涌水量的预测方法及影响因素研究.北京交通大学学报,34(4):11-15.

李青锋,王卫军,朱川曲,等.2009.基于隔水关键层原理的断层突水机理分析.采矿与安全工程学报,26(1):87-90.

李泽龙.2004.歌乐山隧道水环境保护及堵水注浆设计.现代隧道技术,41(z3):24-29.

李宗利,张宏朝,任青文,等.2005.岩石裂纹水力劈裂分析与临界水压计算.岩土力学,26(8):1216-1220.

梁炯鋆.2003.锚固与注浆技术手册.北京:中国电力出版社.

林传年,李利平,韩行瑞.2008.复杂岩溶地区隧道涌水预测方法研究.岩石力学与工程学报,27(7):1369-1475.

刘丹,杨立中.2003.利用环境同位素预测秦岭特长隧道的突水风险.西南交通大学学报,38(6):629-632.

刘辉.2006.压气新奥法隧道施工中的渗流分析.岩石力学与工程学报,25(3):584-589.

刘磊.2010.基于MODFLOW的金泉工业园区地下水数值模拟研究.长春:吉

林大学.
刘钦,李术才,李煜航.2013.龙潭隧道F2断层处涌水突泥机理及治理研究.地下空间与工程学报,9(6):1419-1426.
刘成明.2013.隧道水砂突涌灾害及其治理方法的研究.重庆:重庆大学.
刘海宁,刘汉东.2004.非饱和土渗透函数方程的间接确定.岩土力学,25(11):1795-1800.
刘海宁,王俊梅,刘汉东.2006.龙子湖水文工程地质条件分析与渗漏控制.工程地质学报,14(6):749-755.
刘汉东.1997.泰安抽水蓄能电站上水库三维渗流试验与计算研究报告.郑州:华北水利水电大学.
刘汉东.1998.水泥粉喷桩在深基坑支护与防渗工程中的应用.水利水电技术,29(5):32-37.
刘汉东.2001.南阳抽水蓄能电站下水库渗流计算及优化防渗设计研究报告.郑州:华北水利水电大学.
刘汉东.2002.黄河小浪底水利枢纽西霞院配套工程三维渗流计算研究报告.郑州:华北水利水电大学.
刘汉东.2004.岩土力学.北京:中国广播电视大学出版社.
刘汉东.2005.郑东新区龙子湖工程环境生态水文地质问题分析与评价研究报告.郑州:华北水利水电大学.
刘汉东.2011.河口村水库渗漏分析研究报告.郑州:华北水利水电大学.
刘汉东.2012a.南水北调中线工程水源地生态保护对策研究报告.郑州:华北水利水电大学.
刘汉东.2012b.郑州市贾鲁河流域分布式水文模型研究报告.郑州:华北水利水电大学.
刘汉东,于新政,李国维.2005.GFRP锚杆拉伸力学性能试验研究.岩石力学与工程学报,24(20):3719-3723.
刘嘉材.1980.聚氨醋灌浆原理和技术.水利学报(1):71-75.
刘嘉材.1982.裂缝灌浆扩散半径研究//中国水利水电科学院科学研究论文集.北京:水利出版社,186-195.
刘泉声,卢超波,卢海峰.2013.断层破碎带深部区域地表预注浆加固应用与分析.岩石力学与工程学报,32(S2):3688-3693.
刘人太.2012.水泥基速凝浆液地下工程动水注浆扩散封堵机理及应用研究.济南:山东大学.
刘文剑,吴湘滨,王东.2008.隧道涌水量综合渗透系数的推导及应用.工程勘察(2):26-28.
刘招伟.2006.圆梁山隧道岩溶突水机理及防治对策研究.岩土力学,27(2):228-232.

吕燕，邓林. 2010. 大相岭隧道涌水预测数值模拟分析. 路基工程，153(6)：90-92.

吕康成，崔凌秋. 2005. 隧道防排水工程指南. 北京：人民交通出版社.

马莎. 2006. 小浪底南岸引水隧道断层破碎带超前支护技术. 铁道建筑(6)：22-24.

马莎，肖明，刘汉东，等. 2008. 地下厂房围岩位移混沌动力学特征研究. 岩石力学与工程学报，27(增2)：3087-3089.

马国彦，林秀山. 2001. 水利水电工程灌浆与地下水排水. 北京：中国水利水电出版社.

马秀媛，李逸凡. 2011. 数值方法在矿井涌水量预测中的应用. 山东大学学报，41(5)：86-91.

马致远. 2014. 小浪底北岸灌区一期工程总干渠 11 号隧洞 F29 断层承压水处理问题环境同位素水文地球化学研究报告. 西安：长安大学.

马致远，马蒂尔亨德尔. 2003. 平凉隐伏岩溶水环境同位素研究. 长安大学学报，25(4)：60-66.

孟素花，费宇红. 2013. 50 年来华北平原降水入渗补给量时空分布特征研究. 地球科学进展，28(8)：923-929.

缪协兴，陈荣华，白海波. 2007. 保水开采隔水关键层的基本概念及力学分析. 煤炭学报，32(6)：561-564.

潘锐，孟祥瑞，高召宁. 2013. 底板承压水上断层突水的力学分析. 矿业安全与环保，40(4)：11-15.

潘家铮，包银鸿. 1996. 中国坝工灌浆的成就：国际岩土锚固与灌浆新进展. 北京：中国建筑工业出版社.

彭苏萍，王金安. 2001. 承压水体上安全采煤. 北京：煤炭工业出版社.

钱鸣高，缪协兴，许家林. 1996. 岩层控制中的关键层理论研究. 煤炭学报(03)：2-7.

秦峰. 2010. 岩体非达西渗流特性及其在深埋隧洞突涌水预测中应用. 南京：河海大学.

任文峰. 2013. 高水压隧道应力场-位移场-渗流场耦合理论及注浆防水研究. 长沙：中南大学.

阮文军. 2005. 注浆扩散与浆液若干基本性能研究. 岩土工程学报，27(1)：69-73.

沈媛媛，蒋云钟，雷晓辉，等. 2008. 地下水数值模拟中人为边界的处理方法研究. 水文地质工程地质(6)：12-15.

施龙青，韩进. 2004. 底板突水机制及预测预报. 徐州：中国矿业大学出版社.

宋振骐，郝建，汤建泉. 2013. 断层突水预测控制理论研究. 煤炭学报，38(9)：1511-1515.

孙谋，刘维宁．2008．隧道涌水对围岩特性影响分析．隧道建设，28（2）：143-147．
孙跃．2011．河南省沿黄地下水数值模拟及地下水资源评价．北京：中国地质大学（北京）．
孙钊．2004．大坝基岩灌浆．北京：中国水利水电出版社．
孙洪军．2012．青坪隧道涌水量及注浆加固圈研究分析．公路工程，37（3）：122-126．
孙怀凤．2013．隧道含水构造三维瞬变电磁场响应特征及突水灾害源预报研究．济南：山东大学．
唐春安，李连崇，梁正召，等．2009．含断层煤层底板突水通道形成过程的仿真分析．岩石学与工程学报，28(2)：290-297．
田海涛，董益华，王延辉．2007．隧道涌水量预测的研究．水利与建筑工程学报（3）：75-77．
涂鹏．2012．注浆结石体耐久性试验及评估理论研究．长沙：中南大学．
万姜林．1995．大瑶山隧道堵水及加固的注浆技术//中国岩石力学与工程学会岩石锚固与注浆技术专业委员会．中国锚固与注浆工程实录选．北京：科学出版社．
王博，刘耀炜，孙小龙，等．2008．断层对地下水渗流场特征影响的数值模拟．地震，28(3)：115-124．
王媛，陆宇光，倪小东，等．2011．深埋隧洞开挖过程中突水与突泥的机制研究．水利学报，42(5)：595-601．
王媛，秦峰，李冬田．2005．南水北调西线工程区地下径流模数、岩体透水性及隧洞突、涌水量预测．岩石力学与工程学报，24(20)：3673-3678．
王媛，王飞，倪小东．2009．基于非稳定渗流随机有限元的隧洞涌水量预测．岩石力学与工程学报，28(10)：1986-1994．
王纯祥，蒋宇静，江崎哲郎，等．2008．复杂条件下长大隧道涌水预测及其对环境影响评价．岩石力学与工程学报，27(12)：2411-2417．
王大纯，张人权，史毅虹，等．1995．水文地质学基础．北京：地质出版社．
王国际．2000．注浆技术理论与实践．徐州：中国矿业大学出版社．
王建秀，朱合华，叶为民．2004．隧道涌水量的预测及其工程应用．岩石力学与工程学报，23(7)：1150-1153．
王金安，魏现昊，纪洪广．2012．双承压水间采煤顶底板破断及渗流规律．煤炭学报，37(6)：891-897．
王梦恕．2004．对岩溶地区隧道施工水文地质超前预报的意见．铁道勘查（1）：7-10．
王四巍，刘汉东．2007．南水北调玛柯河～阿柯河段地应力场分析研究．地下空间与工程学报，3(6)：1073-1076．

王永利,贾疏源,倪师军,等.2004.雅砻江锦屏水电工程区岩溶水化学特征探讨.中国岩溶,23(2):158-162.

王振宇,陈银鲁.2009.隧道涌水量预测计算方法研究.水利水电技术,40(7):41-44.

王忠福,刘汉东.2012.深部高地应力区软岩巷道模型试验及数值优化.地下空间与工程学报,8(4):710-715.

卫克勤,林瑞芬,等.1980.我国天然水中氚含量的分布特征.科学通报(10):467-470.

卫文学,卢新明.2010.矿井出水点多水源判别方法.煤炭学报,38(5):811-815.

卫永康.2002.小浪底水库北岸煤矿突水淹井因素分析.焦作工学院学报,21(4):241-244.

魏军.2006.矿井涌水量的数值模拟研究.阜宁:辽宁工程技术大学.

吴川.2013.隧洞施工突水突泥机理及影响因素研究.成都:西南交通大学.

吴金刚,谭忠盛,皇甫明.2010.高水压隧道渗流场分布的复变函数解析解.铁道工程学报(9):31-35.

吴绍明,孙瞻,刘廷金,等.2007.龙头山双洞八车道公路隧道地下水渗流初探.铁道建筑(12):45-47.

仵彦卿.1999.地下水与地质灾害.地下空间,19(4):304-316.

席光勇.2005.深埋特长隧道洞施工涌水处理技术研究.成都:西南交通大学.

夏强,王旭升,Poetere,等.2010.锦屏二级水电站隧洞涌水的数值反演与预测.岩石力学与工程学报,29(增1):3247-3253.

谢国强.2011.北二风井平顶山砂岩注浆材料及机理研究.焦作:河南理工大学.

谢和平,Willian G.1992.节理粗糙度系数的分形估算.地质科学译丛,9(1):85-90.

谢和平,陈忠辉,易成,等.2008.基于工程-地质体相互作用的接触面变形破坏研究.岩石力学与工程学报,27(9):1767-1780.

邢天恩.2004.隧道地表深孔注浆加固围岩堵水施工.石家庄铁道学院学报,17(5):38-42.

熊进,祝红,董建军,等.2003.长江三峡工程灌浆技术研究.北京:中国水利水电出版社.

徐济川,黄少霞.1996.大瑶山隧道的突水涌泥机制.铁道工程学报(2):83-89.

徐子东,成建梅.2009.青云山隧道典型断层带地下水同位素分析及涌水量预测.勘察技术(3):42-47.

许进鹏,张福成,桂辉.2012.采动断层活化导水特征分析与实验研究.中国矿业大学学报,41(3):415-419.

许延春,陈新明.2013.大埋深高水压裂隙岩体巷道底臌突水试验研究.煤炭学报,38(Supp.1):124-128.
薛禹群,吴吉春.1997.地下水数值模拟在我国回顾与展望.水文地质与工程地质(4):21-24.
杨军.2013.导水断层突水机理分析及预防.山西焦煤科技(11):51-53.
杨坪,唐益群.2006.砂卵(砾)石层中注浆模拟试验研究.岩土工程学报,28(12):2134-2138.
杨会军.2005.深埋长大隧道涌水突水预报技术.铁道工程学报(3):75-78.
杨俊志,冯杨文.2006.GIN法灌浆技术分析及其应用.水电站设计,22(2):108-111.
杨米加,陈明雄,贺永年.2001a.注浆理论的研究现状及发展方向.岩石力学与工程学报,20(6):839-841.
杨米加,贺永年,陈明雄.2001b.裂隙岩体网络注浆渗流规律.水利学报(7):41-46.
杨寅静.2011.岩溶区隧道突水地质灾害的临界预警特征研究.北京:北京交通大学.
叶樵.2008.长大复杂地质隧道大涌水地质灾害分析与治理.现代隧道技术(7):65-68.
于怀昌,刘汉东.2004.深基坑降水过程中周围建筑物沉降的系统预测.岩石力学与工程学报,23(22):3905-3909.
袁婷.2012.深埋超长隧道水文地质条件及涌水机理研究.成都:成都理工大学.
张令,张一,党雪梅,等.2013.隧洞涌水来源环境同位素及水化学判别研究.工程勘察(5):39-47.
张毅,高拴会.2014.小浪底北岸灌区一期工程总干渠11号隧洞F29断层探测项目物探报告.黄河勘测规划设计有限公司工程物探研究院.
张惠良,吴贤涛.1995.锶同位素在盆地演化分析中的应用.煤田地质与勘探,23(5):11-14.
张景秀.2002.坝基防渗与灌浆技术.2版.北京:中国水利水电出版社.
张民庆,刘招伟.2005.圆梁山隧道岩溶突水特征分析.岩土工程学报,27(4):422-426.
张民庆,黄鸿健.2006.宜万铁路别岩槽隧道F3断层突发性涌水治理.现代隧道技术,43(2):68-71.
张运雄,何少云.2004.新安江水电站坝基页岩化学灌浆试验设计与施工.水利技术(3):54-58.
张占斌.2013.复杂断裂带对上覆岩体破坏规律及突水灾害预测的研究.北京:北方工业大学.
赵发辉.2013.高水头地下水对长水工隧洞施工的影响探讨.人民长江,44(12):59-63.
赵晋乾.2009.山岭公路隧道注浆效果评价及技术指南研究.成都:成都理工

大学.
赵宇坤,刘汉东,乔兰. 2008. 不同浸水时间黄河堤防土体强度特性试验研究. 岩石力学与工程学报,27(1): 3047-3051.
郑玉辉. 2005. 裂隙岩体注浆浆液与注浆控制方法的研究. 长春:吉林大学.
朱大力,李秋枫. 2004. 预测隧道涌水量的方法. 工程勘察(4):18-22.
卓越,王梦恕,周东勇. 2010. 连拱隧道施工对地下水渗流场的影响研究. 土木工程学报,43(5):104-110.
Auld F. 1983. Design of underground plugs. International Journal of Mining Engineering(1):189-228.
Barton N. 2000. TBm Tunnelling in Jointed and Fractured Rock. Rotterdam: AA Balkema.
Brantberger M, Stilleetc H. 2000. Controlling grout spreading in tunnel grouting analyses and developments of the GIN-method. Grouting Research,15(4):343-352.
Clark D,Fritz P. 1997. Environmental Isotopes in Hydrogeololgy. New York: Lewis Publishers.
Clark D,Phillips J. 2000. Geochemical and $^{3}He/^{4}He$ evidence for mantle and crustal contributions to geothermal fluids in the western Canadian continental margin. Journal of Volcanology and Geothermal Research,104 (1/4):261-276.
Ghassemi F, Molson W. 1999. Three-dimensional simulation of the Homeisland freshwater lens: preliminaryresult. Environmental Modeling & Software(14):181-190.
Goodman R. 1965. Ground-water inflow during tunnel driving. Eng Geol Bull IAEG,2(1):39-56.
Gothall R, Stille H. 2010. Fracture interaction during grouting. Tunnelling and Underground Space Technology,25(3):199-204.
Grundy C F. 1975. The treatment by grouting of permeable foundations of dams. Proc. 5th Cong. Large Dams. Paris:647-674.
Hassler L,Hakansson U,Stille H. 1992. Computersimulated flow of grouts in jointed rock. Tunneling and Underground Space Technology, 7 (4): 441-446.
He K. 2012. Groundwater inrush channel detection and curtain grouting of the Gaoyang Iron Ore mine,China. Mine Water Environment,31:297-306.
Heuer R. 1995. Estimating rock tunnel water inflow//Proceedings of Rapid Excavation and Tunnelling Conference:41-60.
Heuer R. 2005. Estimating rock tunnel water inflow—II//Proceedings of Rapid Excavation and Tunnelling Conference:394-407.
Jonny R,Ove S. 2003. The role of hydromechanical coupling in fractured rock

engineering. Hydrogeology Journal(11):7-40.

Jordi F. 2011. Groundwater inflow prediction in urban tunneling with a tunnel boring machine (TBm). Engineering Geology,121:46-54.

Kerry K. 1987. Lancastrian basin analysis and correlation by strontium isotope stratigraphy//Abstracts of 13th International Sedimentary.

Kolymbas D, Wagner P. 2007. Groundwater ingress to tunnels the exact analytical solution. Tunnelling and Underground Space Technology,22(1):23-27.

Kong Wing Kei. 2011. Water ingress assessment for rock tunnels:a tool for risk planning. Rock Mechanics and Rock Engineering,44:755-765.

Marechal C,Etcheverry D. 2003. The use of ^{3}H and ^{18}O tracers to characterize water inflows in Alpine tunnels. Applied Geochemistry,18:339-351.

Mehl S,Hill C. 2002. Development and evaluation of a local grid refinement method for block-centered finite-difference groundwater models using shared nodes. Advances in Water Resources,25:497-511.

Millard Alain. 2009. Study of the initiation and propagation of excavation damaged zones around openings in argillaceous rock. Environment Geology,57:1325-1335.

Nonveiller E. 1989. Grouting Theory and Practice. New York: Elsevier Science Publishers.

Park J W ,Lee C L. 2011. Analysis of the change in groundwater system with tunnel excavation in disconuous cock mass. 重庆交通大学学报(12):1073-1079.

Porter D W,Gibbs B P. 2000. Data fusion modeling for groundwater systems. Journal of Contaminant Hydrology,42: 303-335.

Raymer J H. 2001. Predicting groundwater inflow into hard rock tunnels: estimating the high-end of the permeability distribution//Proceedings of Rapid Excavation and Tunnelling Conference 2001:1027-1038.

Scheibe T, Yabusaki S. 1998. Scaling of flow and transport behavior in heterogeneous groundwater systems. Advances in Water Resources,22(3):223-238.

Sui W,Liu J,Yang S,et al. 2011. Hydrogeological analysis and salvage of a deep coalmine after a groundwater inrush. Environmental Earth Sciences,62:735-749.

Wakita S,Date K,Yamamoto T. 2004. Effective grouting materials for tunneling through unconsolidated ground. Tunnelling and Underground Space Technology (19):509-510.

Waterloo Hydrogeologic Inc. 2010. Visual MODFLOW v. 4. 6 User's manual.